美丽乡村民居院落组合与设计通用图集

赵连江 主编

中国建筑工业出版社

图书在版编目（CIP）数据

美丽乡村民居院落组合与设计通用图集／赵连江主编．— 北京：中国建筑工业出版社，2021.6（2023.3重印）
ISBN 978-7-112-25982-3

Ⅰ．①美… Ⅱ．①赵… Ⅲ．①农村住宅-建筑设计-中国-图集 Ⅳ．①TU241.4-64

中国版本图书馆 CIP 数据核字（2021）第 044396 号

美丽乡村民居院落组合与设计通用图集

赵连江　主编

*

中国建筑工业出版社出版、发行(北京海淀三里河路9号)

各地新华书店、建筑书店经销

北 京 红 光 制 版 公 司 制 版

河北鹏润印刷有限公司印刷

*

开本：787毫米×1092毫米　横 1/16　印张：21½　字数：322千字

2021年4月第一版　2023年3月第三次印刷

定价：**78.00**元

ISBN 978-7-112-25982-3

（37022）

本书作者通过深入了解、分析农村生产、生活方式，结合广大农民兄弟的实际需求，并根据我国"美丽乡村"建设的现状，编写了《美丽乡村民居院落组合与设计通用图集》一书。《美丽乡村民居院落组合与设计通用图集》是《新农村民居方案通用图集》的姊妹篇；《新农村民居方案通用图集》提供的主要是户型设计，本书则主要侧重院落组合设计。

本书主要由院落组合设计和施工图设计两部分组成。第一篇院落组合共分为 9 种形式，分别为独立式院落组合、双拼式院落组合、联排式院落组合、街式院落组合、巷式院落组合、错列式院落组合、串联式院落组合、田园式院落组合、院落式院落组合。各种组合形式均包括组合鸟瞰图、总说明、五种典型方案设计；各个方案当中均有效果图、院落布置图、院落组合图、说明和详细的经济指标。第二篇施工图设计选用了 3 个经典户型，分别采用了复合墙体、砌体墙体、剪力墙体 3 种不同的结构形式，施工图包含建筑、结构、给排水、供暖、电气、经济造价以及详细节点大样。

本书院落组合部分有继承、有创新、内容丰富，技术性好，逻辑性强，从理论上填补了乡村规划的空白，为"美丽乡村"建设、为广大专业技术人员提供了技术支持，有助于彻底更新村容、村貌，改变农村建设千村一面的现象。本书施工图设计部分，充分考虑了绿色、环保、节能，结构形式多样、专业齐全、节点详细，造价经济，施工简单。本书可供"美丽乡村"建设的管理者、建设者、设计行业的同仁、自建房屋的农民兄弟参考使用。

责任编辑：辛海丽　李　雪　何玮珂

责任设计：李志立

责任校对：王　烨

本书编委会

主　　　　编：赵连江

审　　　　核：蒲荣建

主要编写人员：张　乐　耿慧聪　李俊町　王　乾　宋晓光　魏浩然　赵颖慧　张愿愿

　　　　　　　曹学斌　孙建芳　黄瑞芳　赵环宇　刘广金　詹　新　代志远　张　浩

　　　　　　　周建敏　尹景春　姚桂芬　徐佳涛

前　　言

　　"美丽乡村"建设既是美丽中国建设的重要部分，也是城乡协调发展的重要组成部分。党的十九大报告明确提出要实施乡村振兴战略，在此过程中，如何扎实推进美丽乡村建设以助推乡村振兴，尤为值得关注。2013 年农业部办公厅发布的《关于开展"美丽乡村"创建活动的意见》拉开了美丽乡村建设的序幕。2015 年6 月 1 日正式实施的《美丽乡村建设指南》促使美丽乡村建设"有标可依"，在此期间，地方政府纷纷印发美丽乡村建设的推进意见。如今，美丽乡村建设正在全国范围内如火如荼地展开。

　　初看建成的美丽乡村，干净漂亮，给人以焕然一新的感觉，当看到各地的美丽乡村时，就高兴不起来了，标准的宅基地，统一的户型，相同的建筑，整齐的排列，户难分，人难找，没了家乡的味道。笔者自小在农村成长，对于农村的院落，有着最为真实纯朴的情感与记忆。因此认为，美丽乡村民宅设计应顺应乡村的自然禀赋、历史传统和未来发展要求，最大程度保留原汁原味的乡村文化和乡村特色，还要结合当前农民生产、生活方式、经济能力，以朴素的生态观、顺应自然和最简便的手法创造宜人的居住环境，使建筑与环境和谐共存，让人们的物质文明和精神文明生活得到提升。

　　近年来，农村经济快速发展，农民生活水平显著提高，广大农民群众对改善居住条件的积极性日趋高涨，建屋盖房是大事，是百年大计。以前农村多为平房，功能单调，结构简单；现在的民居，使用功能丰富、专业齐全，没有专业的设计是行不同通的。

　　为保留原有村容村貌，建设"美丽乡村"，同时也满足广大农民兄弟的建房需求，特编写了《美丽乡村民居院落组合与设计通用图集》一书，供"美国乡村"建设的管理者、建设者、设计行业的同仁、自建房屋的农民兄弟参考使用。

　　本书是民居建筑文化的传承与发展，由院落组合设计和施工图设计两部分组成。

　　第一篇：院落组合设计

　　院落是农村最基本、最直接的居住单元，是农村建设的重要组成部分。农村院落空间布局，反映了农村院落的居住、生产、生态及文化等功能，是农村特色、田园生活的具体体现。本书根据当代农村居民生产、生活方式，在方案设计当中专门做了院落设计。

　　为避免新农村建设千村一面的局面，本书推出了：独立式、双拼式、联排式、街式、巷式、错列式、串联式、田园式、院落式共 9 种形式的院落组合，各种组合自成一体，既可以单独排列，也可以混合使用。

　　第二篇：施工图设计

　　为保证农民建好房、住好房，图纸设计非常重要。本书专门为农民建房提供了施工图设计，设计中选用了 3 个经典户型，分别采用了复合墙体、砌体墙体、剪力墙体 3 种不同的结构形式；施工图纸包括建筑、结构、给排水、采暖、电气、经济造价以及详细节点大样。该施工图纸，当条件适合时可以直接采用，条件接近时可以作为参考资料。

本书院落组合设计，具有节约用地、适用范围广的优点，既可以最大程度地保留农村传统的建筑文化，又能够如愿地更新村容村貌，为"美丽乡村"建设的规划设计提供了技术支持。在新农村规划中，多种形式的院落组合可以在规划设计中发挥作用，不同形式的院落组合灵活运用，可以形成丰富的街景，与漂亮的民居建筑结合，建成如画的村庄。

在新村改造建设当中，可以在原有街道的基础上，对于不同的位置、不同的需求采用适合的院落组合。在个人建房过程中，建房者可以根据自己宅基地的位置，找到适合的院落组合，选取喜欢的户型建造。

施工图纸是房屋建造的依据，本书提供的施工图是专门为农民建房设计的，图纸设计充分考虑了环保、绿色、节能要求，建筑风格体现了传承与创新，具有建筑经济、施工方便等优点，有较好的经济效益与社会效益。

希望本书能够为"美丽乡村"规划、建设的管理者、建设者提供借鉴与参考，能为从事设计、施工人员提供技术资料，给希望改善居住条件的农民兄弟提供更便捷适宜的方案，从而推动生态宜居的美丽乡村建设，让人们在乡村振兴中收获幸福感、归属感。

该书在编制过程中得到了张志宏博士大力支持，在此表示诚挚的感谢。

编制说明

一、编制原则：

"美丽乡村"是社会主义新农村建设的重要组成部分。新民居建设与当地的生产、生活方式，生活水平，文化历史，人文地理，审美观念等因素息息相关。因此，新民居设计要有传承、有创新，要跟上时代的步伐，做到绿色美观、经济适用，才有活力，才能发展，进而创造出良好的社会效益与经济效益。

二、户型组合：

本书包含 9 种形式的院落组合，需要说明的主要内容为：

1. 户占地面积：户占地面积由于地区差别可能指标不一样，为方便执行，各种院落均按 200m² 进行规划，院落以外道路为公摊面积，道路范围内户数越多，公摊面积越少。

2. 户型设计：户型设计方案由效果图，设计说明，占地面积，技术经济指标，院落组合平面，平、立、剖面，屋顶平面组成。

3. 院落组合设计：院落组合由组合说明、鸟瞰图（每种形式选用一个）和户型设计方案组成，每种形式的院落组合各采用了 5 个典型户型作为案例。

三、施工图设计：

1. 建筑设计：以传统坡屋顶为主，采用了平坡结合的手法，平屋顶有利于太阳能设备的摆放，坡屋面能留住传统建筑的美丽。硬山简脊，脊端采用了悬鱼与吻饰，简化形成特有的悬吻封脊，古朴典雅，造型美观。

2. 结构设计：结构布置受力明确，构造简单，施工方便。考虑到地区施工水平、建筑材料等差异，设计中采取了复合墙体、砌体墙体、剪力墙体三种结构形式。

3. 保温节能：三种结构形式都采取了保温措施，由于在建工程地理位置不同，保温要求也不一样，具体保温材料、工程做法，由用户根据当地的实际情况确定。

4. 太阳能：太阳能已得到了普遍的应用，在建造时一定要考虑太阳能设备的安装和使用，即便是暂时不用，也要预留管道及安装条件，便于以后安装。

5. 建筑经济：施工图提供了建筑、结构、水暖电各专业主要材料明细表，以合理确定建设工程造价。

四、选用说明

1. 户型设计方案都考虑了车辆的进入与停放，按进院方式区分为前进、后进、侧进三种形式。户型内没有车库的统一称为外放（包括外设车库）。每个案例当中，按照卧室多少、主要特征、先后顺序排列命名。

举例：方案＊＊　　前进式三室（书房）

说明：＊＊ 为方案序列号；前进式为车辆由前面进入；三室为三个卧室；（书房）为有书房。

2. 施工图设计共有三个案例，以结构形式命名，分别为：

民居施工图一　　复合墙体

民居施工图二　　砌体墙体

民居施工图三　　剪力墙体

图纸设计是在给定的条件下进行的，仅供使用者参考，与当地条件不符合时，需另行设计。

目　录

第一篇 院落组合设计

第一部分
独立式院落组合

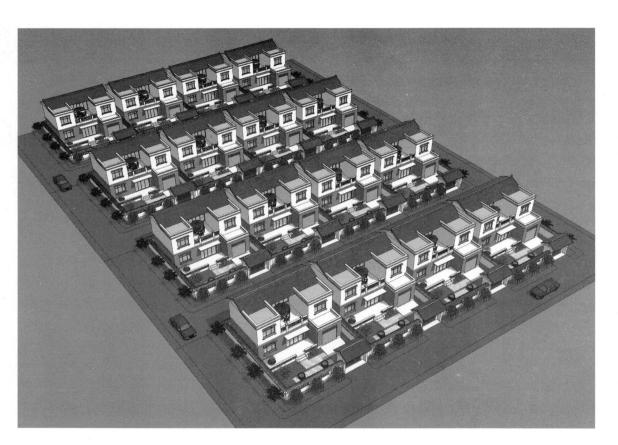

院落组合鸟瞰图

设　计　总　说　明

一、组合概况

1. 院落组合：组成独立式院落组合的民居称为独立式民居，独立式民居独门独院，即民居不与其他建筑相连，一般情况下，平面设计相同，有独立的门户。

2. 独立式民居：居住环境优美，私密性好，有安静、舒适和方便的室外活动空间，为人们休息、娱乐、户外活动提供了很好的场所。独立式民居产权清晰，建造、管理、使用方便。

3. 通风采光：独立式民居，四面临空，一般每个房间都能拥有良好的采光，户内能够实现自然通风。

二、设计依据及原则

1. 设计依据

1.1 《民用建筑设计统一标准》　　GB 50352

1.2 《住宅建筑规范》　　GB 50368

1.3 《农村防火规范》　　GB 50039

1.4 《农村居住建筑节能设计标准》GB/T 50824

1.5 国家其他现行规范

2. 设计原则

2.1 尊重自然、强调绿化与居民生活活动的融合，结合绿色环保设计，创造一个和谐、优雅、舒适、安全的新型生态型居住环境。

2.2 充分照顾到社会、经济和环境三方面的综合效益，合理分配和使用各项资源，全面体现可持续发展的思想。

2.3 合理地考虑房屋的通风、日照采光、防灾以及与周围环境的关系，以提高人居环境质量。

三、组合构思与设计理念

1. 组合构思：地方村落都有自己存在的形式，有自己的居住文化，随着社会的发展与进步，有些地方满足不了现实生活的需求，生活条件、居住环境需要改善，催生了新民居；原有村落布局满足不了新民居的使用要求，需要多种形式的新型组合，才能使村建筑文化得以传承，更新村容村貌，留住乡思乡愁。

2. 院落布置：随着社会的进步，人们的生产、生活方式发生了很大的变化，户外活动、绿化种植、人车出入是院落的主要功能。现阶段节约用地是主流、是方向，区域内宅基地用地范围通常是给定的，院落布置要做到"出入顺畅、活动方便、适当种植、兼顾绿化"，争取做到经济、适用、美观。

3. 设计理念：坚持"以人为本"的原则，满足生产、生活方式的需求与未来发展趋势，充分利用现有条件，并与周围环境和谐统一，力求在建筑物的功能性、艺术性、健康性、前瞻性等方面做到最优，体现人与自然、建筑与自然的和谐共生。

四、组合设计

1. 组合特性：独立式民居，四面临空，建筑外墙多，建造、节能部分造价高，在给定的用地范围内，它的优点受到了很大的限制，注意做到突出实用，兼顾环境，力争实现实用与环境的最优组合。

2. 平面设计：独立民居由于是独立布置，民居在宅基地上摆放的位置很重要，院落入口、居住功能、院落布置要综合考虑，组合设计宜采用有序、规则排列，才能达到实用、美观的整体效果。

图　名	设　计　总　说　明		方案	1～5
审核 蒲荣建 蒲荣建	校对 曹学斌 曹学斌	设计 张乐 张乐	页次	3

五、消防设计

1. 村镇内消防车通道之间的距离，不宜超过160m。其路面宽度不应小于4.0m，转弯半径不应小于9m。

2. 建筑物耐火等级为一、二级。

3. 防火分区内建筑物占地面积≤5000m²。

4. 防火分区内建筑物有开窗居住建筑间距≥4m。

六、交通组织

1. 村间道路：村间道路的宽度，干路一般为10～14m，支路为6～8m，巷路为3～5m。

2. 组团一般外临干路，内部采用支路或巷路。

七、绿化设计概念

突出"以人为本，重返自然"的主题。组团主要考虑宅间绿化与组团绿化相结合，组团绿化与道路绿化相结合，综合考虑绿化与村间中心广场，绿地、小品等相结合，创造高雅、宁静的生活氛围，从而缔造一个绿色无忧的、恬静的生活环境，与大自然融为一体。

八、公共服务配套

根据村间规划合理布置公共服务配套项目。

九、建筑设计

1. 工程概况

本项目为民居，层数2～3层，层高3m左右。

2. 建筑风格

该方案采用平坡结合，既有传承又经济适用，建筑色调宜采取迎合当地居民喜爱的色调，同时结合小区绿色环境，给人生机盎然的感觉。

3. 建筑材料

本部分中各种建筑材料的选材及应用均符合国家现行环保及其节能要求。

十、经济技术指标

主要经济指标计算：为计算方便，组团占地面积，户占地面积均以轴线计算；在户占地面积计算当中，假定组团一侧面临干路，其他三面为支路或巷路，干路不计算在用地范围内：

户道路占地面积＝组团内支路或巷路占地面积/户数；

户占地面积＝户宅基地面积＋户道路用地面积；

宅基地面积≤200m²。

十一、组合说明：

1. 该组合方案外墙厚均按240mm设计，具体设计按实际情况进行。

2. 院落组合方案设计尺寸均以轴线计算，具体设计按实际情况进行。

图 名	设计总说明		方案	1～5
审核 蒲荣建	校对 曹学斌	设计 张乐 张乐	页次	4

方案1 前进式三室

效果图：

技术经济指标：

各功能空间使用面积（m²）									总面积（m²）	
居室	客厅	厨房	餐厅	卫生间	楼梯间	走廊	储藏	机具库	使用面积	总建筑面积
42	18	5	7	9	16		4	18	119	148

方案说明：

概况：户型建筑面积148m²，占地面积195m²。

房间组成：本方案由客厅和三个卧室、储藏间、两个卫生间、厨房、餐厅组成，布置紧凑、使用合理、无穿套。

其他空间：一层设有机具库，可以存放车辆及储藏各种杂物，二层设有大型露台，能改善居住环境，增加活动空间。

房间特点：客厅独立、完整，适合家具摆放，各居室独立布置，私密性强，厨房、餐厅综合设计，用户可以根据自己需要进行调整。

通风采光：客厅、卧室开窗都在阳面，明厨明卫，各房间通风采光良好。

层数层高：层数2层，层高3m，室内外高差0.45m。

立面造型：屋顶采用平坡结合，坡屋顶有利于排水、隔热，平屋顶便于放太阳能设备，整体造型活泼、美观大方。

结构布置：结构合理，受力明确，屋顶采用平坡结合，减少了相交坡面，保证了工程质量，降低了造价。

图 名	说明、技术经济指标、效果图	方案	1
审核 蒲荣建	校对 曹学斌 设计 张乐	页次	5

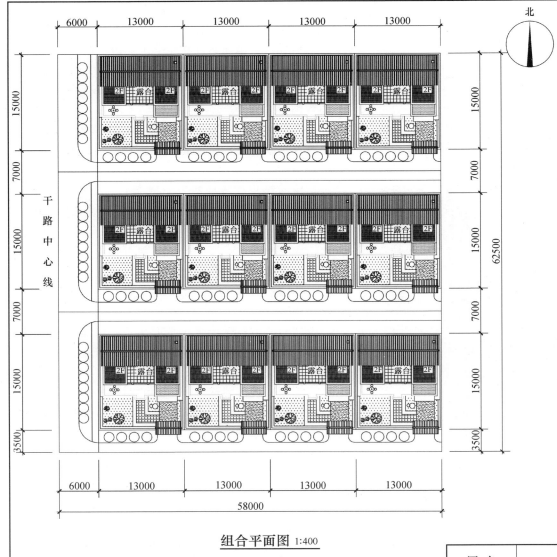

组合平面图 1:400

说明：

一、概述

该组合为独立式院落组合；

户占地面积 195m²；

户道路用地面积 91m²；

户平均用地 286m²（平均用地不含主路）。

二、设计理念

打造独立居住空间。

三、设计原则

场地性原则：体现场地的原有的内涵和特色；

功能性原则：满足生产、生活的需求；

生态原则：强调居住绿化在村镇生态系统中的作用，强调人与自然的共生。

四、道路交通

宅间道宽度为 7m；

宅内人车入口共用。

五、消防

宅前道路宽度 7m，满足消防要求；

住宅间距≥4m，满足消防要求。

六、绿化景观

院落、露台合理规划，分区明确，减少交通面积，避免零碎用地，营造景观绿化空间。

图 名	组合说明、组合平面图	方案	1
审核 蒲荣建	校对 曹学斌	设计 张乐	页次 6

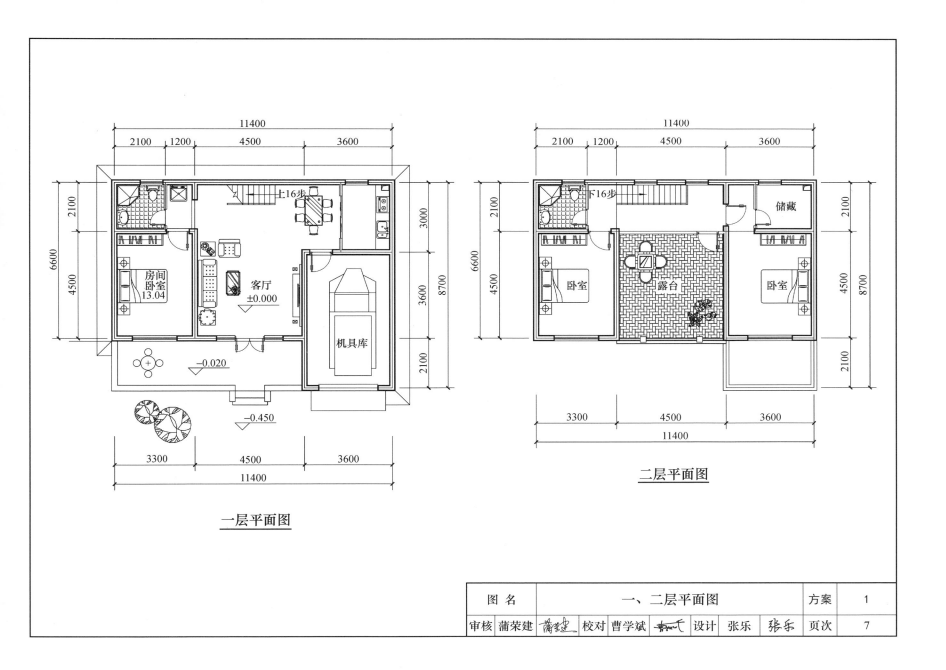

一层平面图

上16步
房间卧室 13.04
客厅 ±0.000
机具库
−0.020
−0.450

11400
2100 1200 4500 3600
2100
6600 4500
3000
3600
2100
8700
3300 4500 3600
11400

二层平面图

下16步
储藏
卧室
露台
卧室

11400
2100 1200 4500 3600
2100
6600 4500
2100
8700
3300 4500 3600
11400

图 名	一、二层平面图	方案	1
审核 蒲荣建	校对 曹学斌 设计 张乐	页次	7

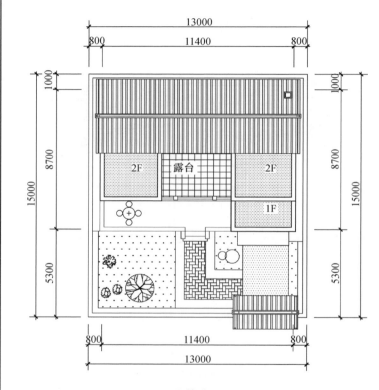

院落布置图 1:150

正立面图

院落布置说明：

　　1. 大门入口：车辆和人由大门进入，车辆直入车库，线路清晰，使用方便，私密性强。

　　2. 功能分区：院落分为两个区块，月台为活动区块，院落主要为种植绿化区块。

图 名	正立面图、院落布置图		方案	1
审核 蒲荣建	校对 曹学斌	设计 张乐	页次	8

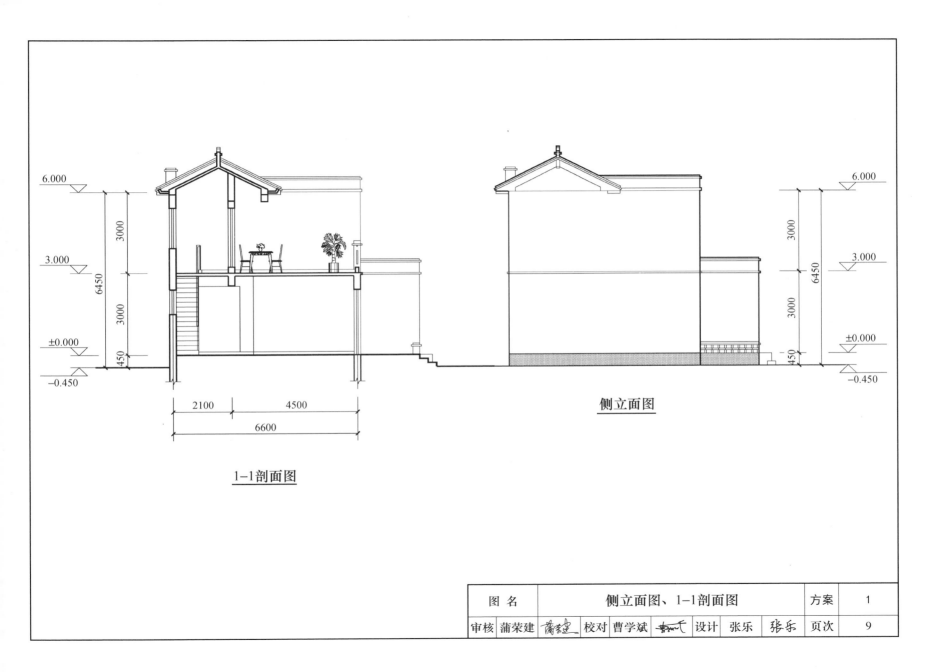

6.000

3.000

±0.000

−0.450

3000

6450

3000

450

2100 4500

6600

1−1剖面图

6.000

3.000

±0.000

−0.450

3000

6450

3000

450

侧立面图

图 名		侧立面图、1−1剖面图		方案	1
审核	蒲荣建	校对 曹学斌	设计 张乐 张乐	页次	9

方案 2 前进式四室

效果图：

方案说明：

概况：户型建筑面积 157m²，占地面积 195m²。

房间组成：本方案由客厅和四个卧室、两个卫生间、厨房、餐厅组成，布置紧凑、使用合理、无穿套。

其他空间：一层设有机具库，可以存放车辆及储藏各种杂物，二层设有大型露台，能改善居住环境，增加活动空间。

房间特点：客厅独立、完整，适合家具摆放，各居室独立布置，私密性强，厨房、餐厅综合设计，用户可以根据自己需要进行调整。

通风采光：客厅、卧室开窗都在阳面，明厨明卫，各房间通风采光良好。

层数层高：层数 2 层，层高 3m，室内外高差 0.45m。

立面造型：屋顶采用平坡结合，坡屋顶有利于排水、隔热，平屋顶便于放太阳能设备，整体造型活泼、美观大方。

结构布置：结构合理，受力明确，屋顶采用平坡结合，减少了相交坡面，保证了工程质量，降低了造价。

技术经济指标：

各功能空间使用面积（m²）									总面积（m²）	
居室	客厅	厨房	餐厅	卫生间	楼梯间	走廊	储藏	机具库	使用面积	总建筑面积
51	18	5	8	9	21			17	130	157

图 名	说明、技术经济指标、效果图	方案	2
审核 蒲荣建 *蒲荣建* 校对 曹学斌 *曹学斌* 设计 张乐 *张乐*		页次	10

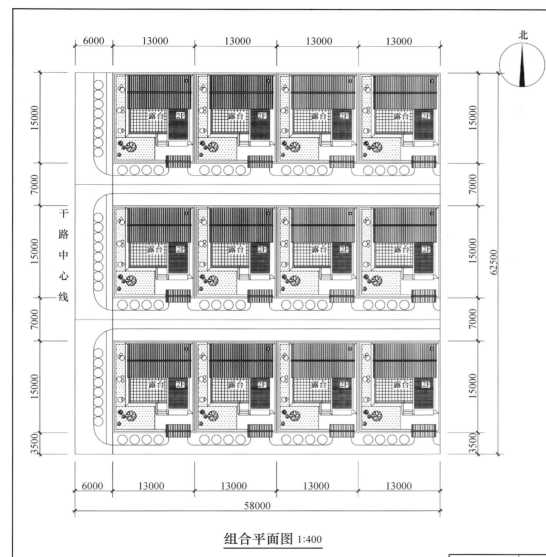

组合平面图 1:400

说明：

一、概述

该组合为独立式院落组合；

户占地面积 195m²；

户道路用地面积 91m²；

户平均用地 286m²（平均用地不含主路）。

二、设计理念

打造独立居住空间。

三、设计原则

场地性原则：体现场地的原有的内涵和特色；

功能性原则：满足生产、生活的需求；

生态原则：强调居住绿化在村镇生态系统中的作用，强调人与自然的共生。

四、道路交通

宅间道宽度为 7m；

宅内人车入口共用。

五、消防

宅前道路宽度 7m，满足消防要求；

住宅间距≥4m，满足消防要求。

六、绿化景观

院落、露台合理规划，分区明确，减少交通面积，避免零碎用地，营造景观绿化空间。

图 名	组合说明、组合平面图	方案	2
审核 蒲荣建　校对 曹学斌　设计 张乐		页次	11

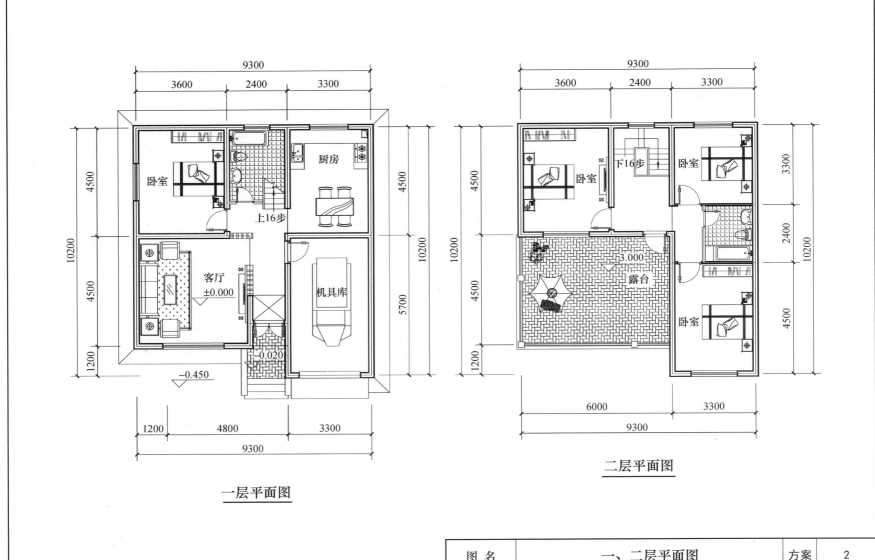

一层平面图

二层平面图

图 名	一、二层平面图	方案	2
审核 蒲荣建 校对 曹学斌 设计 张乐		页次	12

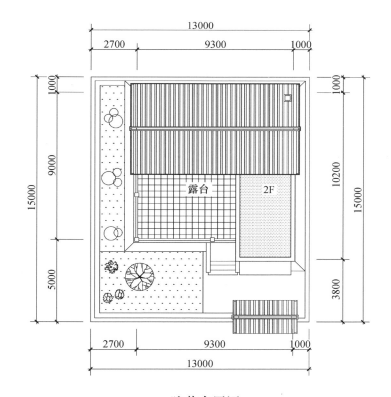

院落布置图 1:150

正立面图

院落布置说明：

1. 大门入口：车辆和人由大门进入，车辆直入车库，线路清晰，使用方便，私密性强。

2. 功能分区：院落分为两个区块，月台为活动区块，院落主要为种植绿化区块。

图 名	正立面图、院落布置图	方案	2
审核 蒲荣建 *蒲荣建* 校对 曹学斌 *曹学斌* 设计 张乐 *张乐*		页次	13

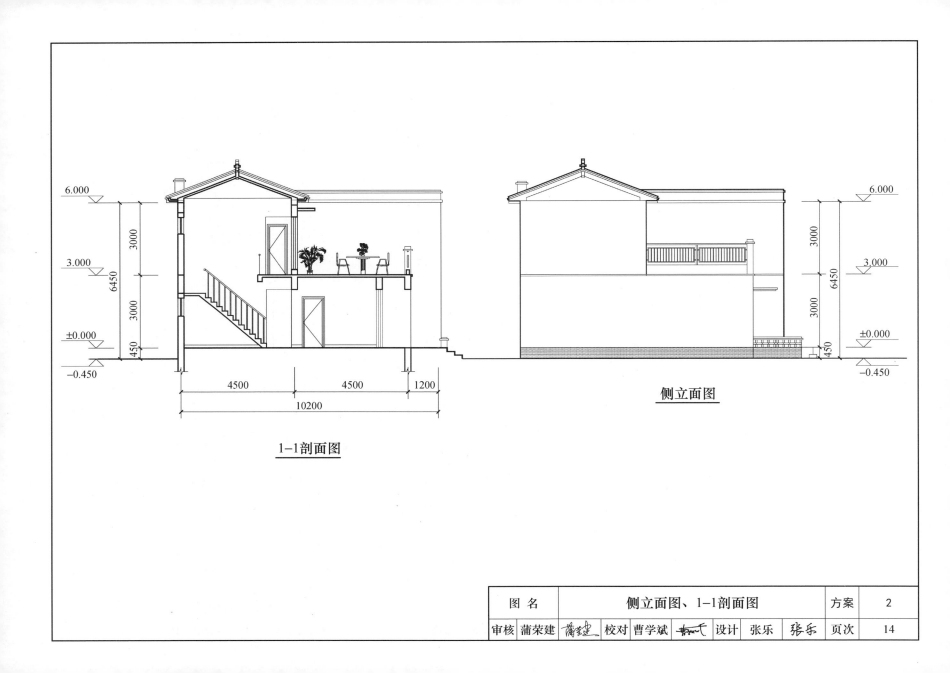

6.000

3000

3.000

6450

3000

±0.000

450

−0.450

4500   4500   1200

10200

1−1剖面图

6.000

3000

3.000

6450

3000

±0.000

450

−0.450

侧立面图

图 名	侧立面图、1−1剖面图	方案	2
审核 蒲荣建　校对 曹学斌　设计 张乐		页次	14

方案3 后进式三室（书房）

效果图：

方案说明：

概况：户型建筑面积156m²，占地面积195m²。

房间组成：本方案由客厅和三个卧室、书房、两个卫生间、厨房、餐厅组成，布置紧凑、使用合理、无穿套。

其他空间：一层设有机具库，可以存放车辆及储藏各种杂物，二层设有大型露台，能改善居住环境，增加活动空间。

房间特点：客厅独立、完整，适合家具摆放，各居室独立布置，私密性强，厨房、餐厅综合设计，用户可以根据自己需要进行调整。

通风采光：客厅、卧室开窗都在阳面，明厨明卫，各房间通风采光良好。

层数层高：层数2层，层高3m，室内外高差0.45m。

立面造型：屋顶采用平坡结合，坡屋顶有利于排水、隔热，平屋顶便于放太阳能设备，整体造型活泼、美观大方。

结构布置：结构合理，受力明确，屋顶采用平坡结合，减少了相交坡面，保证了工程质量，降低了造价。

技术经济指标：

各功能空间使用面积（m²）									总面积（m²）	
居室	客厅	厨房	餐厅	卫生间	楼梯间	走廊	储藏	机具库	使用面积	总建筑面积
49	18	6	7	7	19		2	19	127	156

图 名	说明、技术经济指标、效果图			方案	3
审核 蒲荣建 *蒲荣建*	校对 曹学斌 *曹学斌*	设计 张乐 *张乐*		页次	15

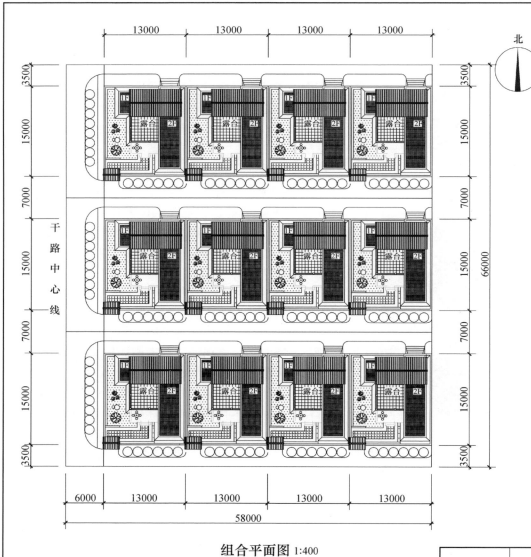

组合平面图 1:400

说明：

一、概述

该组合为独立式院落组合；

户占地面积 195m²；

户道路用地面积 91m²；

户平均用地 286m²（平均用地不含主路）。

二、设计理念

打造独立居住空间。

三、设计原则

场地性原则：体现场地的原有的内涵和特色；

功能性原则：满足生产、生活的需求；

生态原则：强调居住绿化在村镇生态系统中的作用，强调人与自然的共生。

四、道路交通

宅间道宽度为 7m；

宅内人车入口分设。

五、消防

宅前道路宽度 7m，满足消防要求；

住宅间距≥4m，满足消防要求。

六、绿化景观

院落、露台合理规划，分区明确，减少交通面积，避免零碎用地，营造景观绿化空间。

图 名	组合说明、组合平面图	方案	3
审核 蒲荣建 *蒲荣建*	校对 曹学斌 *曹学斌*	设计 张乐 *张乐*	页次 16

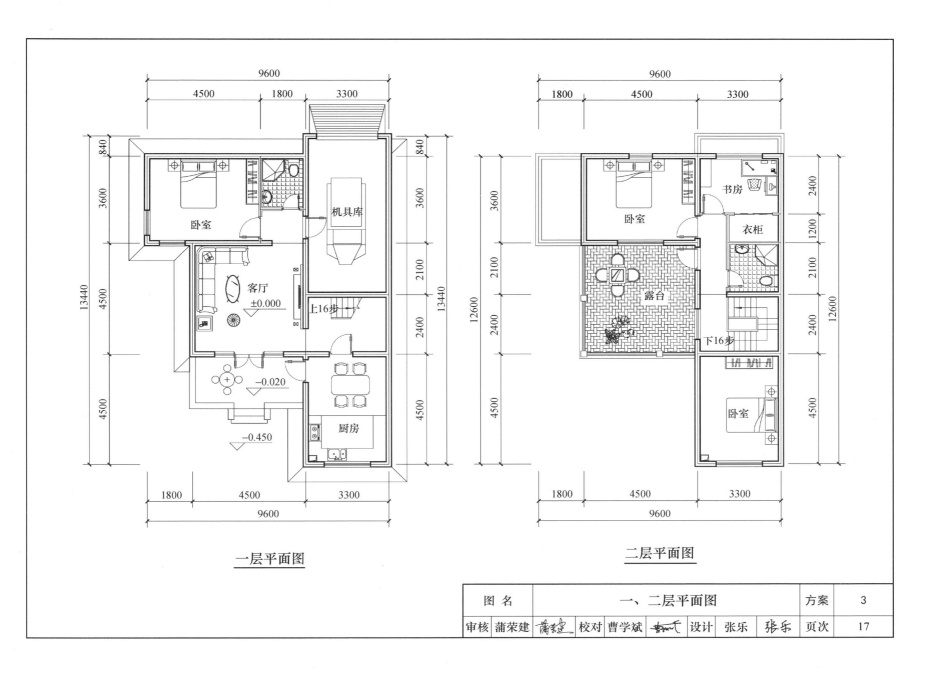

一层平面图

二层平面图

图 名	一、二层平面图	方案	3
审核 蒲荣建	校对 曹学斌 设计 张乐	页次	17

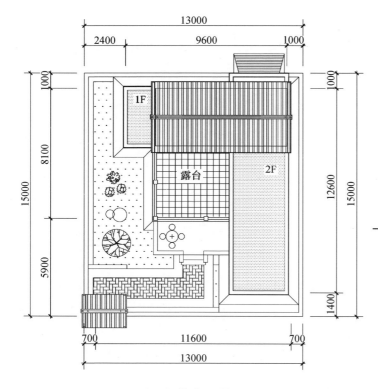

院落布置图 1:150

正立面图

院落布置说明:

1. 大门入口:车辆由后面进入,大门后面设影壁墙,遮挡大门内外杂乱的墙面和景物,遮挡外人的视线,线路清晰,使用方便,私密性强。

2. 功能分区:院落分为两个区块,月台为活动区块,院落主要为种植绿化区块。

图 名	正立面图、院落布置图		方案	3
审核 蒲荣建	校对 曹学斌	设计 张乐	页次	18

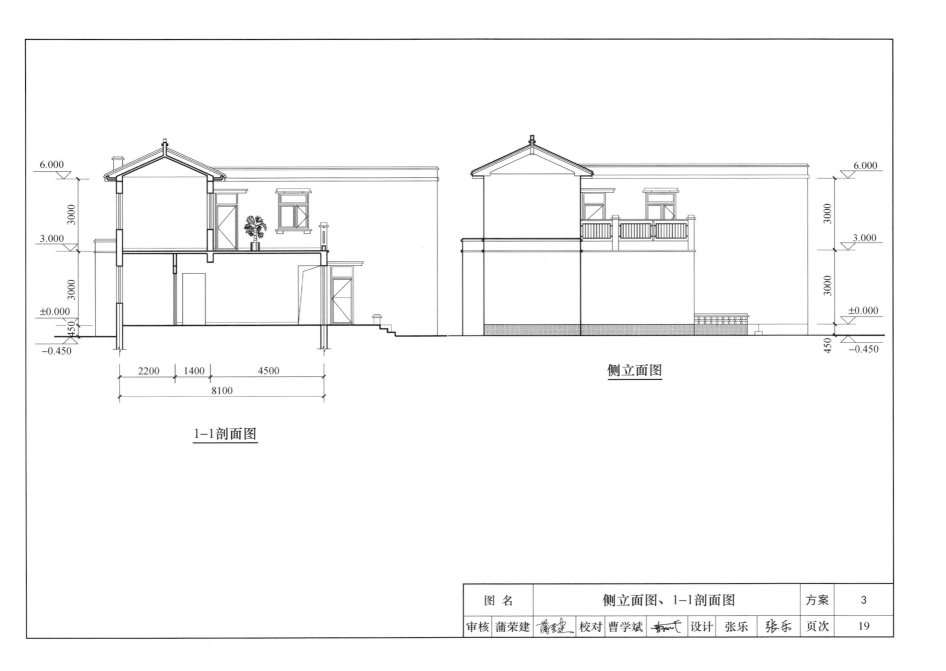

6.000

3000

3.000

3000

±0.000

450

−0.450

2200　1400　4500

8100

1-1剖面图

6.000

3000

3.000

3000

±0.000

450

−0.450

侧立面图

图　名	侧立面图、1-1剖面图		方案	3
审核 蒲荣建	校对 曹学斌	设计 张乐	页次	19

方案4　后进式三室（储藏）

效果图：

方案说明：

概况：户型建筑面积 155m²，占地面积 195m²。

房间组成：本方案由客厅和三个卧室、储藏间、两个卫生间、厨房、餐厅组成，布置紧凑、使用合理、无穿套。

其他空间：一层设有机具库，可以存放车辆及储藏各种杂物，二层设有大型露台，能改善居住环境，增加活动空间。

房间特点：客厅独立、完整，适合家具摆放，各居室独立布置私密性强，厨房、餐厅综合设计，用户可以根据自己需要进行调整。

通风采光：客厅、卧室开窗都在阳面，明厨明卫，各房间通风采光良好。

层数层高：层数 2 层，层高 3m，室内外高差 0.45m。

屋面造型：屋顶采用平坡结合，坡屋顶有利于排水、隔热，平屋顶便于放太阳能设备，整体造型活泼、美观大方。

结构布置：结构合理，受力明确，屋顶采用平坡结合，减少了相交坡面，保证了工程质量，降低了造价。

技术经济指标：

各功能空间使用面积（m²）									总面积（m²）	
居室	客厅	厨房	餐厅	卫生间	楼梯间	走廊	储藏	机具库	使用面积	总建筑面积
42	19	6	7	7	23		4	20	128	155

图　名	说明、技术经济指标、效果图						方案	4
审核	蒲荣建		校对	曹学斌		设计	张乐	张乐	页次	20

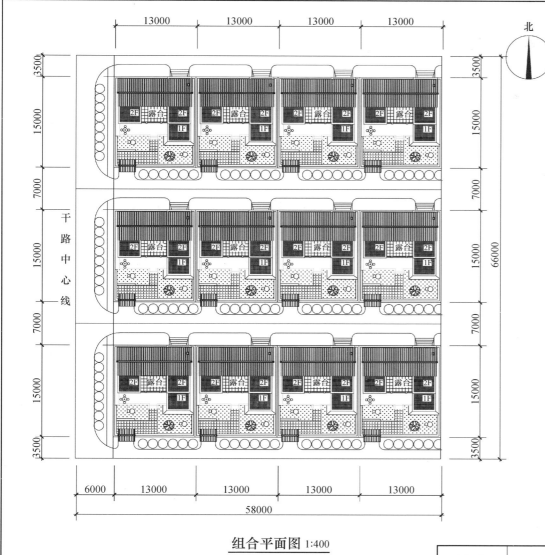

组合平面图 1:400

说明：

一、概述

该组合为独立式院落组合；

户占地面积 195m²；

户道路用地面积 91m²；

户平均用地 286m²（平均用地不含主路）。

二、设计理念

打造独立居住空间。

三、设计原则

场地性原则：体现场地的原有的内涵和特色；

功能性原则：满足生产、生活的需求；

生态原则：强调居住绿化在村镇生态系统中的作用，强调人与自然的共生。

四、道路交通

宅间道宽度为7m；

宅内人车入口分设。

五、消防

宅前道路宽度7m，满足消防要求；

住宅间距≥4m，满足消防要求。

六、绿化景观

院落、露台合理规划，分区明确，减少交通面积，避免零碎用地，营造景观绿化空间。

图 名	组合说明、组合平面图	方案	4
审核 蒲荣建　校对 曹学斌　设计 张乐		页次	21

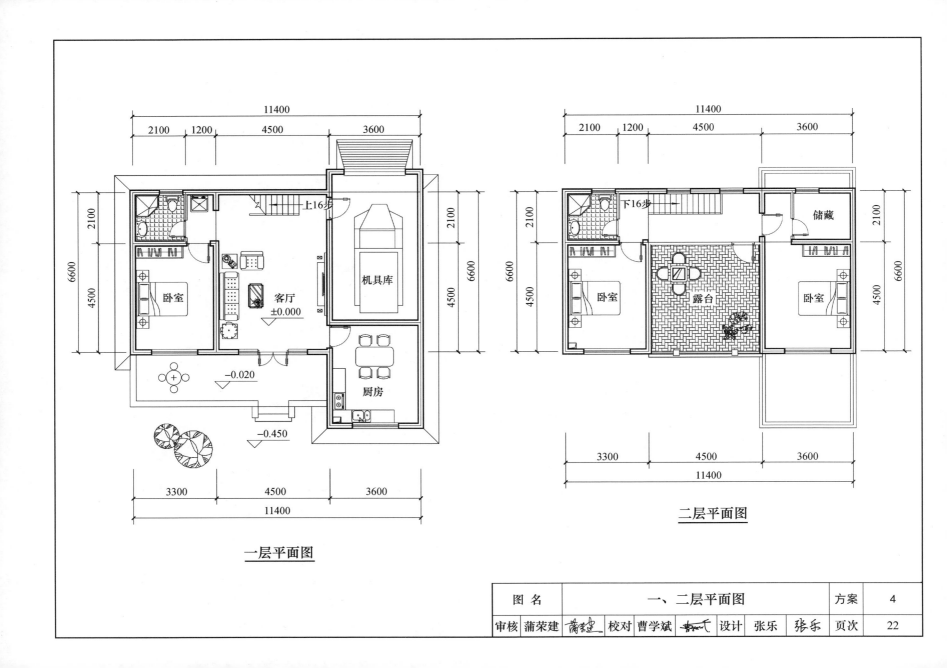

一层平面图

二层平面图

图 名	一、二层平面图	方案	4
审核 蒲荣建 *蒲荣建* 校对 曹学斌 *曹学斌* 设计 张乐 *张乐*		页次	22

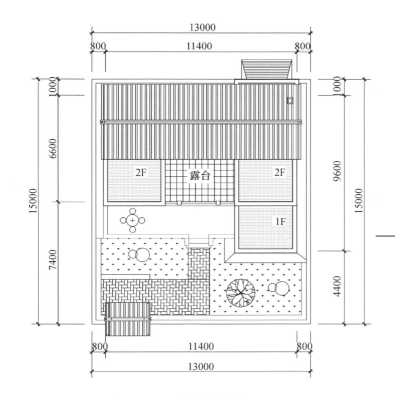

院落布置图 1:150

正立面图

院落布置说明:

1. 大门入口:车辆由后面进入,大门后面设影壁墙,遮挡大门内外杂乱的墙面和景物,遮挡外人的视线,线路清晰,使用方便,私密性强。

2. 功能分区:院落分为两个区块,月台为活动区块,院落主要为种植绿化区块。

图 名			正立面图、院落布置图			方案	**4**
审核	蒲荣建	校对	曹学斌	设计	张乐	页次	23

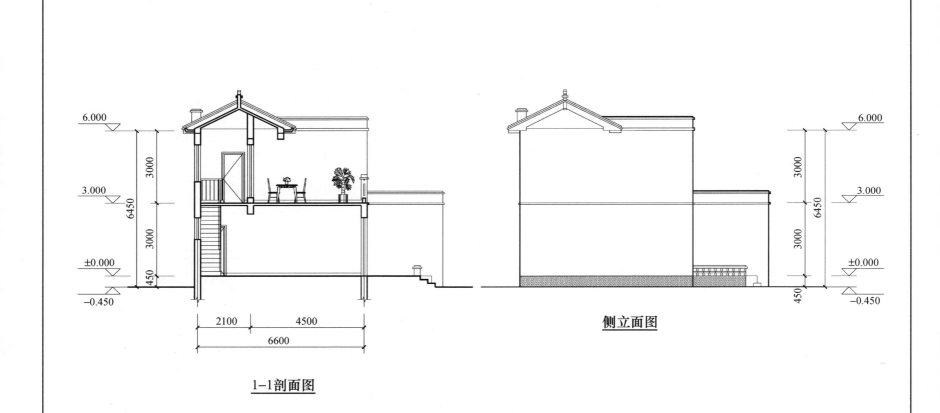

6.000

3000

3.000

6450

3000

±0.000

450

−0.450

2100   4500

6600

1-1剖面图

6.000

3000

3.000

6450

3000

±0.000

450

−0.450

侧立面图

图 名	侧立面图、1-1剖面图	方案	4
审核 蒲荣建 *蒲荣建* 校对 曹学斌 *曹学斌* 设计 张乐 *张乐*		页次	24

方案5 外放式三室

效果图：

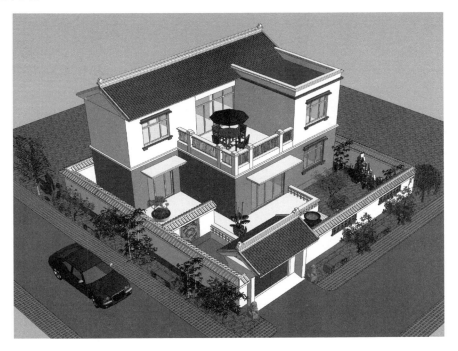

技术经济指标：

各功能空间使用面积（m²）									总面积（m²）	
居室	客厅	厨房	餐厅	卫生间	楼梯间	走廊	储藏	机具库	使用面积	总建筑面积
48	18	6	7	7	20		7		113	137

方案说明：

概况：户型建筑面积137m²，占地面积196m²。

房间组成：本方案由客厅和三个卧室、书房、储藏间、两个卫生间、厨房、餐厅组成，布置紧凑、使用合理、无穿套。

其他空间：车辆存放安排在院内，二层设有大型露台，能改善居住环境，增加活动空间。

房间特点：客厅独立、完整，适合家具摆放，各居室独立布置，私密性强，厨房、餐厅综合设计，用户可以根据自己需要进行调整。

通风采光：客厅、卧室开窗都在阳面，明厨明卫，各房间通风采光良好。

层数层高：层数2层，层高3m，室内外高差0.45m。

立面造型：屋顶采用平坡结合，坡屋顶有利于排水、隔热，平屋顶便于放太阳能设备，整体造型活泼、美观大方。

结构布置：结构合理，受力明确，屋顶采用平坡结合，减少了相交坡面，保证了工程质量，降低了造价。

图 名	说明、技术经济指标、效果图	方案	5
审核 蒲荣建	校对 曹学斌	设计 张乐 张乐	页次 25

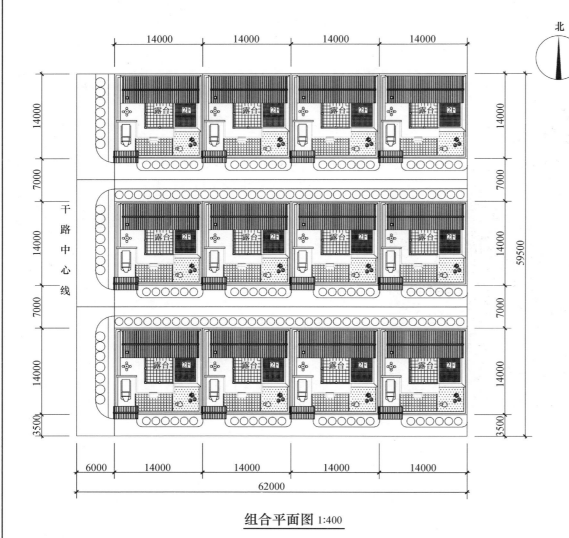

组合平面图 1:400

说明：

一、概述：

该组合为独立式院落组合；

户占地面积 196m²；

户道路用地面积 98m²；

户平均用地 294m²（平均用地不含主路）。

二、设计理念

打造独立居住空间。

三、设计原则

场地性原则：体现场地的原有的内涵和特色；

功能性原则：满足生产、生活的需求；

生态原则：强调居住绿化在村镇生态系统中的作用，强调人与自然的共生。

四、道路交通

宅间道宽度为 7m；

宅内人车入口共用。

五、消防

宅前道路宽度 7m，满足消防要求；

住宅间距≥4m，满足消防要求。

六、绿化景观

院落、露台合理规划，分区明确，减少交通面积，避免零碎用地，营造景观绿化空间。

图 名	组合说明、组合平面图		方案	5
审核 蒲荣建	校对 曹学斌	设计 张乐	页次	26

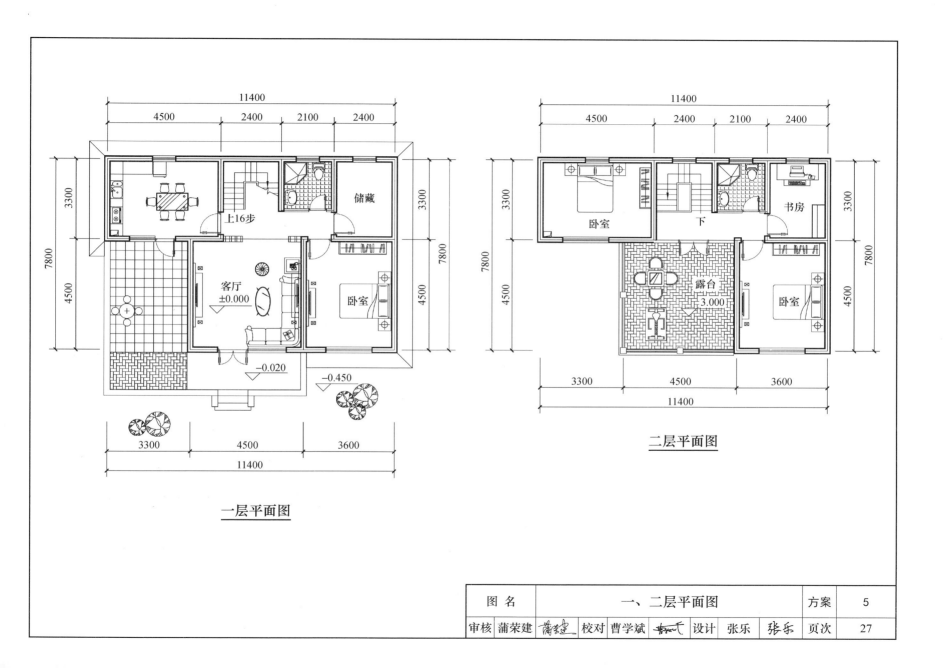

一层平面图

二层平面图

图 名	一、二层平面图	方案	5
审核 蒲荣建	校对 曹学斌	设计 张乐	页次 27

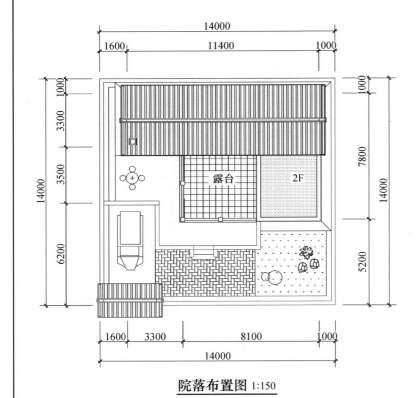

院落布置图 1:150

正立面图

院落布置说明：

1. 大门入口：车辆外放，大门后面设影壁墙，遮挡大门内外杂乱的墙面和景物，遮挡外人的视线，线路清晰，使用方便，私密性强。

2. 功能分区：院落分为两个区块，月台为活动区块，院落主要为种植绿化区块。

图 名	正立面图、院落布置图	方案	5
审核 蒲荣建 蒲荣建	校对 曹学斌 曹学斌	设计 张乐 张乐	页次 28

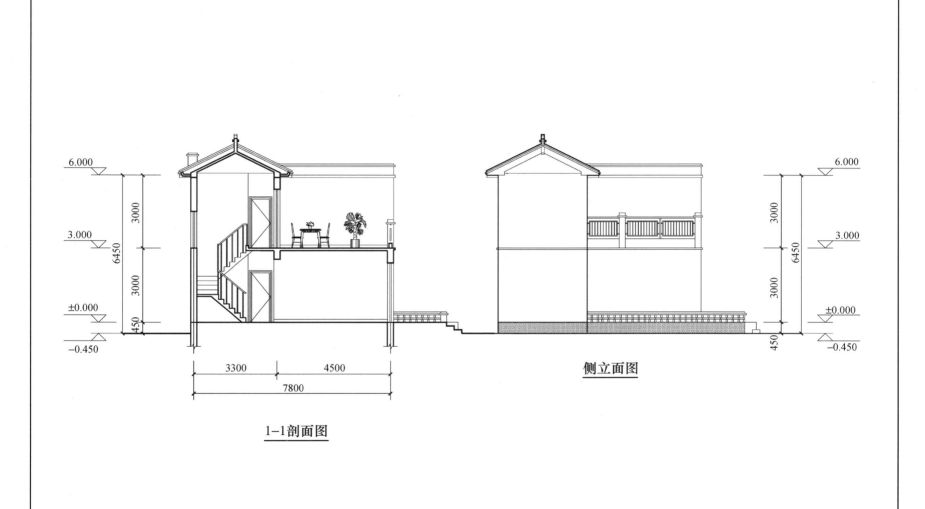

6.000

3.000

±0.000

−0.450

3000

3000

6450

450

3300   4500

7800

1−1剖面图

6.000

3.000

±0.000

−0.450

3000

3000

6450

450

侧立面图

图 名	侧立面图、1−1剖面图	方案	5
审核 蒲荣建 *蒲荣建* 校对 曹学斌 *曹学斌* 设计 张乐 *张乐*		页次	29

第二部分
双拼式院落组合

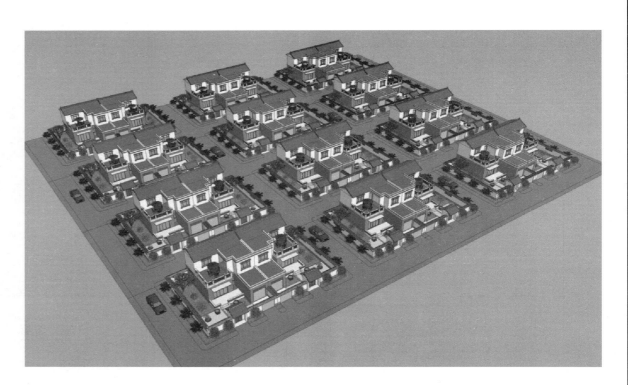

院落组合鸟瞰图

设 计 总 说 明

一、组合概况

1. 院落组合：组成双拼式院落组合的民居称为双拼式民居，双拼式民居由两个户型的民居组成，一般情况下，平面设计相同且镜像布置，有独立的门户。

2. 双拼式民居：居住环境优美，私密性好，有安静、舒适和方便的室外活动空间，为人们休息、娱乐、户外活动提供了很好的场所。双拼式民居，两户拼接，节约用地，院落整体性较好，深受用户欢迎。

3. 通风采光：双拼式民居，三面临空，一般每个房间都能拥有良好的采光，户内能够实现自然通风。

二、设计依据及原则

1. 设计依据
1.1 《民用建筑设计统一标准》　　GB 50352
1.2 《住宅建筑规范》　　　　　　GB 50368
1.3 《农村防火规范》　　　　　　GB 50039
1.4 《农村居住建筑节能设计标准》GB/T 50824
1.5 国家其他现行规范

2. 设计原则

2.1 尊重自然、强调绿化与居民生活活动的融合，结合绿色环保设计，创造一个和谐、优雅、舒适、安全的新型生态型居住环境。

2.2 充分照顾到社会、经济和环境三方面的综合效益，合理分配和使用各项资源，全面体现可持续发展的思想。

2.3 合理地考虑房屋的通风、日照采光、防灾以及与周围环境的关系，以提高人居环境质量。

三、组合构思与设计理念

1. 组合构思：地方村落都有自己存在的形式，有自己的居住文化，随着社会的发展与进步，有些地方满足不了现实生活的需求，生活条件、居住环境需要改善，催生了新民居；原有村落布局满足不了新民居的使用要求，需要多种形式的新型组合，才能使村建筑文化得以传承，更新村容村貌，留住乡思乡愁。

2. 院落布置：随着社会的进步，人们的生产、生活方式发生了很大的变化，户外活动、绿化种植、人车出入是院落的主要功能。现阶段节约用地是主流、是方向，区域内宅基地用地范围通常是给定的，院落布置要做到"出入顺畅、活动方便、适当种植、兼顾绿化"，争取做到经济、适用、美观。

3. 设计理念：坚持"以人为本"的原则，满足生产、生活方式的需求与未来发展趋势，充分利用现有条件，并与周围环境和谐统一，力求在建筑物的功能性、艺术性、健康性、前瞻性等方面做到最优，体现人与自然，建筑与自然的和谐共生。

四、组合设计

1. 组合特性：双拼式民居建筑主要是同一户型对称布置，显得工整、对称、严肃、有条理，种植绿化空间比较集中，具有实用、美观的整体效果。

2. 平面设计：双拼式民居的位置相对固定，院落入口、居住功能、院落布置应综合考虑，组合设计宜采用有序、规则排列，才能做到经济实用。

图 名		设计总说明				方案	6～10
审核	蒲荣建　蒲荣建	校对	耿慧聪　耿慧聪	设计	李俊町　李俊町	页次	31

五、消防设计

1. 村镇内消防车通道之间的距离，不宜超过 160m。其路面宽度不应小于 4.0m，转弯半径不应小于 9m。

2. 建筑物耐火等级为一、二级。

3. 防火分区内建筑物占地面积≤5000m²。

4. 防火分区内建筑物有开窗居住建筑间距≥4m。

六、交通组织

1. 村间道路：村间道路的宽度，干路一般为 10～14m，支路为 6～8m，巷路为 3～5m。

2. 组团一般外临干路，内部采用支路或巷路。

七、绿化设计概念

突出"以人为本，重返自然"的主题。组团主要考虑宅间绿化与组团绿化相结合，组团绿化与道路绿化相结合，综合考虑绿化与村间中心广场，绿地、小品等相结合，创造高雅、宁静的生活氛围，从而缔造一个绿色无忧的、恬静的生活环境，与大自然融为一体。

八、公共服务配套

根据村间规划合理布置公共服务配套项目。

九、建筑设计

1. 工程概况

本项目为民居，层数 2～3 层，层高 3m 左右。

2. 建筑风格

该方案采用平坡结合，既有传承又经济适用，建筑色调宜采取迎合当地居民喜爱的色调，同时结合小区绿色环境，给人生机盎然的感觉。

3. 建筑材料

本部分中各种建筑材料的选材及应用均符合国家现行环保及其节能要求。

十、经济技术指标

主要经济指标计算：为计算方便，组团占地面积，户占地面积均以轴线计算，在户占地面积计算当中，假定组团一侧面临干路，其他三面为支路或巷路，干路不计算在用地范围内：

户道路占地面积＝组团内支路或巷路占地面积/户数；

户占地面积＝户宅基地面积＋户道路用地面积；

宅基地面积≤200m²。

十一、组合说明：

1. 该组合方案外墙厚均按 240mm 设计，具体设计按实际情况进行。

2. 院落组合方案设计尺寸均以轴线计算，具体设计按实际情况进行。

图 名	设计总说明	方案	6～10
审核 蒲荣建 *蒲荣建* 校对 耿慧聪 *耿慧聪* 设计 李俊町 *李俊町*		页次	32

方案6 前进式三室

效果图：

技术经济指标：

各功能空间使用面积（m²）									总面积（m²）	
居室	客厅	厨房	餐厅	卫生间	楼梯间	走廊	储藏	机具库	使用面积	总建筑面积
39	18	14		10	15			16	112	136

方案说明：

概况：户型建筑面积136m²，占地面积195m²。

房间组成：本方案由客厅和三个卧室、两个卫生间、厨房、餐厅组成，布置紧凑、使用合理、无穿套。

其他空间：一层设有机具库，可以存放车辆及储藏各种杂物，二层设有大型露台，能改善居住环境，增加活动空间。

房间特点：客厅独立、完整，适合家具摆放，各居室独立布置，私密性强，厨房、餐厅综合设计，用户可以根据自己需要进行调整。

通风采光：客厅、卧室开窗都在阳面，明厨明卫，各房间通风采光良好。

层数层高：层数2层，层高3m，室内外高差0.45m。

立面造型：屋顶采用平坡结合，坡屋顶有利于排水、隔热，平屋顶便于放太阳能设备，整体造型活泼、美观大方。

结构布置：结构合理，受力明确，屋顶采用平坡结合，减少了相交坡面，保证了工程质量，降低了造价。

图 名	说明、技术经济指标、效果图		方案	6
审核 蒲荣建 *蒲荣建*	校对 耿慧聪 *耿慧聪*	设计 李俊町 *李佳町*	页次	33

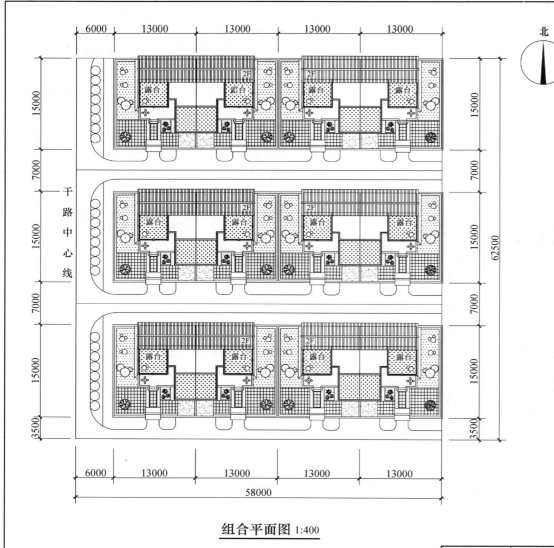

组合平面图 1:400

说明：

一、概述

该组合为双拼式院落组合；

户占地面积 195m²；

户道路用地面积 76m²；

户平均用地 271m²（平均用地不含主路）。

二、设计理念

打造独立居住空间。

三、设计原则

场地性原则：体现场地的原有的内涵和特色；

功能性原则：满足生产、生活的需求；

生态原则：强调居住绿化在村镇生态系统中的作用，强调人与自然的共生。

四、道路交通

宅间道宽度为 7m；

宅内人车入口分设。

五、消防

宅前道路宽度 7m，满足消防要求；

住宅间距≥4m，满足消防要求。

六、绿化景观

合理规划，明确分区，减少交通面积，避免零碎用地，营造绿化种植空间。

图　名	组合说明、组合平面图	方案	**6**
审核　蒲荣建　蒲荣建	校对　耿慧聪　耿慧聪　设计　李俊町　李俊町	页次	34

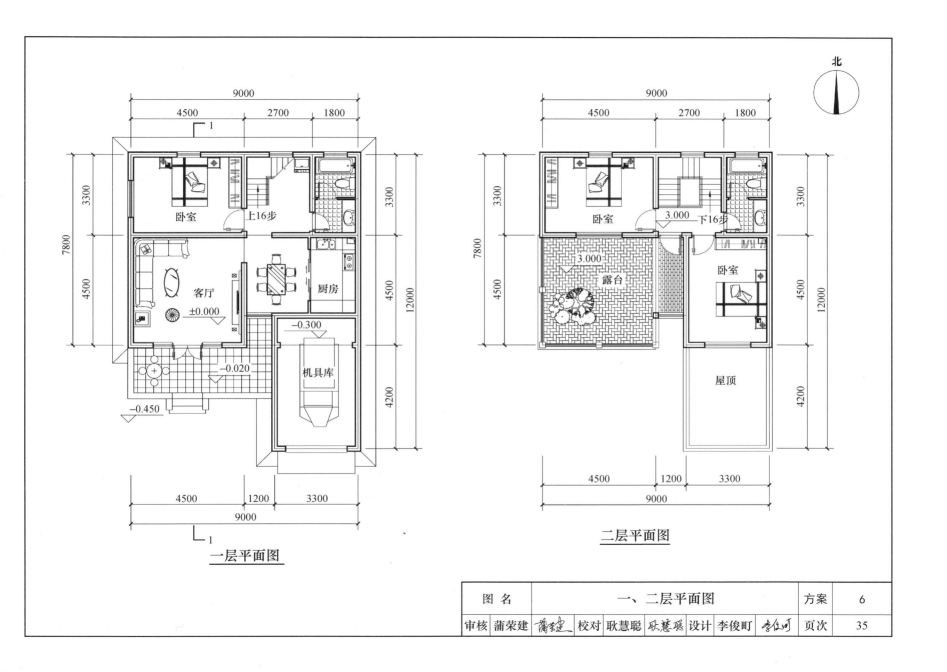

北

9000
4500   2700   1800

3300

7800

4500

卧室   上16步

客厅
±0.000   厨房

−0.300

−0.020   机具库

−0.450

4500   1200   3300
9000

3300

4500   12000

4200

一层平面图

9000
4500   2700   1800

3300

7800

4500

卧室   3.000   下16步

3.000
露台   卧室

屋顶

4500   1200   3300
9000

3300

4500   12000

4200

二层平面图

图 名	一、二层平面图		方案	6
审核 蒲荣建 蒲荣建	校对 耿慧聪 耿慧聪	设计 李俊町 李任町	页次	35

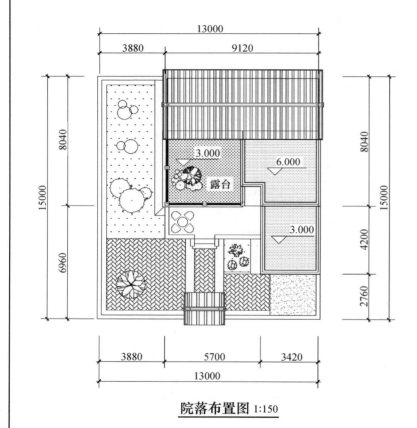

院落布置图 1:150

正立面图

院落布置说明：

1. 人车分流：院落大门和车库入口分别考虑，大门、围墙与主体建筑保持一致，功能明确，使用方便。

2. 功能分区：院落分为两个区块，月台为活动区块，院落主要为种植绿化区块。

图 名	正立面图、院落布置图	方案	6
审核 蒲荣建	校对 耿慧聪 设计 李俊町	页次	36

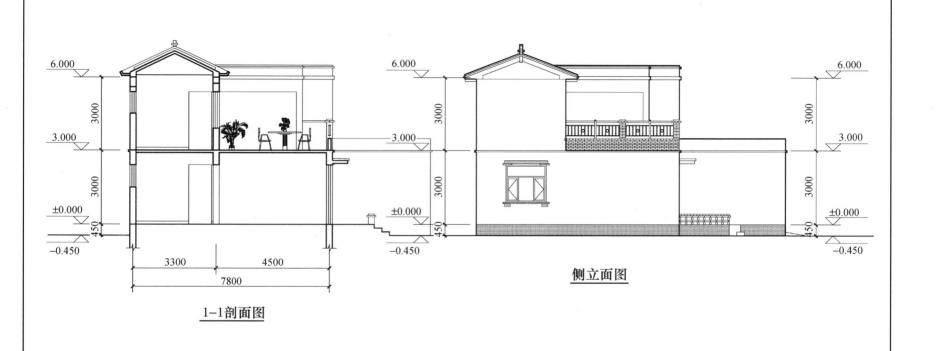

6.000

3000

3.000

3000

±0.000

450

−0.450

3300   4500

7800

1−1剖面图

6.000

3000

3.000

3000

±0.000

450

−0.450

侧立面图

6.000

3000

3.000

3000

±0.000

450

−0.450

图 名	**侧立面图、1−1剖面图**	方案	6
审核 蒲荣建 *蒲荣建*	校对 耿慧聪 *耿慧聪* 设计 李俊町 *李住町*	页次	37

方案7　前进式三室（起居室）

效果图：

方案说明：

概况：户型建筑面积156m²，占地面积195m²。

房间组成：本方案由客厅和三个卧室、起居室、两个卫生间、厨房、餐厅组成，布置紧凑、使用合理、无穿套。

其他空间：一层设有机具库，可以存放车辆及储藏各种杂物，二层设有大型露台，能改善居住环境，增加活动空间。

房间特点：客厅独立、完整，适合家具摆放，各居室独立布置，私密性强，厨房、餐厅综合设计，用户可以根据自己需要进行调整。

通风采光：客厅、卧室开窗都在阳面，明厨明卫，各房间通风采光良好。

层数层高：层数2层，层高3m，室内外高差0.45m。

立面造型：屋顶采用平坡结合，坡屋顶有利于排水、隔热，平屋顶便于放太阳能设备，整体造型活泼、美观大方。

结构布置：结构合理，受力明确，屋顶采用平坡结合，减少了相交坡面，保证了工程质量，降低了造价。

技术经济指标：

各功能空间使用面积（m²）									总面积（m²）	
居室	客厅	厨房	餐厅	卫生间	楼梯间	走廊	储藏	机具库	使用面积	总建筑面积
57	18	14	9	18				18	134	156

图　名	说明、技术经济指标、效果图			方案	7
审核 蒲荣建 *蒲荣建*	校对 耿慧聪 *耿慧聪*	设计 李俊町 *李俊可*		页次	38

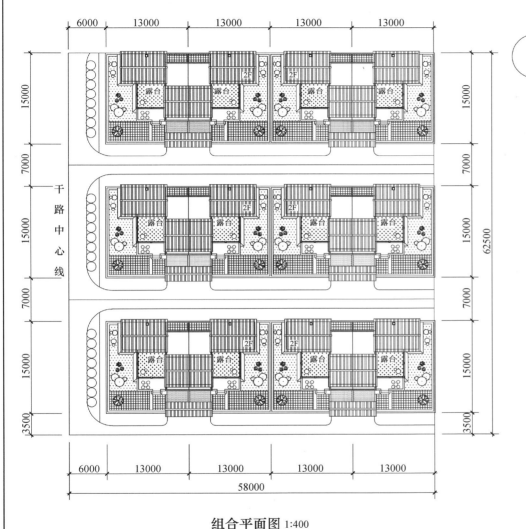

组合平面图 1:400

说明：

一、概述

该组合为双拼式院落组合；

户占地面积 196m²；

户道路用地面积 76m²；

户平均用地 271m²（平均用地不含主路）。

二、设计理念

打造独立居住空间。

三、设计原则

场地性原则：体现场地的原有的内涵和特色；

功能性原则：满足生产、生活的需求；

生态原则：强调居住绿化在村镇生态系统中的作用，强调人与自然的共生。

四、道路交通

宅间道宽度为 7m；

宅内人车入口共用。

五、消防

宅前道路宽度 7m，满足消防要求；

住宅间距≥4m，满足消防要求。

六、绿化景观

合理规划，明确分区，减少交通面积，避免零碎用地，营造绿化种植空间。

图　名	组合说明、组合平面图	方案	7
审核 蒲荣建	校对 耿慧聪　设计 李俊町	页次	39

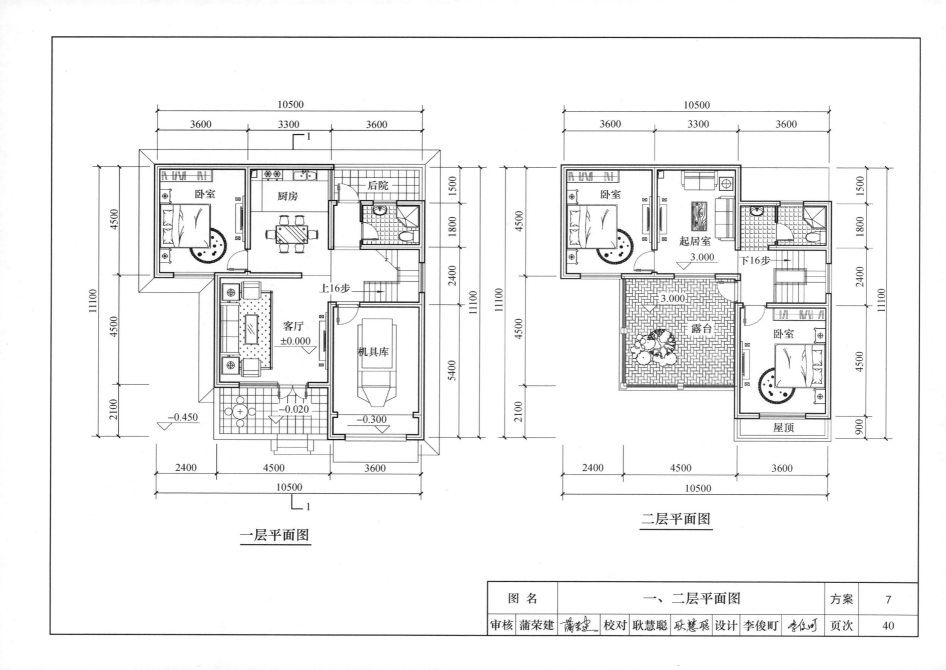

一层平面图

卧室
厨房
后院
客厅
±0.000
机具库
上16步
−0.450
−0.020
−0.300

10500
3600　3300　3600
1500
1800
2400
5400
11100
4500
4500
2100
2400　4500　3600
10500

二层平面图

卧室
起居室
3.000
下16步
露台
3.000
卧室
屋顶

10500
3600　3300　3600
1500
1800
2400
4500
900
11100
4500
4500
2100
2400　4500　3600
10500

图　名	一、二层平面图	方案	7
审核 蒲荣建　校对 耿慧聪　设计 李俊町		页次	40

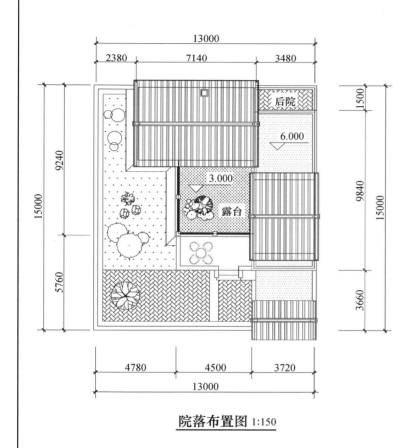

院落布置图 1:150

正立面图

院落布置说明：

1. 大门入口：车辆和人由大门进入，车辆直入车库，线路清晰，使用方便，私密性强。

2. 功能分区：院落分为两个区块，月台为活动区块，院落主要为种植绿化区块。

图 名	正立面图、院落布置图		方案	7
审核 蒲荣建 蒲荣建	校对 耿慧聪 耿慧聪	设计 李俊町 李俊町	页次	41

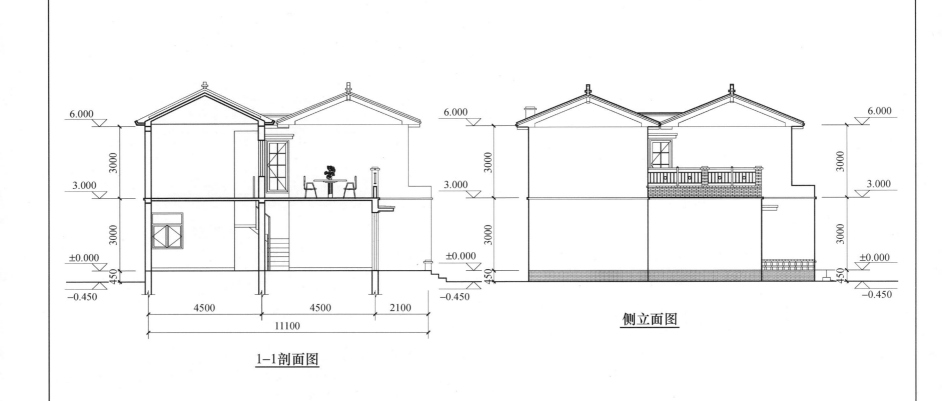

6.000

3000

3.000

3000

±0.000

450

−0.450

4500   4500   2100

11100

1-1剖面图

6.000

3000

3.000

3000

±0.000

450

−0.450

6.000

3000

3.000

3000

±0.000

450

−0.450

侧立面图

图　名	侧立面图、1-1剖面图	方案	7
审核 蒲荣建 [签名]	校对 耿慧聪 [签名] 设计 李俊町 [签名]	页次	42

方案8　后进式三室

效果图：

技术经济指标：

各功能空间使用面积（m²）									总面积（m²）	
居室	客厅	厨房	餐厅	卫生间	楼梯间	走廊	储藏	机具库	使用面积	总建筑面积
41	18	14		7	19		3	16	118	141

方案说明：

概况：户型建筑面积141m²，占地面积195m²。

房间组成：本方案由客厅和三个卧室、两个卫生间、厨房、餐厅组成，布置紧凑、使用合理、无穿套。

其他空间：一层设有机具库，可以存放车辆及储藏各种杂物，二层设有大型露台，能改善居住环境，增加活动空间。

房间特点：客厅独立、完整，适合家具摆放，各居室独立布置，私密性强，厨房、餐厅综合设计，用户可以根据自己需要进行调整。

通风采光：客厅、卧室开窗都在阳面，明厨明卫，各房间通风采光良好。

层数层高：层数2层，层高3m，室内外高差0.45m。

屋面造型：屋顶采用平坡结合，坡屋顶有利于排水、隔热，平屋顶便于放太阳能设备，整体造型活泼、美观大方。

结构布置：结构合理，受力明确，屋顶采用平坡结合，减少了相交坡面，保证了工程质量，降低了造价。

图　名	说明、技术经济指标、效果图	方案	8
审核 蒲荣建	校对 耿慧聪 设计 李俊町	页次	43

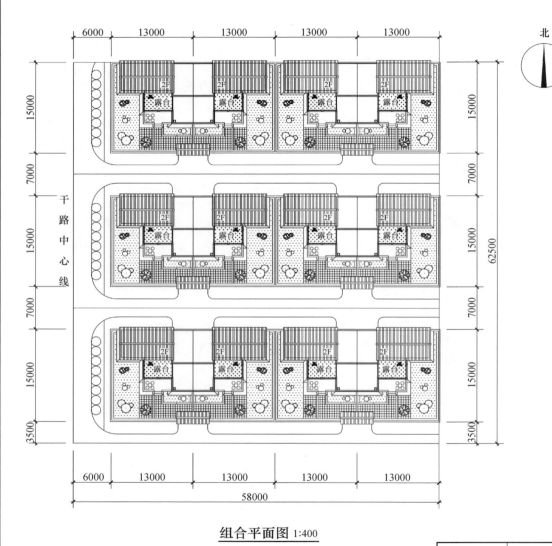

组合平面图 1:400

说明：

一、概述

该组合为双拼式院落组合；

户占地面积 195m²；

户道路用地面积 76m²；

户平均用地 271m²（平均用地不含主路）。

二、设计理念

打造独立居住空间。

三、设计原则

场地性原则：体现场地的原有的内涵和特色；

功能性原则：满足生产、生活的需求；

生态原则：强调居住绿化在村镇生态系统中的作用，强调人与自然的共生。

四、道路交通

宅间道宽度为 7m；

宅内人车入口分设。

五、消防

宅前道路宽度 7m，满足消防要求；

住宅间距≥4m，满足消防要求。

六、绿化景观

合理规划，明确分区，减少交通面积，避免零碎用地，营造绿化种植空间。

图 名	组合说明、组合平面图		方案	8
审核 蒲荣建 *蒲荣建*	校对 耿慧聪 *耿慧聪*	设计 李俊町 *李俊町*	页次	44

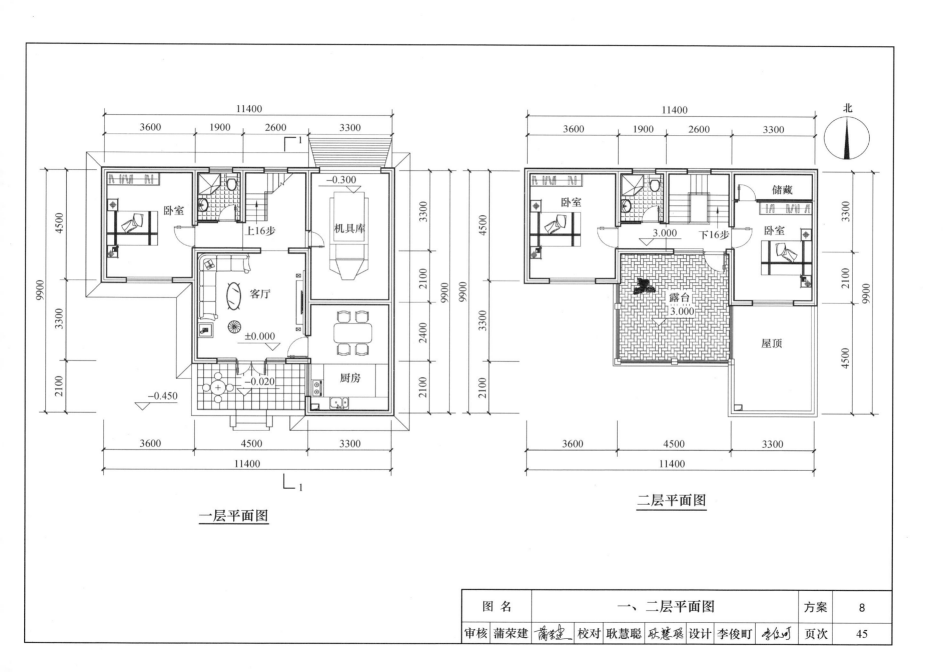

一层平面图

二层平面图

图　名	一、二层平面图		方案	8
审核 蒲荣建 *蒲荣建*	校对 耿慧聪 *耿慧聪*	设计 李俊町 *李俊町*	页次	45

院落布置图 1:150

正立面图

院落布置说明：

1. 大门入口：车辆由后面进入，大门后面设影壁墙，遮挡大门内外杂乱的墙面和景物，遮挡外人的视线，线路清晰，使用方便，私密性强。

2. 功能分区：院落分为两个区块，月台为活动区块，院落主要为种植绿化区块。

图 名	正立面图、院落布置图		方案	8
审核 蒲荣建 *蒲荣建*	校对 耿慧聪 *耿慧聪*	设计 李俊町 *李任可*	页次	46

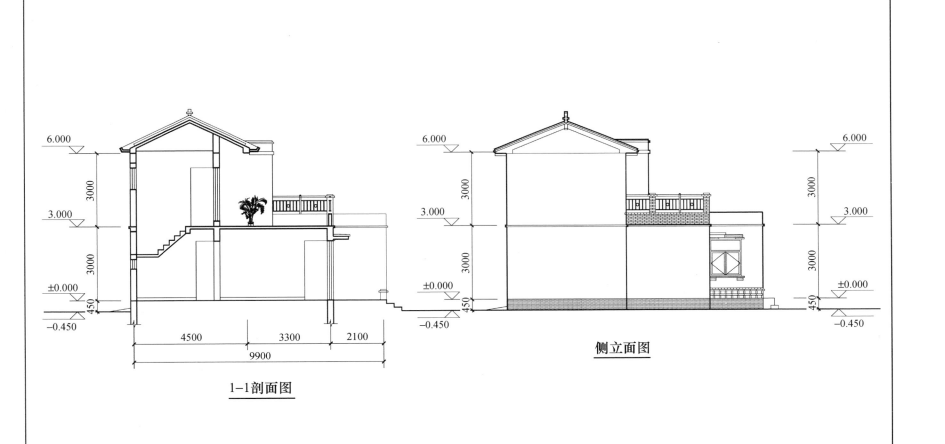

6.000

3000

3.000

3000

±0.000

450

−0.450

4500　　3300　　2100

9900

1-1剖面图

6.000

3000

3.000

3000

±0.000

450

−0.450

侧立面图

6.000

3000

3.000

3000

±0.000

450

−0.450

图　名	**侧立面图、1-1剖面图**	方案	**8**
审核 蒲荣建 *蒲荣建*	校对 耿慧聪 *耿慧聪* 设计 李俊町 *李俊町*	页次	47

方案9 后进式四室

效果图：

技术经济指标：

各功能空间使用面积（m²）									总面积（m²）	
居室	客厅	厨房	餐厅	卫生间	楼梯间	走廊	储藏	机具库	使用面积	总建筑面积
54	18	15		9	20			18	134	158

方案说明：

概况：户型建筑面积158m²，占地面积195m²。

房间组成：本方案由客厅和四个卧室、两个卫生间、厨房、餐厅组成，布置紧凑、使用合理、无穿套。

其他空间：一层设有机具库，可以存放车辆及储藏各种杂物，二层设有大型露台，能改善居住环境，增加活动空间。

房间特点：客厅独立、完整，适合家具摆放，各居室独立布置，私密性强，厨房、餐厅综合设计，用户可以根据自己需要进行调整。

通风采光：客厅、卧室开窗都在阳面，明厨明卫，各房间通风采光良好。

层数层高：层数2层，层高3m，室内外高差0.45m。

立面造型：屋顶采用平坡结合，坡屋顶有利于排水、隔热，平屋顶便于放太阳能设备，整体造型活泼、美观大方。

结构布置：结构合理，受力明确，屋顶采用平坡结合，减少了相交坡面，保证了工程质量，降低了造价。

图 名	说明、技术经济指标、效果图	方案	9
审核 蒲荣建 *蒲荣建*	校对 耿慧聪 *耿慧聪* 设计 李俊町 *李俊町*	页次	48

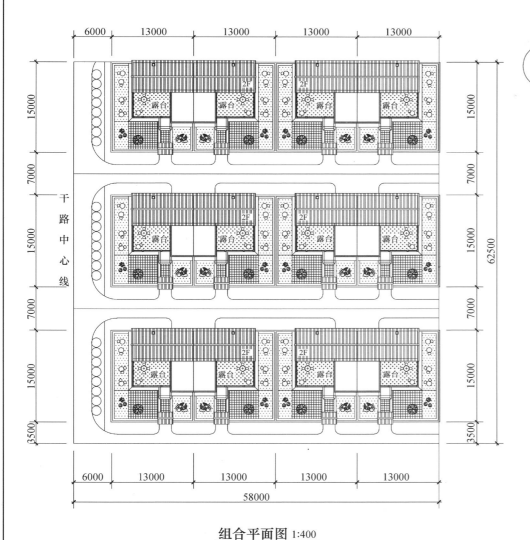

组合平面图 1:400

说明：

一、概述

该组合为双拼式院落组合；

户占地面积 195m²；

户道路用地面积 76m²；

户平均用地 271m²（平均用地不含主路）。

二、设计理念

打造独立居住空间。

三、设计原则

场地性原则：体现场地的原有的内涵和特色；

功能性原则：满足生产、生活的需求；

生态原则：强调居住绿化在村镇生态系统中的作用，强调人与自然的共生。

四、道路交通

宅间道宽度为 7m；

宅内人车入口分设。

五、消防

宅前道路宽度 7m，满足消防要求；

住宅间距≥4m，满足消防要求。

六、绿化景观

合理规划，明确分区，减少交通面积，避免零碎用地，营造绿化种植空间。

图 名	组合说明、组合平面图	方案	9
审核 蒲荣建	校对 耿慧聪 设计 李俊町	页次	49

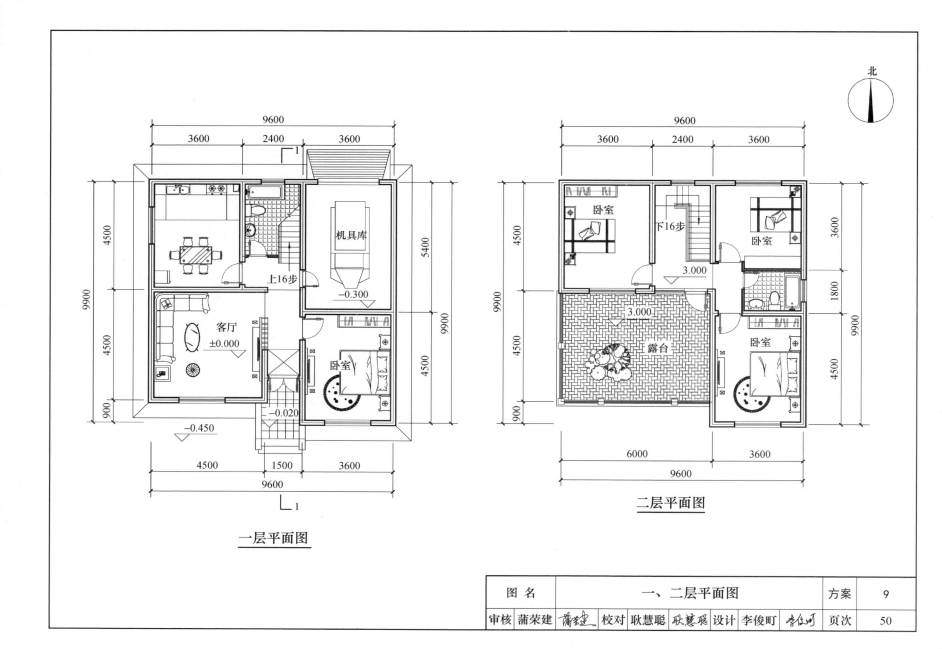

北

9600
3600　2400　3600

4500

9900

4500

900

机具库

−0.300

上16步

客厅
±0.000

卧室

−0.020

−0.450

4500　1500　3600

9600

一层平面图

9600
3600　2400　3600

4500

9900

4500

900

卧室

下16步

3.000

卧室

3.000

露台

卧室

6000　3600

9600

3600

1800

9900

4500

二层平面图

图　名	一、二层平面图	方案	9
审核 蒲荣建 　校对 耿慧聪 　设计 李俊町		页次	50

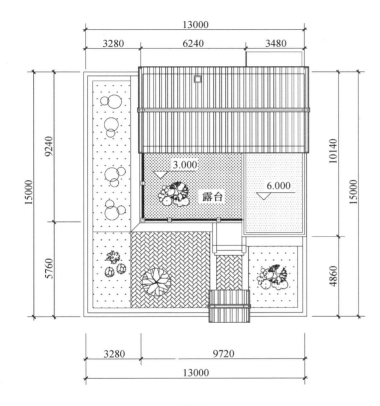

院落布置图 1:150

正立面图

院落布置说明：

1. 人车分流：院落大门和车库入口分别考滤，大门、围墙与主体建筑保持一致，功能明确，使用方便。

2. 功能分区：院落分为两个区块，月台为活动区块，院落主要为种植绿化区块。

图 名	正立面图、院落布置图	方案	9
审核 蒲荣建	校对 耿慧聪 设计 李俊町	页次	51

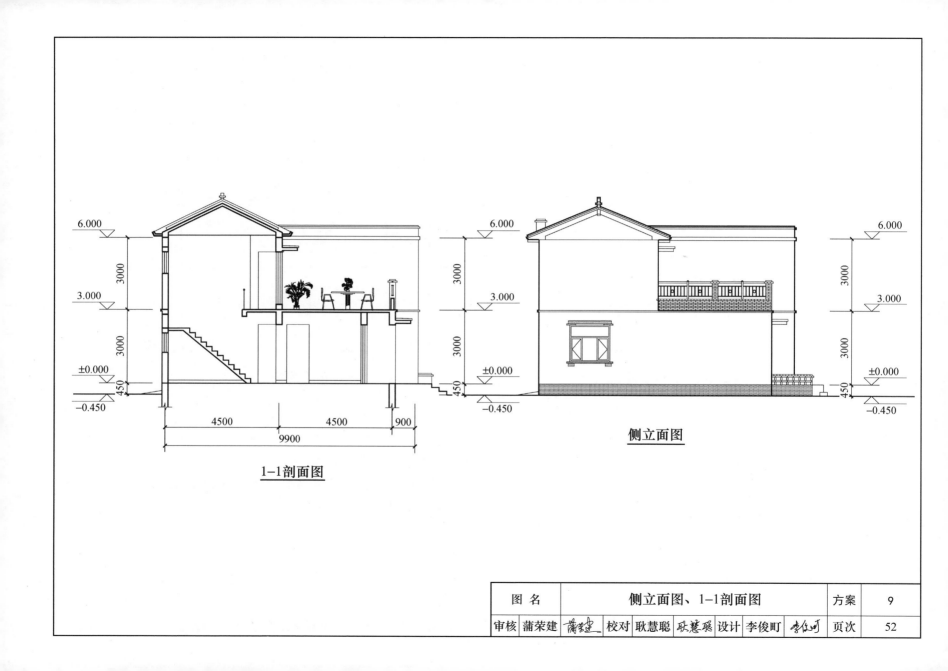

6.000

3000

3.000

3000

±0.000

450

−0.450

4500　4500　900

9900

1-1剖面图

6.000

3000

3.000

3000

±0.000

450

−0.450

6.000

3000

3.000

3000

±0.000

450

−0.450

侧立面图

图　名	侧立面图、1-1剖面图	方案	9
审核 蒲荣建 *蒲荣建* 校对 耿慧聪 *耿慧聪* 设计 李俊町 *李俊町*		页次	52

方案 10　外放式三室

效果图：

方案说明：

概况：户型建筑面积132m²，占地面积195m²。

房间组成：本方案由客厅和三个卧室、两个卫生间、厨房、餐厅组成，布置紧凑、使用合理、无穿套。

其他空间：车辆存放安排在院内，二层设有大型露台，能改善居住环境，增加活动空间。

房间特点：客厅独立、完整，适合家具摆放，各居室独立布置，私密性强，厨房、餐厅综合设计，用户可以根据自己需要进行调整。

通风采光：客厅、卧室开窗都在阳面，明厨明卫，各房间通风采光良好。

层数层高：层数2层，层高3m，室内外高差0.45m。

屋面造型：屋顶采用平坡结合，坡屋顶有利于排水、隔热，平屋顶便于放太阳能设备，整体造型活泼、美观大方。

结构布置：结构合理，受力明确，屋顶采用平坡结合，减少了相交坡面，保证了工程质量，降低了造价。

技术经济指标：

各功能空间使用面积（m²）									总面积（m²）	
居室	客厅	厨房	餐厅	卫生间	楼梯间	走廊	储藏	机具库	使用面积	总建筑面积
42	18	13		11	24				108	132

图　名	说明、技术经济指标、效果图			方案	10
审核 蒲荣建 *蒲荣建*	校对 耿慧聪 *耿慧聪*	设计 李俊町 *李俊町*		页次	53

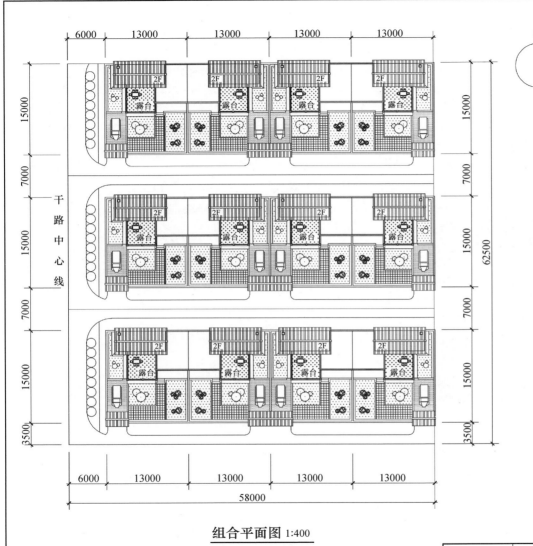

组合平面图 1:400

一、概述

该组合为双拼式院落组合；

户占地面积 195m²；

户道路用地面积 76m²；

户平均用地 271m²（平均用地不含主路）。

二、设计理念

打造独立居住空间。

三、设计原则

场地性原则：体现场地的原有的内涵和特色；

功能性原则：满足生产、生活的需求；

生态原则：强调居住绿化在村镇生态系统中的作用，强调人与自然的共生。

四、道路交通

宅间道宽度为 7m；

宅内人车入口共用。

五、消防

宅前道路宽度 7m，满足消防要求；

住宅间距≥4m，满足消防要求。

六、绿化景观

合理规划，明确分区，减少交通面积，避免零碎用地，营造绿化种植空间。

图 名	组合说明、组合平面图	方案	10
审核 蒲荣建 蒲荣建	校对 耿慧聪 耿慧聪　设计 李俊町 李俊町	页次	54

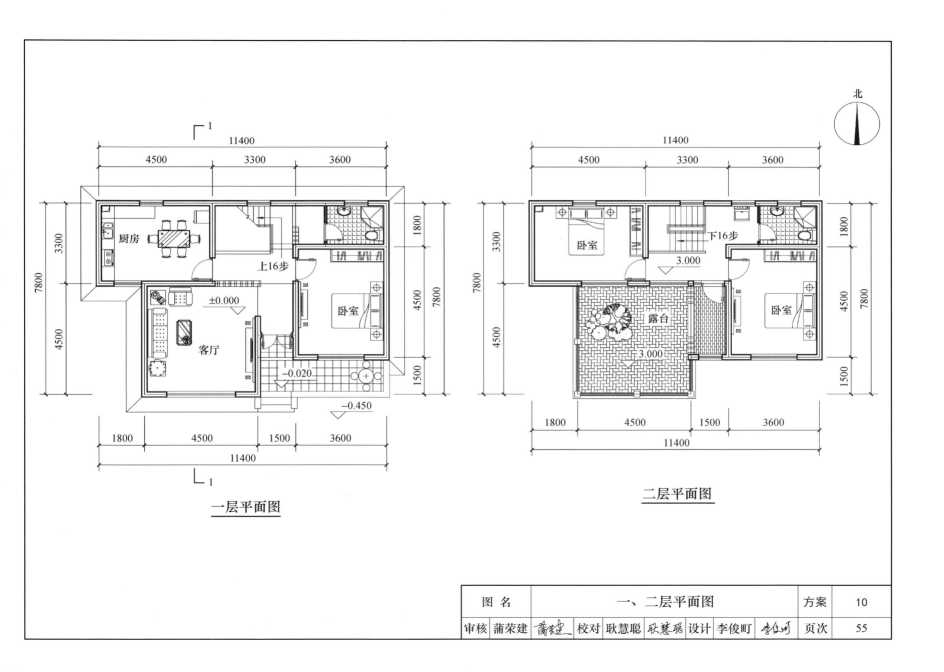

北

一层平面图

11400
4500　3300　3600
厨房
上16步
±0.000
客厅
−0.020
−0.450
1800　4500　1500　3600
11400
3300　4500　7800
卧室
1800
4500
1500

二层平面图

11400
4500　3300　3600
卧室
下16步
3.000
露台
3.000
卧室
1800　4500　1500　3600
11400
3300　4500　7800
1800
4500
1500

图　名	一、二层平面图	方案	10
审核 蒲荣建 *蒲荣建* 校对 耿慧聪 *耿慧聪* 设计 李俊町 *李住町*		页次	55

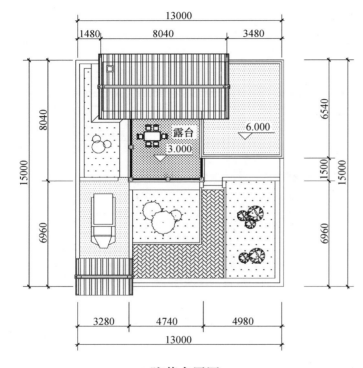

院落布置图 1:150

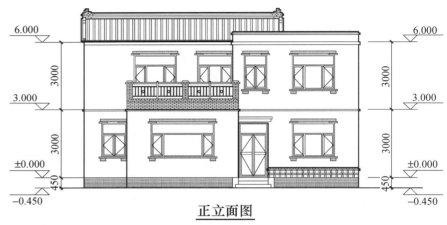

正立面图

院落布置说明:

1. 大门入口:车辆外放,大门后面设影壁墙,遮挡大门内外杂乱的墙面和景物,遮挡外人的视线,线路清晰,使用方便,私密性强。

2. 功能分区:院落分为两个区块,月台为活动区块,院落主要为种植绿化区块。

图 名	正立面图、院落布置图	方案	10
审核 蒲荣建 校对 耿慧聪 设计 李俊町		页次	56

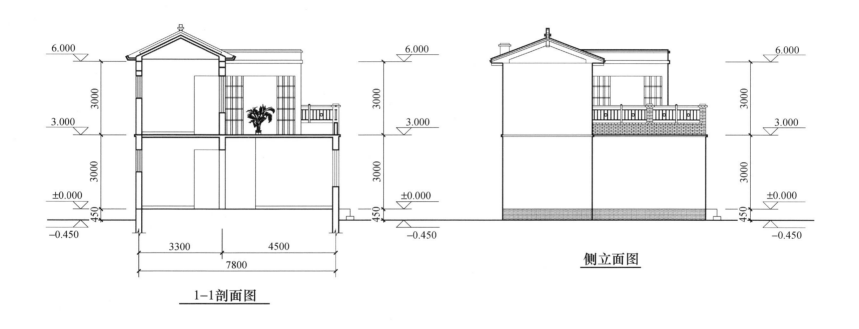

1-1剖面图

侧立面图

图 名	侧立面图、1-1剖面图	方案	10
审核 蒲荣建 *蒲荣建* 校对 耿慧聪 *耿慧聪* 设计 李俊町 *李俊町*		页次	57

第三部分
联排式院落组合

院落组合鸟瞰图

设 计 总 说 明

一、组合概况

1. 院落组合：组成联排式院落组合的民居称为联排式民居，联排式民居就是由单户民居联体排列组成，一般情况下，平面设计相同，有独立的门户。

2. 联排式民居：民居组合占地面积较小，节约土地资源，比较容易得到更高的容积率；联排式民居组合，有较多的共用山墙，造价相对较低，在现实当中，有着广泛的应用。

3. 通风采光：联排式民居两面临空，采光面少，在户型设计当中应选用适当面宽和进深，采取辅助措施，提高通风采光效果。

二、设计依据及原则

1. 设计依据

1.1 《民用建筑设计统一标准》 GB 50352

1.2 《住宅建筑规范》 GB 50368

1.3 《农村防火规范》 GB 50039

1.4 《农村居住建筑节能设计标准》GB/T 50824

1.5 国家其他现行规范

2. 设计原则

2.1 尊重自然、强调绿化与居民生活活动的融合，结合绿色环保设计，创造一个和谐、优雅、舒适、安全的新型生态型居住环境。

2.2 充分照顾到社会、经济和环境三方面的综合效益，合理分配和使用各项资源，全面体现可持续发展的思想。

2.3 合理地考虑房屋的通风、日照采光、防灾以及与周围环境的关系，以提高人居环境质量。

三、组合构思与设计理念

1. 组合构思：地方村落都有自己存在的形式，有自己的居住文化，随着社会的发展与进步，有些地方满足不了现实生活的需求，生活条件、居住环境需要改善，催生了新民居；原有村落布局满足不了新民居的使用要求，需要多种形式的新型组合，才能使建筑村文化得以传承，更新村容村貌，留住乡思乡愁。

2. 院落布置：随着社会的进步，人们的生产、生活方式发生了很大的变化，户外活动、绿化种植、人车出入是院落的主要功能。现阶段节约用地是主流、是方向，区域内宅基地用地范围通常是给定的，院落布置要做到"出入顺畅、活动方便、适当种植、兼顾绿化"，争取做到经济、适用、美观。

3. 设计理念：坚持"以人为本"的原则，满足生产、生活方式的需求与未来发展趋势，充分利用现有条件，并与周围环境和谐统一，力求在建筑物的功能性、艺术性、健康性、前瞻性等方面做到最优，体现人与自然，建筑与自然的和谐共生。

四、组合设计

1. 组合特性：联排式民居一般为同一户型联排布置，平面紧凑，组合简单，使用方便，种植绿化空间比较集中，在工程实际中使用的比较普遍。

2. 平面设计：联排式民居，两面临空，采光与通风条件差一些，可利用露台、庭院、天井、天窗等措施，提高通风采光效果，院落入口、居住功能、院落布置应综合考虑。

图 名	设计总说明	方案	11～15
审核 蒲荣建 _蒲荣建_ 校对 李俊町 _李任河_ 设计 张愿愿 _张愿愿_		页次	59

五、消防设计

1. 村镇内消防车通道之间的距离，不宜超过 160m。其路面宽度不应小于 4.0m，转弯半径不应小于 9m。

2. 建筑物耐火等级为一、二级。

3. 防火分区内建筑物占地面积≤5000m²。

4. 防火分区内建筑物有开窗居住建筑间距≥4m。

六、交通组织

1. 村间道路：村间道路的宽度，干路一般为 10～14m，支路为 6～8m，巷路为 3～5m。

2. 组团一般外临干路，内部采用支路或巷路。

七、绿化设计概念

突出"以人为本，重返自然"的主题。组团主要考虑宅间绿化与组团绿化相结合，组团绿化与道路绿化相结合，综合考虑绿化与村间中心广场，绿地、小品等相结合，创造高雅、宁静的生活氛围，从而缔造一个绿色无忧的、恬静的生活环境，与大自然融为一体。

八、公共服务配套

根据村间规划合理布置公共服务配套项目。

九、建筑设计

1. 工程概况

本项目为民居，层数 2～3 层，层高 3m 左右。

2. 建筑风格

该方案采用平坡结合，既有传承又经济适用，建筑色调宜采取迎合当地居民喜爱的色调，同时结合小区绿色环境，给人生机盎然的感觉。

3. 建筑材料

本部分中各种建筑材料的选材及应用均符合国家现行环保及其节能要求。

十、经济技术指标

主要经济指标计算：为计算方便，组团占地面积，户占地面积均以轴线计算，在户占地面积计算当中，假定组团一侧面临干路，其他三面为支路或巷路，干路不计算在用地范围内：

户道路占地面积＝组团内支路或巷路占地面积/户数；

户占地面积＝户宅基地面积＋户道路用地面积；

宅基地面积≤200m²

十一、组合说明：

1. 该组合方案外墙厚均按 240mm 设计，具体设计按实际情况进行。

2. 院落组合方案设计尺寸均以轴线计算，具体设计按实际情况进行。

方案11　前进式三室

效果图：

技术经济指标：

各功能空间使用面积（m²）									总面积（m²）	
居室	客厅	厨房	餐厅	卫生间	楼梯间	走廊	储藏	机具库	使用面积	总建筑面积
42	18	6	8	10	20		3	18	125	148

方案说明：

概况：户型建筑面积148m²，占地面积194m²。

房间组成：本方案由客厅和三个卧室、两个卫生间、厨房、餐厅组成，布置紧凑、使用合理、无穿套。

其他空间：一层设有机具库，可以存放车辆及储藏各种杂物，二层设有大型露台，能改善居住环境，增加活动空间。

房间特点：客厅独立、完整，适合家具摆放，各居室独立布置，私密性强，厨房、餐厅综合设计，用户可以根据自己需要进行调整。

通风采光：客厅、卧室开窗都在阳面，明厨明卫，各房间通风采光良好。

层数层高：层数2层，层高3m，室内外高差0.45m。

立面造型：屋顶采用平坡结合，坡屋顶有利于排水、隔热，平屋顶便于放太阳能设备，整体造型活泼、美观大方。

结构布置：结构合理，受力明确，屋顶采用平坡结合，减少了相交坡面，保证了工程质量，降低了造价。

图　名	说明、技术经济指标、效果图	方案	11
审核 蒲荣建 *蒲荣建*	校对 李俊町 *李俊町* 设计 张愿愿 *张愿愿*	页次	61

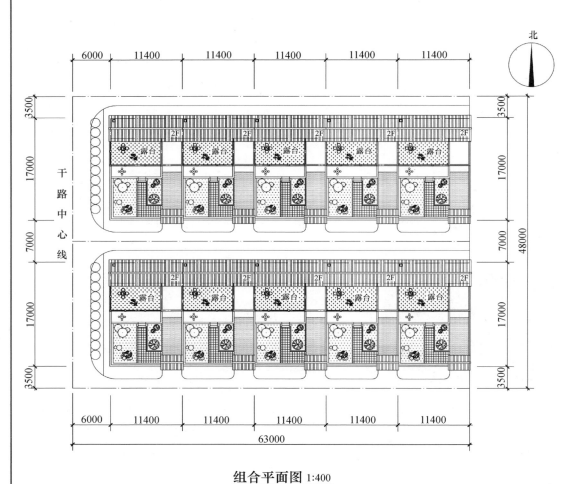

组合平面图 1:400

说明：

一、概述

该组合为联排式院落组合；

户占地面积 194m²；

户道路用地面积 80m²；

户平均用地 274m²（平均用地不含主路）。

二、设计理念

打造独立居住空间。

三、设计原则

场地性原则：体现场地的原有内涵和特色；

功能性原则：满足生产、生活的需求；

生态原则：强调居住绿化在村镇生态系统中的作用，强调人与自然的共生。

四、道路交通

宅间道宽度为 7m；

宅内人车入口共用。

五、消防

宅前道路宽度 7m，满足消防要求；

住宅间距≥4m，满足消防要求。

六、绿化景观

合理规划，明确分区，减少交通面积，避免零碎用地，营造绿化种植空间。

图 名	组合说明、组合平面图		方案	11
审核 蒲荣建 *蒲荣建*	校对 李俊町 *李住町*	设计 张愿愿 *张愿愿*	页次	62

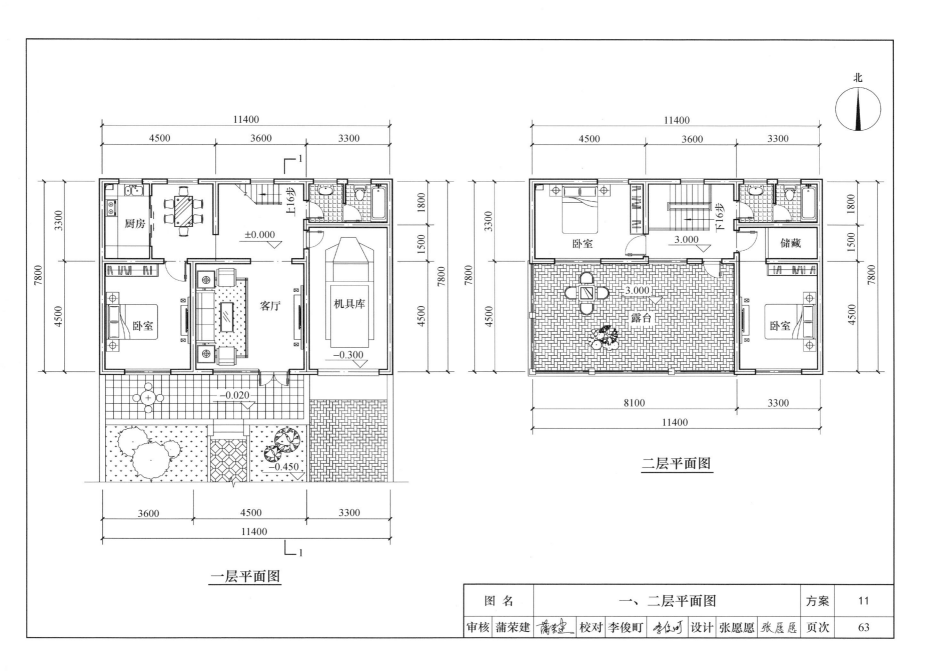

北

11400
4500　3600　3300

厨房

±0.000

上16步

1800

1500

7800

3300

4500

卧室

客厅

机具库

−0.300

−0.020

−0.450

3600　4500　3300

11400

一层平面图

11400
4500　3600　3300

卧室

下16步

3.000

储藏

3.000

露台

1800

1500

7800

3300

4500

卧室

8100　3300

11400

二层平面图

图　名	一、二层平面图	方案	11
审核 蒲荣建	校对 李俊町　设计 张愿愿	页次	63

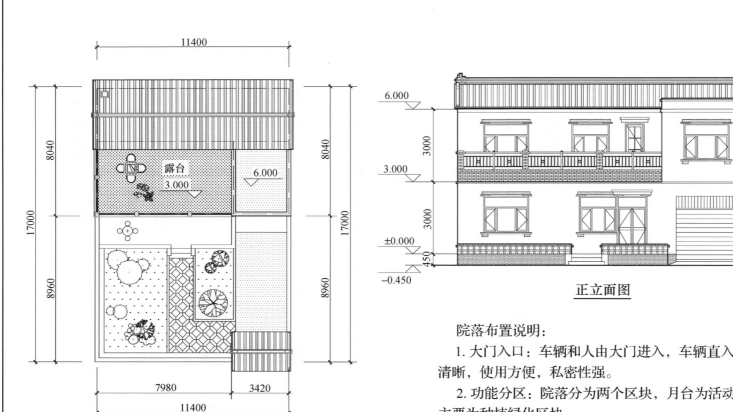

院落布置图 1:150

正立面图

院落布置说明：

1. 大门入口：车辆和人由大门进入，车辆直入车库，线路清晰，使用方便，私密性强。

2. 功能分区：院落分为两个区块，月台为活动区块，院落主要为种植绿化区块。

图 名	正立面图、院落布置图		方案	11
审核 蒲荣建 *蒲荣建*	校对 李俊町 *李俊町*	设计 张愿愿 *张愿愿*	页次	64

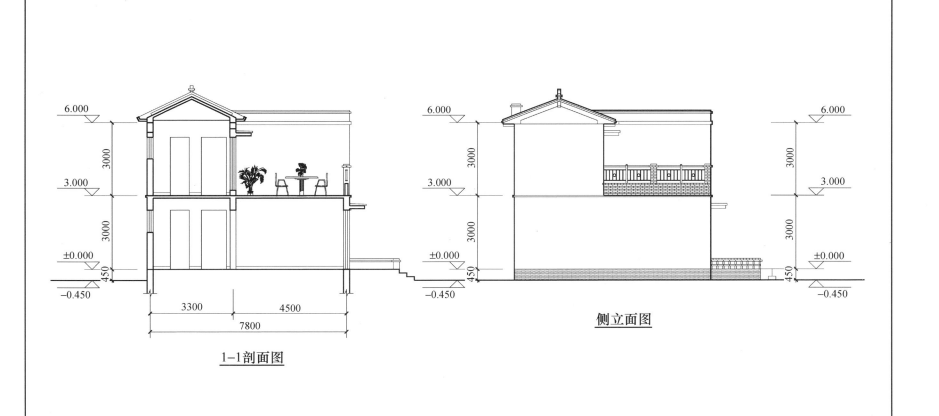

6.000

3000

3.000

3000

±0.000

450

−0.450

3300   4500

7800

1-1剖面图

6.000

3000

3.000

3000

±0.000

450

−0.450

6.000

3000

3.000

3000

±0.000

450

−0.450

侧立面图

图 名	侧立面图、1-1剖面图		方案	11
审核 蒲荣建 *蒲荣建*	校对 李俊町 *李俊町*	设计 张愿愿 *张愿愿*	页次	65

方案 12 前进式四室

效果图：

技术经济指标：

各功能空间使用面积（m²）									总面积（m²）	
居室	客厅	厨房	餐厅	卫生间	楼梯间	走廊	储藏	机具库	使用面积	总建筑面积
51	18	6	9	7	24		3	18	136	162

方案说明：

概况：户型建筑面积 162m²，占地面积 173m²。

房间组成：本方案由客厅和四个卧室、两个卫生间、厨房、餐厅组成，布置紧凑、使用合理、无穿套。

其他空间：一层设有机具库，可以存放车辆及储藏各种杂物，二层设有大型露台，能改善居住环境，增加活动空间。

房间特点：客厅独立、完整，适合家具摆放，各居室独立布置，私密性强，厨房、餐厅综合设计，用户可以根据自己需要进行调整。

通风采光：客厅、卧室开窗都在阳面，明厨明卫，各房间通风采光良好。

层数层高：层数 2 层，层高 3m，室内外高差 0.45m。

立面造型：屋顶采用平坡结合，坡屋顶有利于排水、隔热，平屋顶便于放太阳能设备，整体造型活泼、美观大方。

结构布置：结构合理，受力明确，屋顶采用平坡结合，减少了相交坡面，保证了工程质量，降低了造价。

图 名	说明、技术经济指标、效果图	方案	12
审核 蒲荣建 *蒲荣建*	校对 李俊町 *李俊町* 设计 张愿愿 *张愿愿*	页次	66

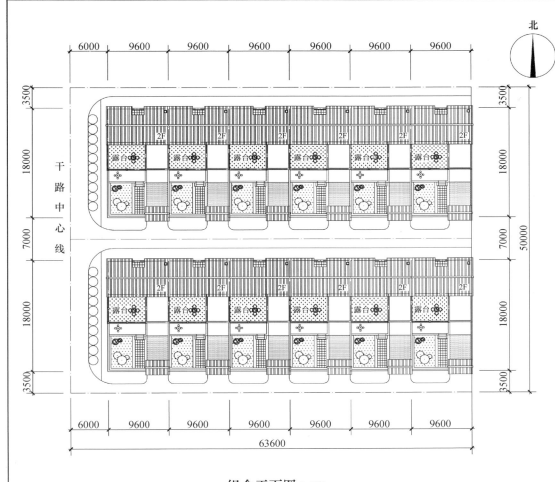

组合平面图 1:400

说明：

一、概述

该组合为联排式院落组合；

户占地面积 173m²；

户道路用地面积 67m²；

户平均用地 240m²（平均用地不含主路）。

二、设计理念

打造独立居住空间。

三、设计原则

场地性原则：体现场地的原有的内涵和特色；

功能性原则：满足生产、生活的需求；

生态原则：强调居住绿化在村镇生态系统中的作用，强调人与自然的共生。

四、道路交通

宅间道宽度为 7m；

宅内人车入口共用。

五、消防

宅前道路宽度 7m，满足消防要求；

住宅间距≥4m，满足消防要求。

六、绿化景观

合理规划，明确分区，减少交通面积，避免零碎用地，营造绿化种植空间。

图 名	组合说明、组合平面图	方案	12
审核 蒲荣建 蒲荣建	校对 李俊町 李俊町	设计 张愿愿 张愿愿	页次 67

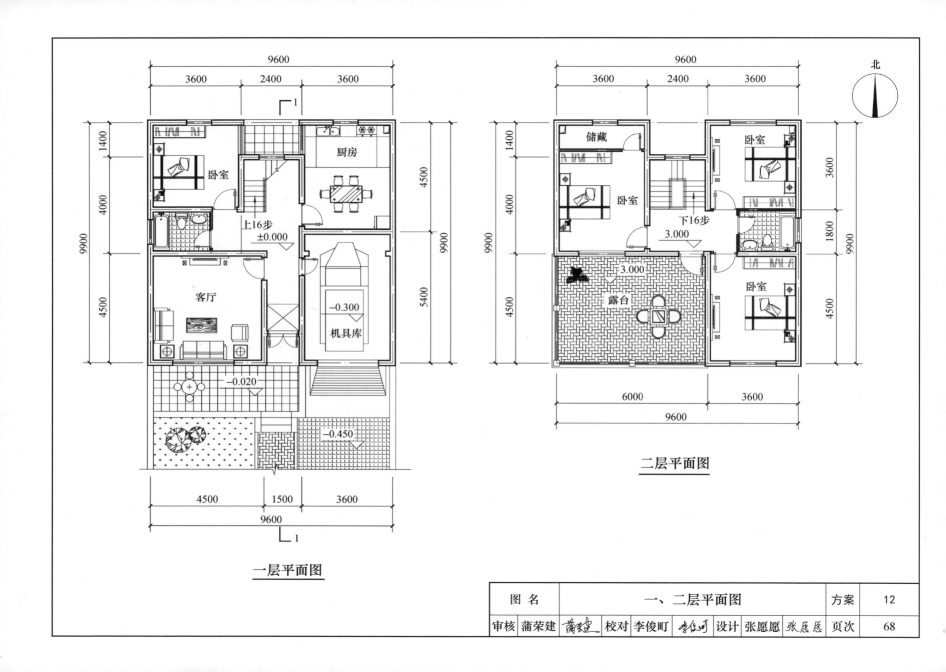

一层平面图

二层平面图

北

一层平面图:
卧室
厨房
上16步
±0.000
客厅
−0.300
机具库
−0.020
−0.450

9600
3600 2400 3600
1400 4000 4500 9900 4500 5400
4500 1500 3600
9600

二层平面图:
储藏
卧室
卧室
下16步
3.000
3.000
露台
卧室

9600
3600 2400 3600
1400 4000 4500 9900 4500 1800 3600 4500
6000 3600
9600

图 名	一、二层平面图	方案	12
审核 蒲荣建 蒲荣建	校对 李俊町 李俊町	设计 张愿愿 张愿愿	页次 68

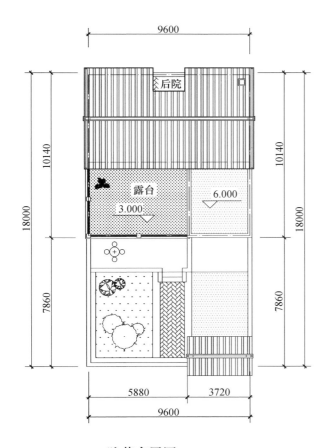

院落布置图 1:150

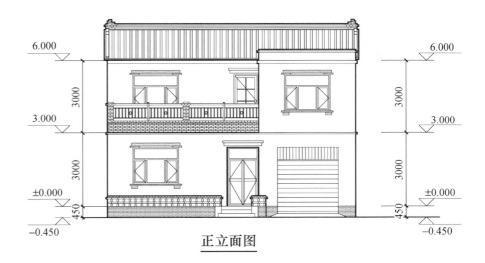

正立面图

院落布置说明：

1. 大门入口：车辆和人由大门进入，车辆直入车库，线路清晰，使用方便，私密性强。

2. 功能分区：院落分为两个区块，月台为活动区块，院落主要为种植绿化区块。

图 名	正立面图、院落布置图		方案	12
审核 蒲荣建 *蒲荣建*	校对 李俊町 *李任可*	设计 张愿愿 *张愿愿*	页次	69

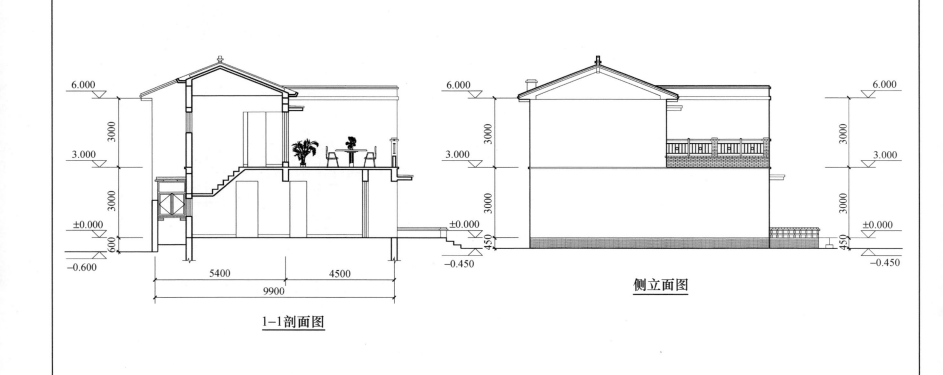

6.000

3000

3.000

3000

±0.000

600

−0.600

5400

4500

9900

1−1剖面图

6.000

3000

3.000

3000

±0.000

450

−0.450

侧立面图

6.000

3000

3.000

3000

±0.000

450

−0.450

图 名	侧立面图、1-1剖面图	方案	12
审核 蒲荣建 蒲荣建	校对 李俊町 李俊町	设计 张愿愿 张愿愿	页次 70

方案 13 后进式三室

效果图：

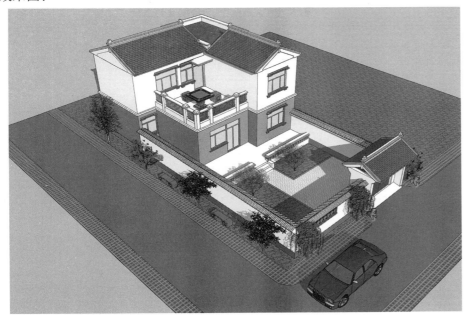

技术经济指标：

各功能空间使用面积（m²）									总面积（m²）	
居室	客厅	厨房	餐厅	卫生间	楼梯间	走廊	储藏	机具库	使用面积	总建筑面积
54	18	6	8	10	13			18	127	152

方案说明：

概况：户型建筑面积152m²，占地面积173m²。

房间组成：本方案由客厅和三个卧室、书房、两个卫生间、厨房、餐厅组成，布置紧凑、使用合理、无穿套。

其他空间：一层设有机具库，可以存放车辆及储藏各种杂物，二层设有大型露台，能改善居住环境，增加活动空间。

房间特点：客厅独立、完整，适合家具摆放，各居室独立布置，私密性强，厨房、餐厅综合设计，用户可以根据自己需要进行调整。

通风采光：客厅、卧室开窗都在阳面，明厨明卫，各房间通风采光良好。

层数层高：层数2层，层高3m，室内外高差0.45m。

立面造型：屋顶采用平坡结合，坡屋顶有利于排水、隔热，平屋顶便于放太阳能设备，整体造型活泼、美观大方。

结构布置：结构合理，受力明确，屋顶采用平坡结合，减少了相交坡面，保证了工程质量，降低了造价。

图 名	说明、技术经济指标、效果图	方案	13
审核 蒲荣建 *蒲荣建*	校对 李俊町 *李俊町* 设计 张愿愿 *张愿愿*	页次	71

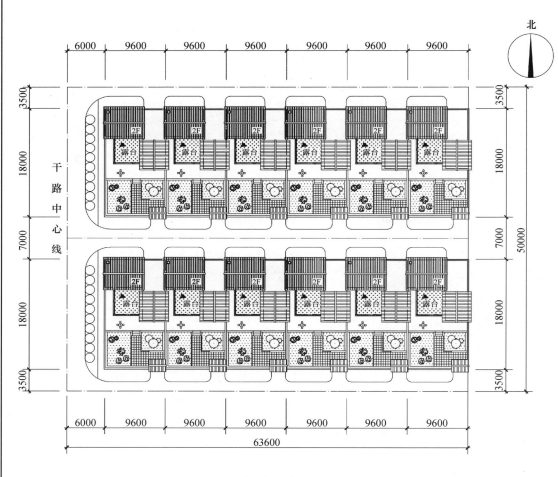

组合平面图 1:400

说明：

一、概述

该组合为联排式院落组合；

户占地面积 173m²；

户道路用地面积 67m²；

户平均用地 240m²（平均用地不含主路）。

二、设计理念

打造独立居住空间。

三、设计原则

场地性原则：体现场地的原有的内涵和特色；

功能性原则：满足生产、生活的需求；

生态原则：强调居住绿化在村镇生态系统中的作用，强调人与自然的共生。

四、道路交通

宅间道宽度为 7m；

宅内人车入口分设。

五、消防

宅前道路宽度 7m，满足消防要求；

住宅间距≥4m，满足消防要求。

六、绿化景观

合理规划，明确分区，减少交通面积，避免零碎用地，营造绿化种植空间。

图　名	组合说明、组合平面图		方案	13
审核 蒲荣建	校对 李俊町	设计 张愿愿	页次	72

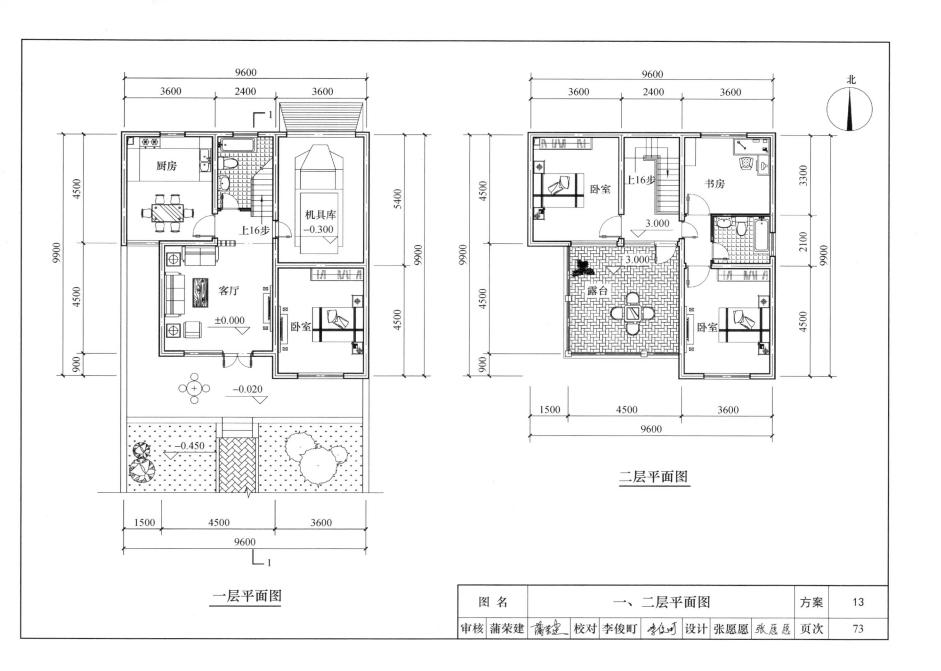

一层平面图

二层平面图

北

图 名		一、二层平面图		方案	13
审核 蒲荣建 蒲荣建	校对 李俊町 李俊町		设计 张愿愿 张愿愿	页次	73

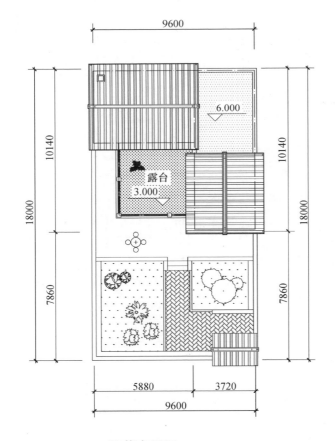

院落布置图 1:150

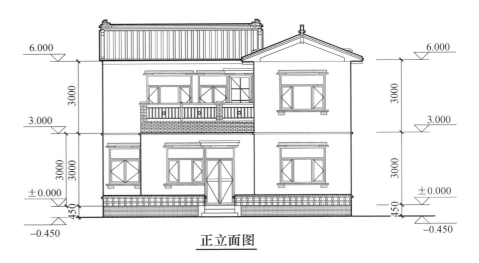

正立面图

院落布置说明：

　　1. 大门入口：车辆外放，大门后面设影壁墙，遮挡大门内外杂乱的墙面和景物，遮挡外人的视线，线路清晰，使用方便，私密性强。

　　2. 功能分区：院落分为两个区块，月台为活动区块，院落主要为种植绿化区块。

图 名	正立面图、院落布置图		方案	13
审核 蒲荣建 蒲荣建	校对 李俊町 李俊町	设计 张愿愿 张愿愿	页次	74

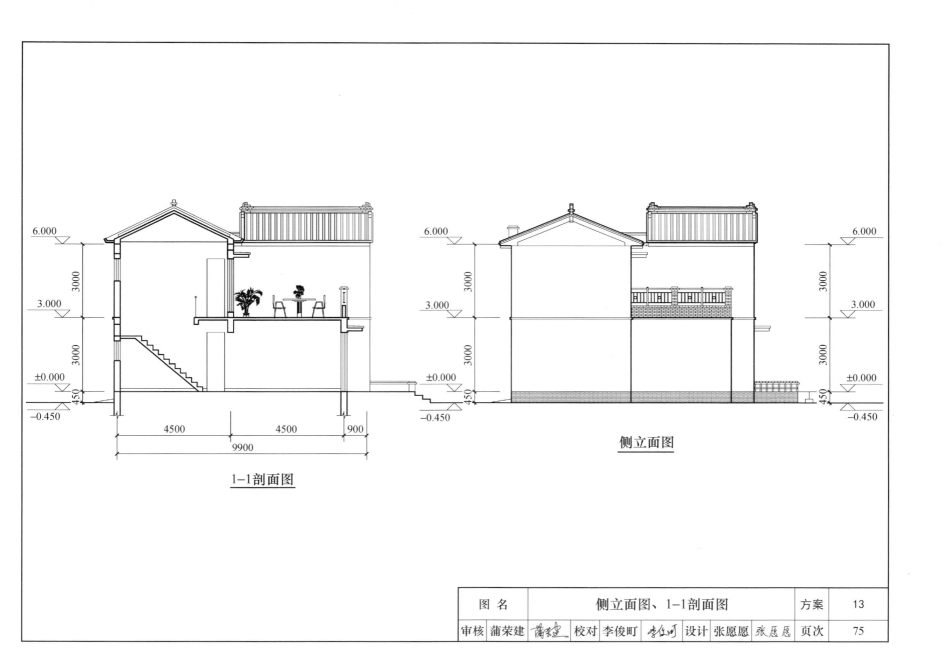

6.000

3000

3.000

3000

±0.000

450

−0.450

4500　　　　4500　　900

9900

1-1剖面图

6.000

3000

3.000

3000

±0.000

450

−0.450

侧立面图

6.000

3000

3.000

3000

±0.000

450

−0.450

图　名	侧立面图、1-1剖面图	方案	13
审核 蒲荣建 *蒲荣建* 校对 李俊町 *李任町* 设计 张愿愿 *张愿愿*		页次	75

方案14 后进式四室

效果图：

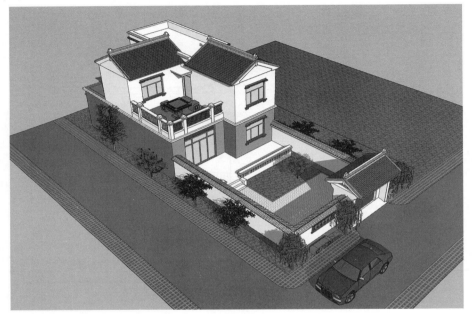

方案说明：

概况：户型建筑面积 148m², 占地面积 170m²。

房间组成：本方案由客厅和四个卧室、两个卫生间、厨房、餐厅组成，布置紧凑、使用合理、无穿套。

其他空间：一层设有机具库，可以存放车辆及储藏各种杂物，二层设有大型露台，能改善居住环境，增加活动空间。

房间特点：客厅独立、完整，适合家具摆放，各居室独立布置，私密性强，厨房、餐厅综合设计，用户可以根据自己需要进行调整。

通风采光：客厅、卧室开窗都在阳面，明厨明卫，各房间通风采光良好。

层数层高：层数 2 层，层高 3m，室内外高差 0.45m。

立面造型：屋顶采用平坡结合，坡屋顶有利于排水、隔热，平屋顶便于放太阳能设备，整体造型活泼、美观大方。

结构布置：结构合理，受力明确，屋顶采用平坡结合，减少了相交坡面，保证了工程质量，降低了造价。

技术经济指标：

各功能空间使用面积（m²）									总面积（m²）	
居室	客厅	厨房	餐厅	卫生间	楼梯间	走廊	储藏	机具库	使用面积	总建筑面积
53	18	7	7	8	15			18	126	148

图 名	说明、技术经济指标、效果图	方案	14
审核 蒲荣建 蒲荣建	校对 李俊町 李俊町	设计 张愿愿 张愿愿	页次 76

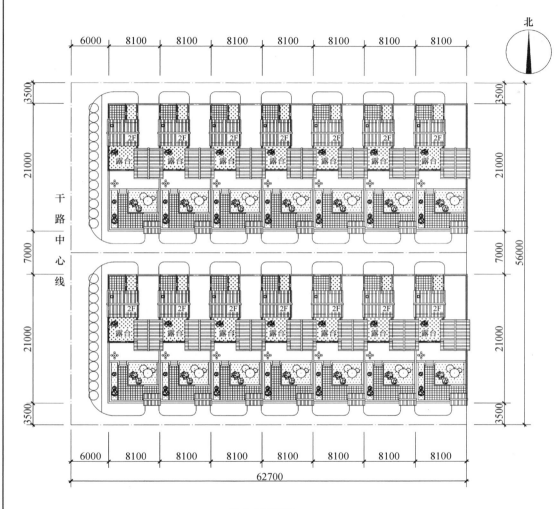

组合平面图 1:400

说明：

一、概述

该组合为联排式院落组合；

户占地面积 170m²；

户道路用地面积 57m²

户平均用地 227m²（平均用地不含主路）。

二、设计理念

打造独立居住空间。

三、设计原则

场地性原则：体现场地的原有的内涵和特色；

功能性原则：满足生产、生活的需求；

生态原则：强调居住绿化在村镇生态系统中的作用，强调人与自然的共生。

四、道路交通

宅间道宽度为 7m；

宅内人车入口分设。

五、消防

宅前道路宽度 7m，满足消防要求；

住宅间距≥4m，满足消防要求。

六、绿化景观

合理规划，明确分区，减少交通面积，避免零碎用地，营造绿化种植空间。

图 名	组合说明、组合平面图	方案	14
审核 蒲荣建 蒲荣建	校对 李俊町 李位町	设计 张愿愿 张愿愿	页次 77

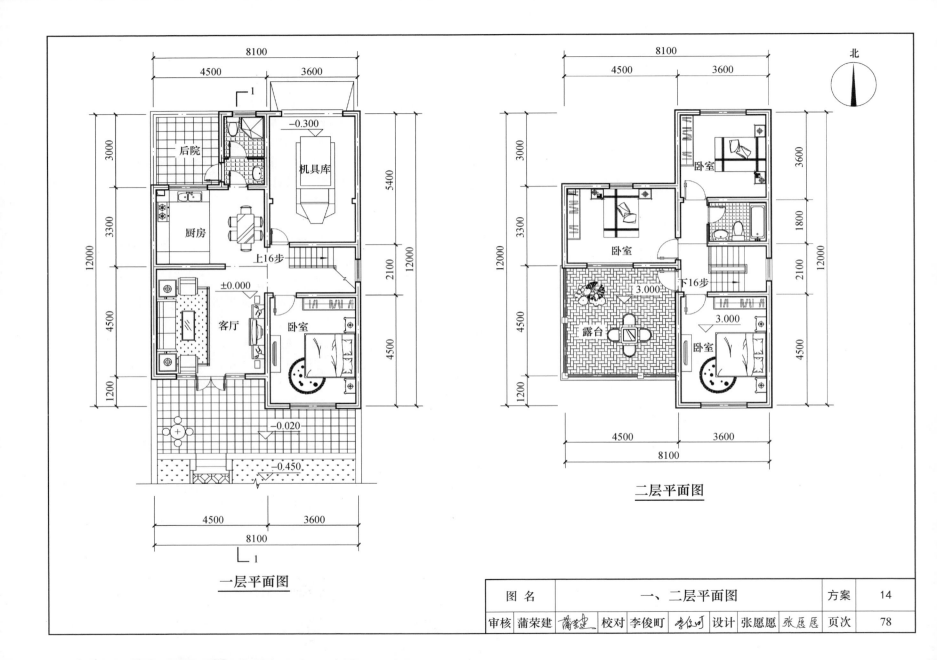

一层平面图

后院
厨房
客厅
机具库
卧室
上16步
−0.300
±0.000
−0.020
−0.450

8100
4500　3600
3000
3300
4500
1200
12000
5400
2100
4500
12000

二层平面图

北

卧室
卧室
卧室
卧室
露台
下16步
3.000
3.000

8100
4500　3600
3000
3300
4500
1200
12000
3600
1800
2100
4500
12000

8100
4500　3600

图　名	**一、二层平面图**	方案	**14**
审核 蒲荣建　校对 李俊町　设计 张愿愿		页次	78

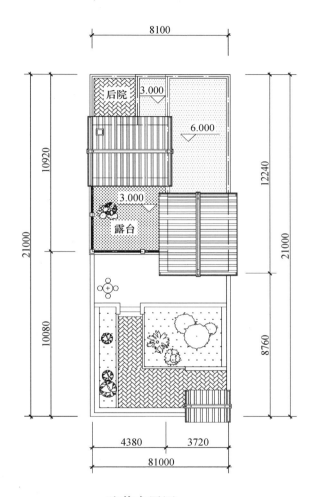

院落布置图 1:400

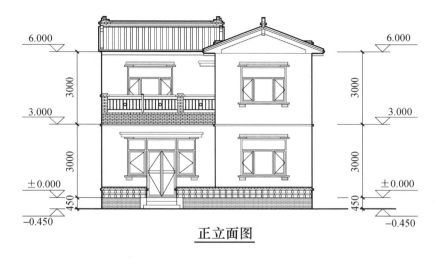

正立面图

院落布置说明：

1. 大门入口：车辆外放，大门后面设影壁墙，遮挡大门内外杂乱的墙面和景物，遮挡外人的视线，线路清晰，使用方便，私密性强。

2. 功能分区：院落分为两个区块，月台为活动区块，院落主要为种植绿化区块。

图 名	正立面图、院落布置图	方案	14
审核 蒲荣建	校对 李俊町	设计 张愿愿	页次 79

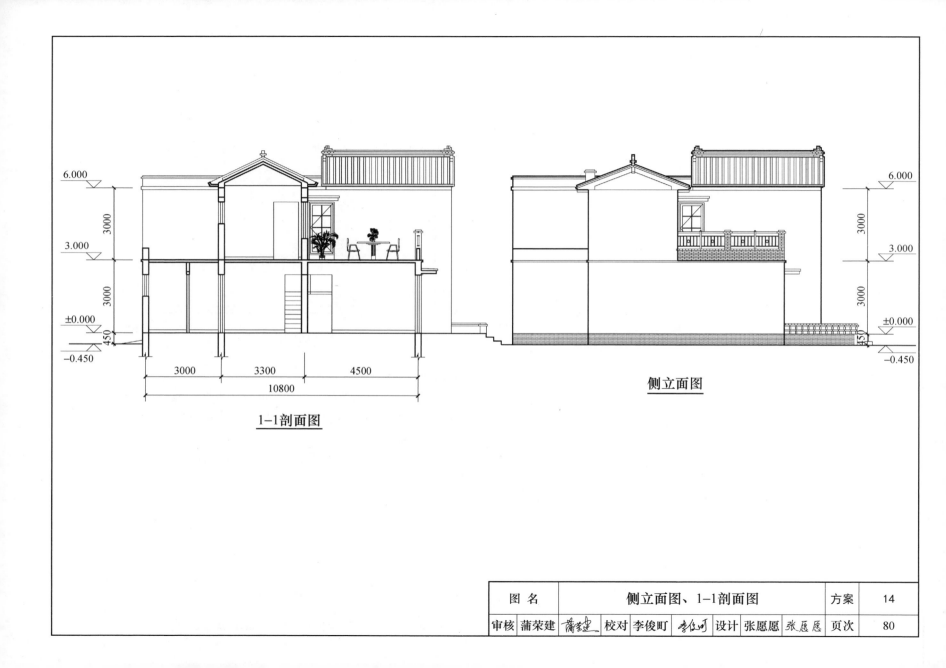

6.000

3000

3.000

3000

±0.000

450

−0.450

3000

3300

4500

10800

1-1剖面图

6.000

3000

3.000

3000

±0.000

450

−0.450

侧立面图

图 名	侧立面图、1-1剖面图		方案	14
审核 蒲荣建 蒲荣建	校对 李俊町 李仕可	设计 张愿愿 张愿愿	页次	80

方案 15　外放式三室

效果图：

技术经济指标：

各功能空间使用面积（m²）									总面积（m²）	
居室	客厅	厨房	餐厅	卫生间	楼梯间	走廊	储藏	机具库	使用面积	总建筑面积
47	18	6	8	6	20		5		110	130

方案说明：

概况：户型建筑面积130m²，占地面积170m²。

房间组成：本方案由客厅和三个卧室、书房、储藏间、两个卫生间、厨房、餐厅组成，布置紧凑、使用合理、无穿套。

其他空间：车辆存放安排在院内，二层设有大型露台，能改善居住环境，增加活动空间。

房间特点：客厅独立、完整，适合家具摆放，各居室独立布置，私密性强，厨房、餐厅综合设计，用户可以根据自己需要进行调整。

通风采光：客厅、卧室开窗都在阳面，明厨明卫，各房间通风采光良好。

层数层高：层数2层，层高3m，室内外高差0.45m。

立面造型：屋顶采用平坡结合，坡屋顶有利于排水、隔热，平屋顶便于放太阳能设备，整体造型活泼、美观大方。

结构布置：结构合理，受力明确，屋顶采用平坡结合，减少了相交坡面，保证了工程质量，降低了造价。

图　名	说明、技术经济指标、效果图			方案	15
审核　蒲荣建　*蒲荣建*	校对　李俊町　*李任叮*	设计　张愿愿　*张愿愿*		页次	81

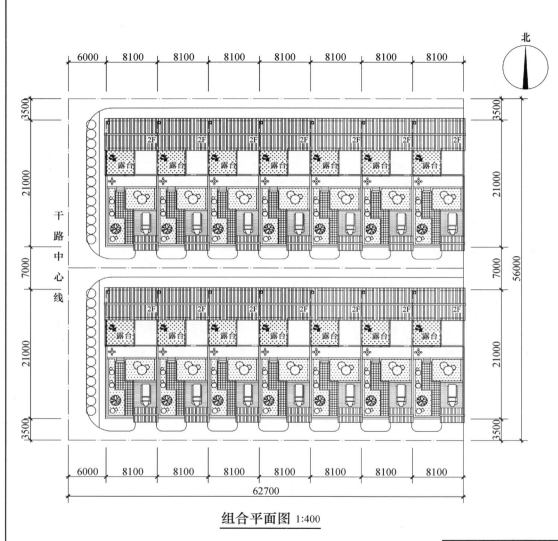

组合平面图 1:400

说明:

一、概述

该组合为联排式院落组合;

户占地面积 170m²;

户道路用地面积 57m²;

户平均用地 227m²(平均用地不含主路)。

二、设计理念

打造独立居住空间。

三、设计原则

场地性原则:体现场地的原有的内涵和特色;

功能性原则:满足生产、生活的需求;

生态原则:强调居住绿化在村镇生态系统中的作用,强调人与自然的共生。

四、道路交通

宅间道宽度为 7m;

宅内人车入口共用。

五、消防

宅前道路宽度 7m,满足消防要求;

住宅间距≥4m,满足消防要求。

六、绿化景观

合理规划,明确分区,减少交通面积,避免零碎用地,营造绿化种植空间。

图 名	组合说明、组合平面图	方案	15
审核 蒲荣建 蒲荣建 校对 李俊町 李俊町 设计 张愿愿 张愿愿		页次	82

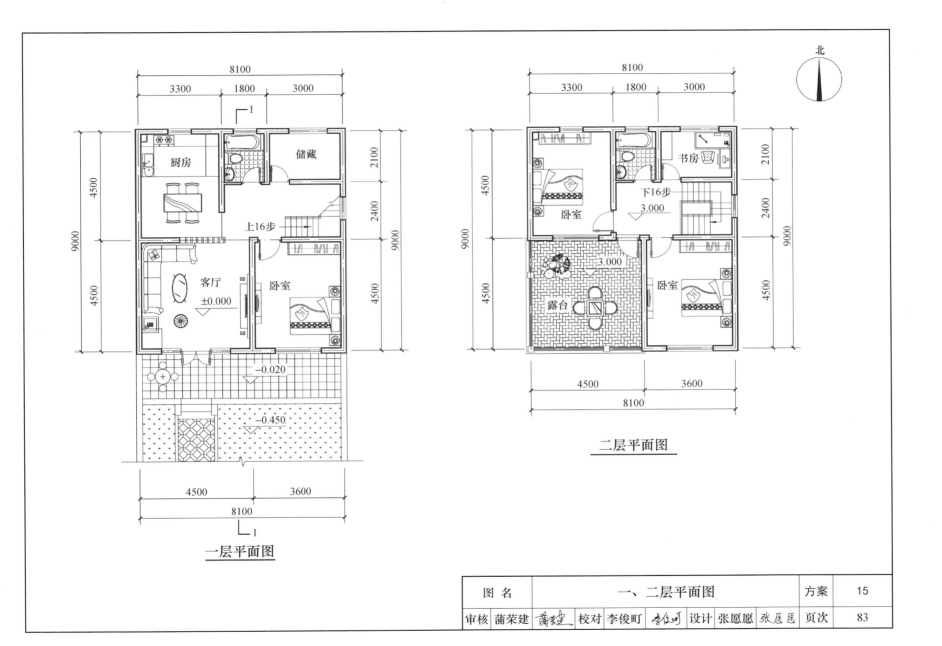

北

8100
3300 1800 3000

厨房

储藏

2100

上16步

2400

客厅
±0.000

卧室

4500

4500

4500

9000

−0.020

−0.450

4500 3600
8100

一层平面图

8100
3300 1800 3000

书房

卧室

下16步
3.000

2100

3.000

露台

卧室

2400

9000

4500

4500

4500

4500 3600
8100

二层平面图

图 名	**一、二层平面图**		方案	15
审核 蒲荣建	校对 李俊町	设计 张愿愿	页次	83

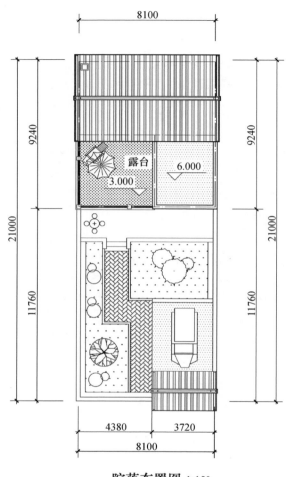

院落布置图 1:150

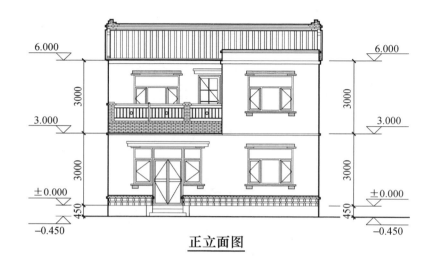

正立面图

院落布置说明：

1. 大门入口：车辆外放，大门后面设影壁墙，遮挡大门内外杂乱的墙面和景物，遮挡外人的视线，线路清晰，使用方便，私密性强。

2. 功能分区：院落分为两个区块，月台为活动区块，院落主要为种植绿化区块。

图 名	正立面图、院落布置图	方案	15
审核 蒲荣建 *蒲荣建* 校对 李俊町 *李俊町* 设计 张愿愿 *张愿愿*		页次	84

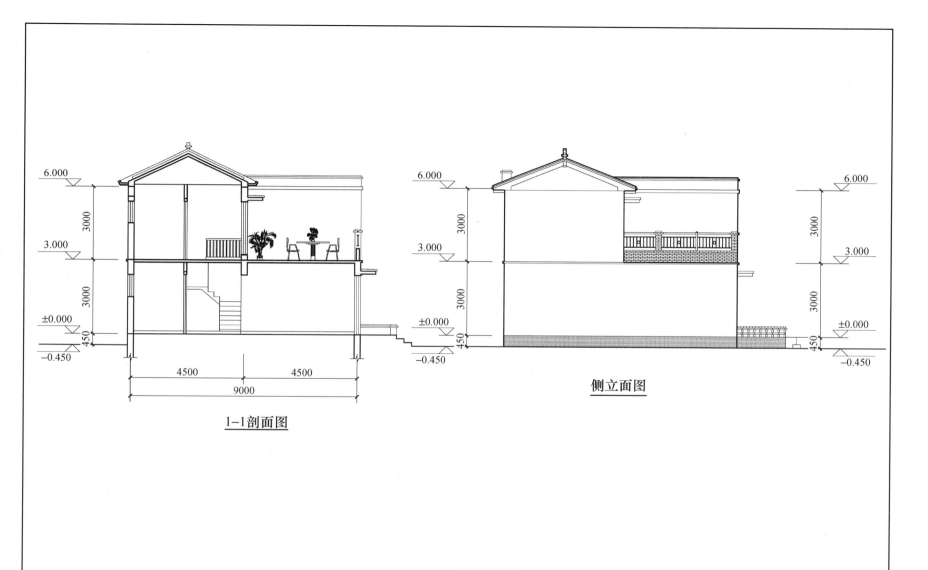

6.000

3000

3.000

3000

±0.000

450

−0.450

4500　　4500

9000

1-1剖面图

6.000

3000

3.000

3000

±0.000

450

−0.450

侧立面图

6.000

3000

3.000

3000

±0.000

450

−0.450

图　名	侧立面图、1-1剖面图		方案	15
审核　蒲荣建	校对　李俊町	设计　张愿愿	页次	85

第四部分
街式院落组合

院落组合鸟瞰图

设 计 总 说 明

一、组合概况

1. 院落组合：组成街式院落组合的民居称为街式民居，街式民居就是民居沿街布置，一般情况下，平面设计相同，有独立的门户。

2. 街式民居：民居组合通常并联布置，比较紧凑，占地较小，节约土地资源，比较容易得到更高的容积率；交通面积占用少，户平均用地相应减少，在实际当中，使用较多。

3. 通风采光：街式民居三面临空，由于一个临空面临街，另一个临空面有后邻，底层只能开高窗，在户型设计当中应选用适当面宽和进深，采取辅助措施，提高通风采光效果。

二、设计依据及原则

1. 设计依据

1.1 《民用建筑设计统一标准》　　　GB 50352

1.2 《住宅建筑规范》　　　　　　　GB 50368

1.3 《农村防火规范》　　　　　　　GB 50039

1.4 《农村居住建筑节能设计标准》　GB/T 50824

1.5 国家其他现行规范

2. 设计原则

2.1 尊重自然、强调绿化与居民生活活动的融合，结合绿色环保设计，创造一个和谐、优雅、舒适、安全的新型生态型居住环境。

2.2 充分照顾到社会、经济和环境三方面的综合效益，合理分配和使用各项资源，全面体现可持续发展的思想。

2.3 合理地考虑房屋的通风、日照采光、防灾以及与周围环境的关系，以提高人居环境质量。

三、组合构思与设计理念

1. 组合构思：地方村落都有自己存在的形式，有自己的居住文化，随着社会的发展与进步，有些地方满足不了现实生活的需求，生活条件、居住环境需要改善，催生了新民居；原有村落布局满足不了新民居的使用要求，需要多种形式的新型组合，才能使村建筑文化得以传承，更新村容村貌，留住乡思乡愁。

2. 院落布置：随着社会的进步，人们的生产、生活方式发生了很大的变化，户外活动、绿化种植、人车出入是院落的主要功能。现阶段节约用地是主流、是方向，区域内宅基地用地范围通常是给定的，院落布置要做到"出入顺畅、活动方便、适当种植、兼顾绿化"，争取做到经济、适用、美观。

3. 设计理念：坚持"以人为本"的原则，满足生产、生活方式的需求与未来发展趋势，充分利用现有条件，并与周围环境和谐统一，力求在建筑物的功能性、艺术性、健康性、前瞻性等方面做到最优，体现人与自然，建筑与自然的和谐共生。

四、组合设计

1. 组合特性：大车辆的出入存放以及生活条件和生产方式的改变，产生了新型街式组合。这种组合既实际又实用，容易被接受与推广。

2. 平面设计：现实生产生活中，需要解决的是车辆的出入存放问题；街式组合一面临街，车辆都是从院落侧面进入，车辆主要考虑为后面进入，当车辆采取从前面进入时，主要为外放。

图 名			设计总说明			方案	16~20
审核	蒲荣建 蒲荣建	校对	宋晓光 宋晓光	设计	魏浩然 魏浩然	页次	87

五、消防设计

1. 村镇内消防车通道之间的距离，不宜超过160m。其路面宽度不应小于4.0m，转弯半径不应小于9m。

2. 建筑物耐火等级为一、二级。

3. 防火分区内建筑物占地面积≤5000m²

4. 防火分区内建筑物有开窗居住建筑间距≥4m。

六、交通组织

1. 村间道路：村间道路的宽度，干路一般为10～14m，支路为6～8m，巷路为3～5m。

2. 组团一般外临干路，内部采用支路或巷路。

七、绿化设计概念

突出"以人为本，重返自然"的主题。组团主要考虑宅间绿化与组团绿化相结合，组团绿化与道路绿化相结合，综合考虑绿化与村间中心广场，绿地、小品等相结合，创造高雅、宁静的生活氛围，从而缔造一个绿色无忧的、恬静的生活环境，与大自然融为一体。

八、公共服务配套

根据村间规划合理布置公共服务配套项目。

九、建筑设计

1. 工程概况

本项目为民居，层数2～3层，层高3m左右。

2. 建筑风格

该方案采用平坡结合，既有传承又经济适用，建筑色调宜采取迎合当地居民喜爱的色调，同时结合小区绿色环境，给人生机盎然的感觉。

3. 建筑材料

本部分中各种建筑材料的选材及应用均符合国家现行环保及其节能要求。

十、经济技术指标

主要经济指标计算：为计算方便，组团占地面积，户占地面积均以轴线计算，在户占地面积计算当中，假定组团一侧面临干路，其他三面为支路或巷路，干路不计算在用地范围内：

户道路占地面积＝组团内支路或巷路占地面积/户数；

户占地面积＝户宅基地面积＋户道路用地面积；

宅基地面积≤200m²。

十一、组合说明：

1. 该组合方案外墙厚均按240mm设计，具体设计按实际情况进行。

2. 院落组合方案设计尺寸均以轴线计算，具体设计按实际情况进行。

图 名	设计总说明				方案	16～20
审核	蒲荣建	校对	宋晓光	设计	魏浩然	页次
						88

方案 16 侧进式三室

效果图：

技术经济指标：

各功能空间使用面积（m²）									总面积（m²）	
居室	客厅	厨房	餐厅	卫生间	楼梯间	走廊	储藏	机具库	使用面积	总建筑面积
44	18	13		10	18		5	16	124	152

方案说明：

概况：户型建筑面积152m²，占地面积194m²。

房间组成：本方案由客厅和三个卧室、两个卫生间、厨房、餐厅组成，布置紧凑、使用合理、无穿套。

其他空间：一层设有机具库，可以存放车辆及储藏各种杂物，二层设有大型露台，能改善居住环境，增加活动空间。

房间特点：客厅独立、完整，适合家具摆放，各居室独立布置，私密性强，厨房、餐厅综合设计，用户可以根据自己需要进行调整。

通风采光：客厅、卧室开窗都在阳面，明厨明卫，各房间通风采光良好。

层数层高：层数 2 层，层高 3m，室内外高差 0.45m。

立面造型：屋顶采用平坡结合，坡屋顶有利于排水、隔热，平屋顶便于放太阳能设备，整体造型活泼、美观大方。

结构布置：结构合理，受力明确，施工方便，造价经济，屋顶采用平坡结合，减少了相交坡面，保证了质量，降低了造价。

图 名	说明、技术经济指标、效果图	方案	16
审核 蒲荣建 *蒲荣建*	校对 宋晓光 *宋晓光* 设计 魏浩然 *魏浩然*	页次	89

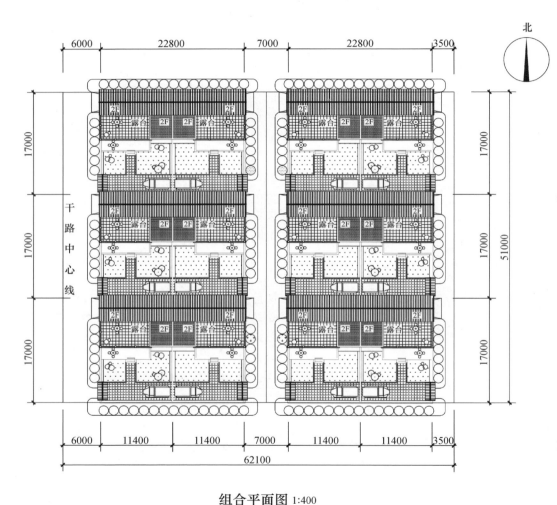

组合平面图 1:400

说明：

一、概述

该组合为街式院落组合；

户占地面积 194m²；

户道路用地面积 60m²；

户平均用地 254m²（平均用地不含主路）。

二、设计理念

打造独立居住空间。

三、设计原则

场地性原则：体现场地的原有的内涵和特色；

功能性原则：满足生产、生活的需求；

生态原则：强调居住绿化在村镇生态系统中的作用，强调人与自然的共生。

四、道路交通

宅间道宽度为 7m；

宅内人车入口分设。

五、消防

宅前道路宽度 7m，满足消防要求；

住宅间距≥4m，满足消防要求。

六、绿化景观

合理规划，明确分区，减少交通面积，避免零碎用地，营造绿化种植空间。

图 名	组合说明、组合平面图		方案	16
审核 蒲荣建 蒲荣建	校对 宋晓光 宋晓光	设计 魏浩然 魏浩然	页次	90

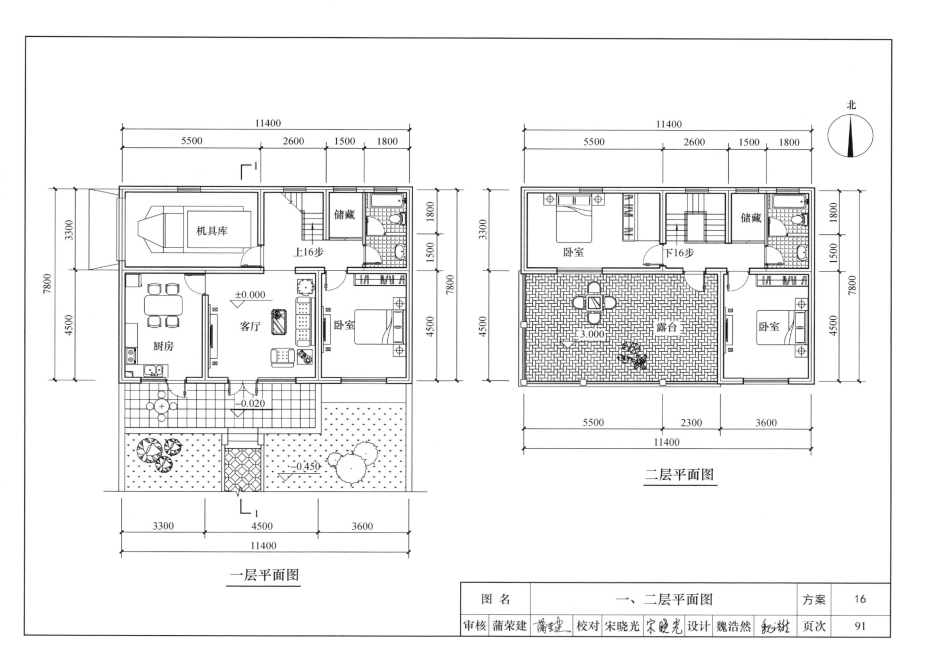

一层平面图

二层平面图

北

图 名	一、二层平面图	方案	16
审核 蒲荣建 　校对 宋晓光 　设计 魏浩然		页次	91

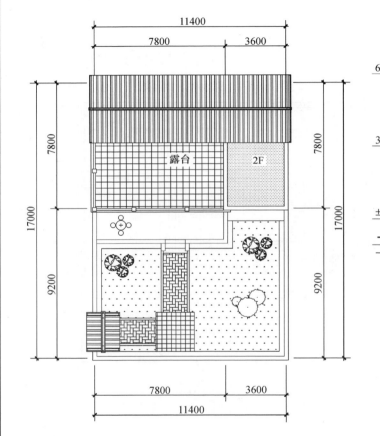

院落布置图

正立面图

院落布置说明：

1. 人车分流：院落大门和车库入口分别考虑，大门、围墙与主体建筑保持一致，功能明确，使用方便。

2. 功能分区：院落分为两个区块，月台为活动区块，院落主要为种植绿化区块。

图 名	正立面图、院落布置图	方案	16
审核 蒲荣建 蒲荣建	校对 宋晓光 宋晓光	设计 魏浩然	页次 92

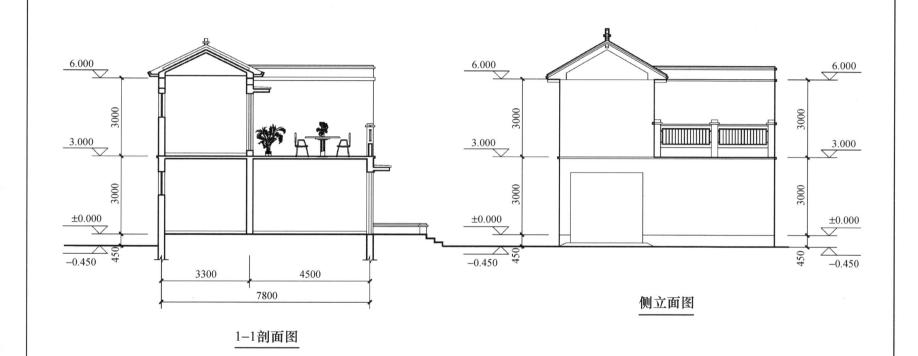

6.000

3.000

3000

3.000

±0.000

3000

−0.450

450

3300　　　4500

7800

1-1剖面图

6.000

3.000

3000

3.000

±0.000

3000

−0.450

450

6.000

3000

3.000

3000

±0.000

450

−0.450

侧立面图

图　名	侧立面图、1-1剖面图	方案	16
审核 蒲荣建 蒲荣建	校对 宋晓光 宋晓光 设计 魏浩然 魏浩然	页次	93

方案 17　侧进式三室（书房）

效果图：

方案说明：

概况：户型建筑面积 160m²，占地面积 164m²。

房间组成：本方案由客厅和四个卧室、两个卫生间、厨房、餐厅组成，布置紧凑、使用合理、无穿套。

其他空间：一层设有机具库，可以存放车辆及储藏各种杂物，二层设有大型露台，能改善居住环境，增加活动空间。

房间特点：客厅独立、完整，适合家具摆放，各居室独立布置，私密性强，厨房、餐厅综合设计，用户可以根据自己需要进行调整。

通风采光：客厅、卧室开窗都在阳面，明厨明卫，各房间通风采光良好。

层数层高：层数 2 层，层高 3m，室内外高差 0.45m。

立面造型：屋顶采用平坡结合，坡屋顶有利于排水、隔热，平屋顶便于放太阳能设备，整体造型活泼、美观大方。

结构布置：结构合理，受力明确，施工方便，造价经济，屋顶采用平坡结合，减少了相交坡面，保证了质量，降低了造价。

技术经济指标：

各功能空间使用面积（m²）									总面积（m²）	
居室	客厅	厨房	餐厅	卫生间	楼梯间	走廊	储藏	机具库	使用面积	总建筑面积
52	19	14		10	8		3	16	122	160

图　名	说明、技术经济指标、效果图		方案	17
审核 蒲荣建 *蒲荣建*	校对 宋晓光 *宋晓光*	设计 魏浩然 *魏浩然*	页次	94

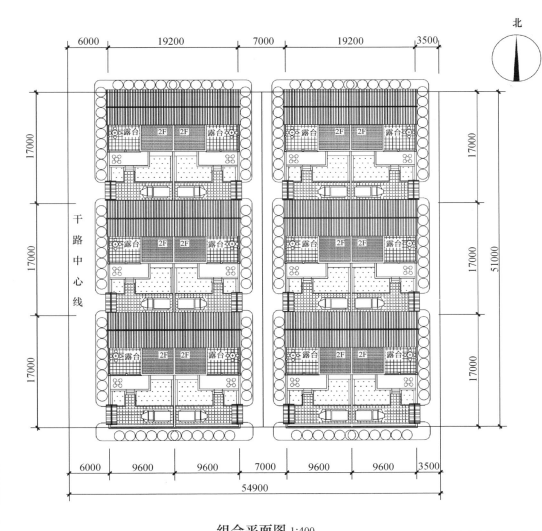

北

组合平面图 1:400

说明：

一、概述

该组合为街式院落组合；

户占地面积 164m²；

户道路用地面积 60m²；

户平均用地 224m²（平均用地不含主路）。

二、设计理念

打造独立居住空间。

三、设计原则

场地性原则：体现场地的原有的内涵和特色；

功能性原则：满足生产、生活的需求；

生态原则：强调居住绿化在村镇生态系统中的作用，强调人与自然的共生。

四、道路交通

宅间道宽度为 7m；

宅内人车入口分设。

五、消防

宅前道路宽度 7m，满足消防要求；

住宅间距≥4m，满足消防要求。

六、绿化景观

合理规划，明确分区，减少交通面积，避免零碎用地，营造绿化种植空间。

图　名	组合说明、组合平面图	方案	17
审核 蒲荣建	校对 宋晓光　设计 魏浩然	页次	95

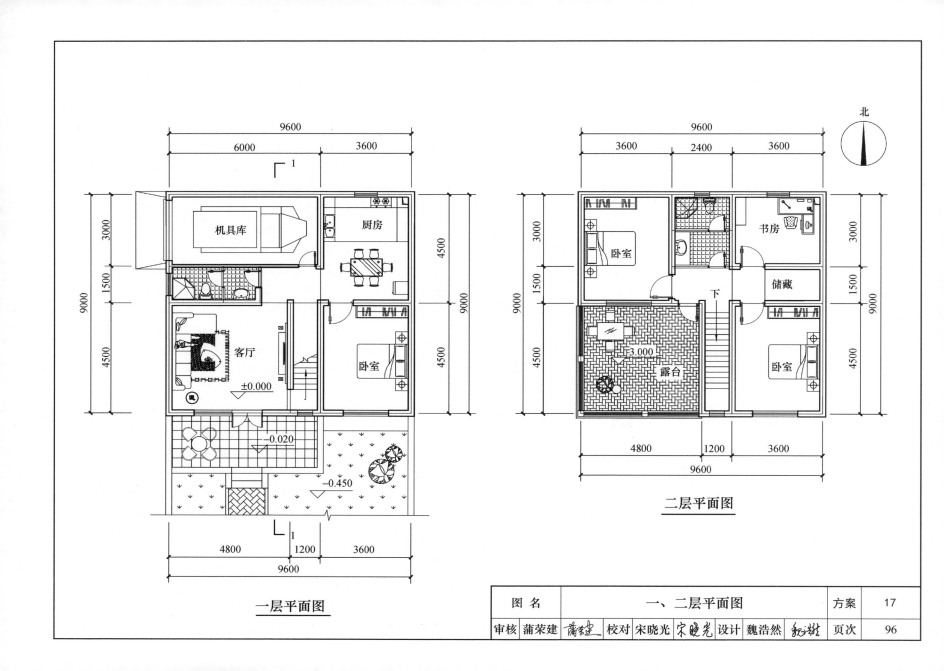

一层平面图

二层平面图

北

图 名	一、二层平面图	方案	17
审核 蒲荣建 蒲荣建 校对 宋晓光 宋晓光 设计 魏浩然 魏浩然		页次	96

一层平面图标注：
9600
6000　3600
3000
1500
4500
9000
机具库
厨房
4500
客厅
±0.000
卧室
4500
−0.020
−0.450
4800　1200　3600
9600

二层平面图标注：
9600
3600　2400　3600
3000
1500
4500
9000
卧室
书房
储藏
露台
−3.000
下
卧室
4800　1200　3600
9600

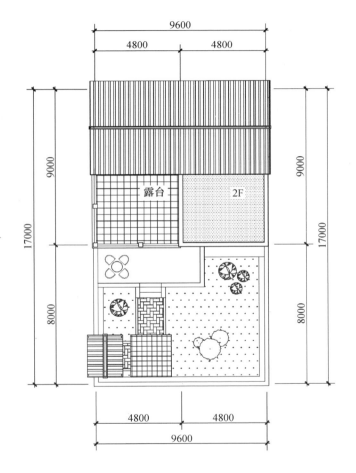

院落布置图

正立面图

院落布置说明：

1. 人车分流：院落大门和车库入口分别考虑，大门、围墙与主体建筑保持一致，功能明确，使用方便。

2. 功能分区：院落分为两个区块，月台为活动区块，院落主要为种植绿化区块。

图 名	正立面图、院落布置图		方案	17
审核 蒲荣建 蒲荣建	校对 宋晓光 宋晓光	设计 魏浩然 魏浩然	页次	·97

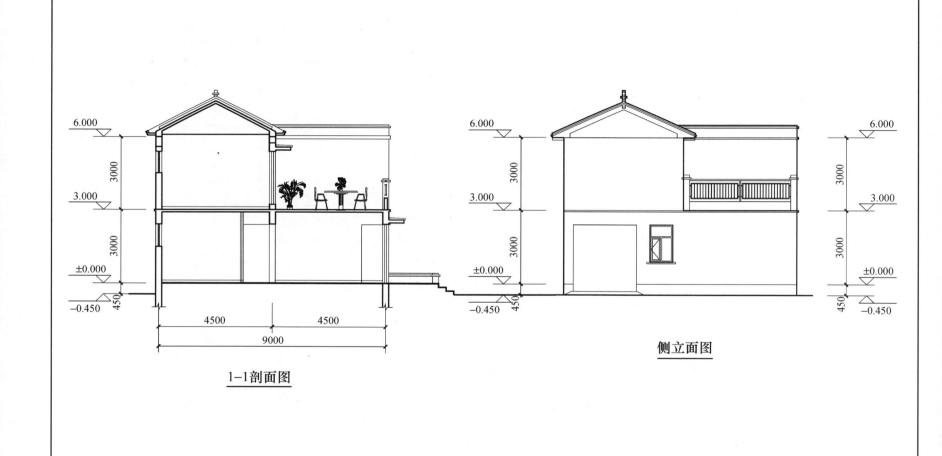

6.000

3000

3.000

3000

±0.000

450

−0.450

4500   4500

9000

1−1剖面图

6.000

3000

3.000

3000

±0.000

450

−0.450

6.000

3000

3.000

3000

±0.000

450

−0.450

侧立面图

图 名	侧立面图、1-1剖面图	方案	17
审核 蒲荣建 蒲荣建	校对 宋晓光 宋晓光 设计 魏浩然	页次	98

方案18 侧进式四室

效果图:

方案说明:

　　概况: 户型建筑面积175m², 占地面积194m²。

　　房间组成: 本方案由客厅和四个卧室、两个卫生间、厨房、餐厅组成, 布置紧凑、使用合理、无穿套。

　　其他空间: 一层设有机具库, 可以存放车辆及储藏各种杂物, 二层设有大型露台, 能改善居住环境, 增加活动空间。

　　房间特点: 客厅独立、完整, 适合家具摆放, 各居室独立布置, 私密性强, 厨房、餐厅综合设计, 用户可以根据自己需要进行调整。

　　通风采光: 客厅、卧室开窗都在阳面, 明厨明卫, 各房间通风采光良好。

　　层数层高: 层数2层, 层高3m, 室内外高差0.45m。

　　立面造型: 屋顶采用平坡结合, 坡屋顶有利于排水、隔热, 平屋顶便于放太阳能设备, 整体造型活泼、美观大方。

　　结构布置: 结构合理, 受力明确, 施工方便, 造价经济, 屋顶采用平坡结合, 减少了相交坡面, 保证了质量, 降低了造价。

技术经济指标:

各功能空间使用面积（m²）									总面积（m²）	
居室	客厅	厨房	餐厅	卫生间	楼梯间	走廊	储藏	机具库	使用面积	总建筑面积
53	18	16		10	12		6	16	131	175

图　名	说明、技术经济指标、效果图		方案	18
审核 蒲荣建 *蒲荣建*	校对 宋晓光 *宋晓光*	设计 魏浩然 *魏浩然*	页次	99

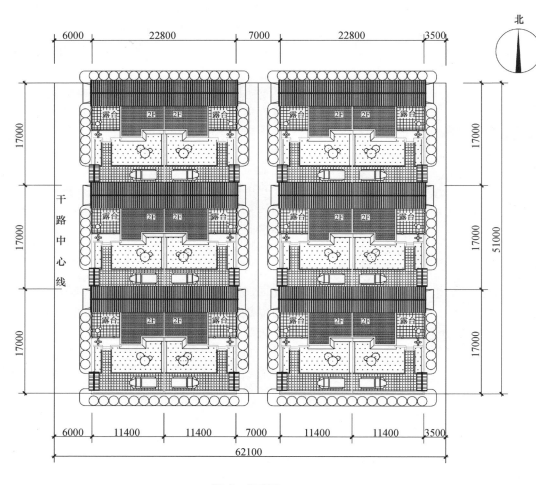

组合平面图 1:400

说明：

一、概述

该组合为街式院落组合；

户占地面积 194m²；

户道路用地面积 60m²；

户平均用地 254m²（平均用地不含主路）。

二、设计理念

打造独立居住空间。

三、设计原则

场地性原则：体现场地的原有的内涵和特色；

功能性原则：满足生产、生活的需求；

生态原则：强调居住绿化在村镇生态系统中的作用，强调人与自然的共生。

四、道路交通

宅间道宽度为 7m；

宅内人车入口分设。

五、消防

宅前道路宽度 7m，满足消防要求；

住宅间距≥4m，满足消防要求。

六、绿化景观

合理规划，明确分区，减少交通面积，避免零碎用地，营造绿化种植空间。

图 名	组合说明、组合平面图	方案	18
审核 蒲荣建 校对 宋晓光 设计 魏浩然		页次	100

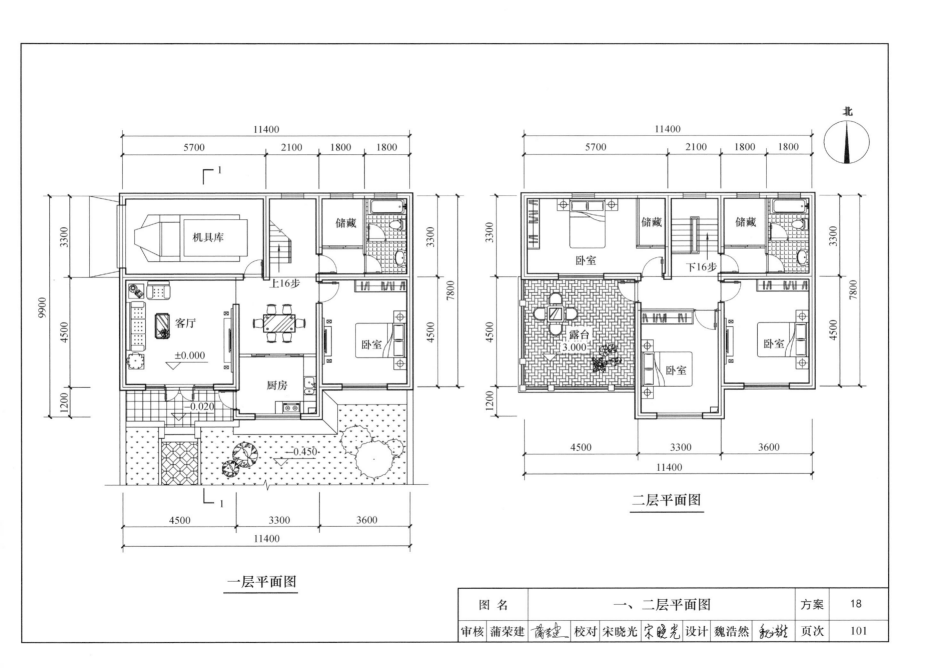

一层平面图

二层平面图

图 名	一、二层平面图	方案	18
审核 蒲荣建 *蒲荣建*	校对 宋晓光 *宋晓光* 设计 魏浩然 *魏浩然*	页次	101

院落布置图

正立面图

院落布置说明：

1. 人车分流：院落大门和车库入口分别考虑，大门、围墙与主体建筑保持一致，功能明确，使用方便。

2. 功能分区：院落分为两个区块，月台为活动区块，院落主要为种植绿化区块。

图 名	正立面图、院落布置图	方案	18
审核 蒲荣建 蒲荣建	校对 宋晓光 宋晓光 设计 魏浩然	页次	102

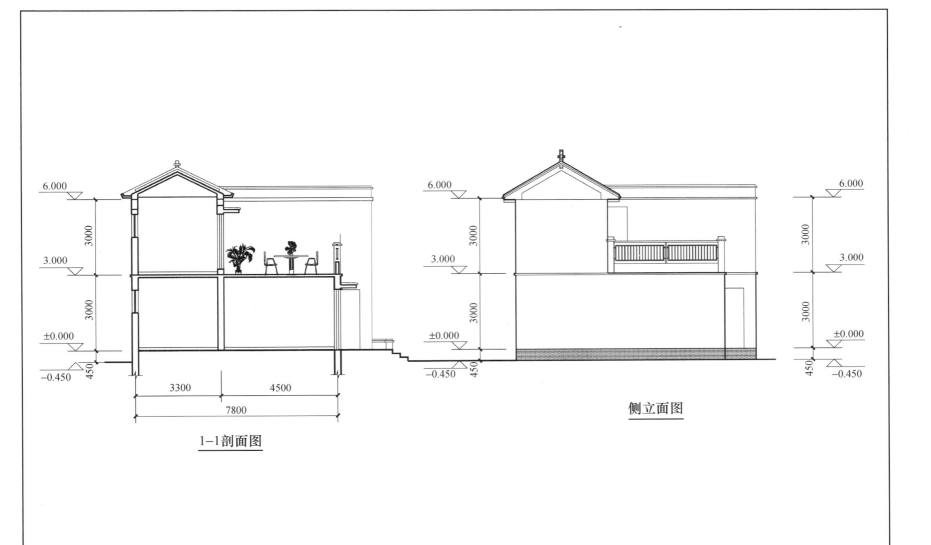

6.000

3.000

±0.000

−0.450

3000

3000

450

3300   4500

7800

1-1剖面图

6.000

3.000

±0.000

−0.450

3000

3000

450

侧立面图

6.000

3.000

±0.000

−0.450

3000

3000

450

图 名	侧立面图、1-1剖面图	方案	18
审核 蒲荣建 校对 宋晓光 设计 魏浩然		页次	103

方案19 外放式三室1

效果图：

方案说明：

概况：户型建筑面积123m²，占地面积194m²。

房间组成：本方案由客厅和三个卧室、两个卫生间、厨房、餐厅组成，布置紧凑、使用合理、无穿套。

其他空间：车辆存放安排在院内，二层设有大型露台，能改善居住环境，增加活动空间。

房间特点：客厅独立、完整，适合家具摆放，各居室独立布置，私密性强，厨房、餐厅综合设计，用户可以根据自己需要进行调整。

通风采光：客厅、卧室开窗都在阳面，明厨明卫，各房间通风采光良好。

层数层高：层数2层，层高3m，室内外高差0.45m。

立面造型：屋顶采用平坡结合，坡屋顶有利于排水、隔热，平屋顶便于放太阳能设备，整体造型活泼、美观大方。

结构布置：结构合理，受力明确，施工方便，造价经济，屋顶采用平坡结合，减少了相交坡面，保证了质量，降低了造价。

技术经济指标：

各功能空间使用面积（m²）									总面积（m²）	
居室	客厅	厨房	餐厅	卫生间	楼梯间	走廊	储藏	机具库	使用面积	总建筑面积
43	16	15		8	12				94	123

图 名	说明、技术经济指标、效果图		方案	19
审核 蒲荣建 *蒲荣建*	校对 宋晓光 *宋晓光*	设计 魏浩然 *魏浩然*	页次	104

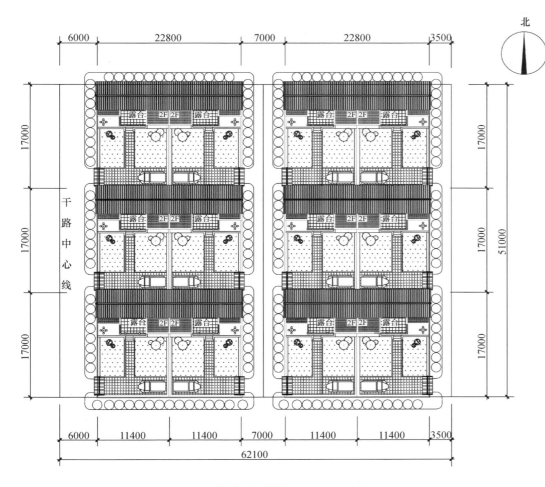

组合平面图 1:400

说明：

一、概述

该组合为街式院落组合；

户占地面积 194m²；

户道路用地面积 60m²；

户平均用地 254m²（平均用地不含主路）。

二、设计理念

打造独立居住空间。

三、设计原则

场地性原则：体现场地的原有的内涵和特色；

功能性原则：满足生产、生活的需求；

生态原则：强调居住绿化在村镇生态系统中的作用，强调人与自然的共生。

四、道路交通

宅间道宽度为 7m；

宅内人车入口共用。

五、消防

宅前道路宽度 7m，满足消防要求；

住宅间距≥4m，满足消防要求。

六、绿化景观

合理规划，明确分区，减少交通面积，避免零碎用地，营造绿化种植空间。

图 名	组合说明、组合平面图		方案	19
审核 蒲荣建 *蒲荣建*	校对 宋晓光 *宋晓光*	设计 魏浩然 *魏浩然*	页次	105

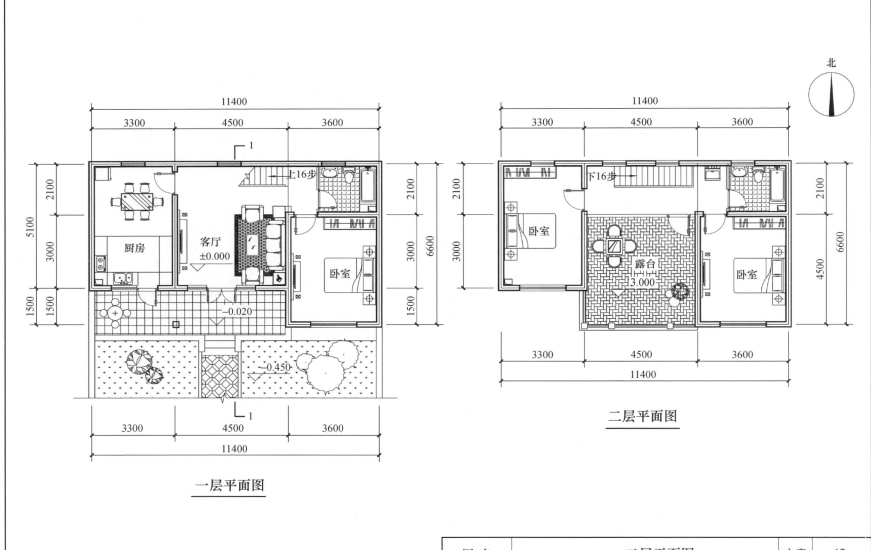

一层平面图

二层平面图

北

图　名	一、二层平面图	方案	19
审核 蒲荣建	校对 宋晓光 　 设计 魏浩然	页次	106

院落布置图

正立面图

院落布置说明:

1. 大门入口:车辆和人员由大门出进,车辆直入外放,线路清晰,使用方便。

2. 功能分区:院落分为两个区块,月台为活动区块,院落主要为种植绿化区块。

图 名	正立面图、院落布置图	方案	19
审核 蒲荣建 蒲荣建	校对 宋晓光 宋晓光 设计 魏浩然 魏浩然	页次	107

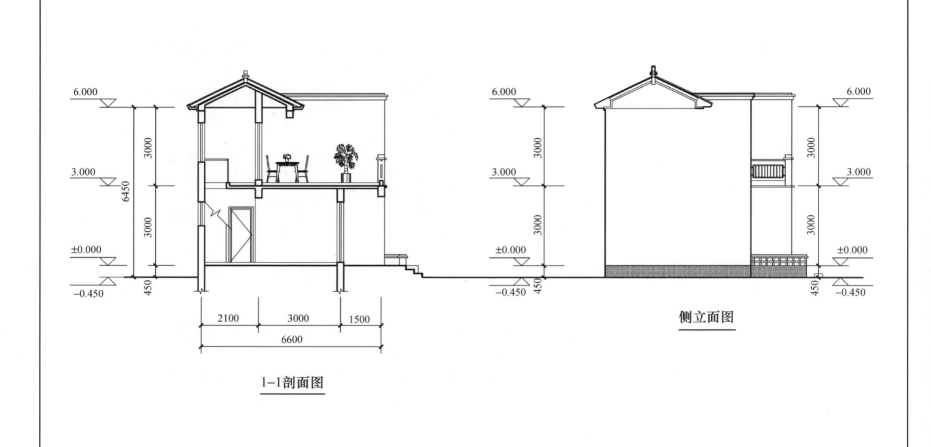

6.000

3000

3.000

6450

3000

±0.000

450

−0.450

2100　　3000　　1500

6600

1-1剖面图

6.000

3000

3.000

3000

±0.000

450

−0.450

6.000

3000

3.000

3000

±0.000

450

−0.450

侧立面图

图 名	侧立面图、1-1剖面图	方案	19
审核 蒲荣建 校对 宋晓光 设计 魏浩然		页次	108

方案 20　外放式三室 2

效果图：

技术经济指标：

各功能空间使用面积（m²）									总面积（m²）	
居室	客厅	厨房	餐厅	卫生间	楼梯间	走廊	储藏	机具库	使用面积	总建筑面积
41	18	13		10	11				93	124

方案说明：

概况：户型建筑面积124m²，占地面积164m²。

房间组成：本方案由客厅和三个卧室、两个卫生间、厨房、餐厅组成，布置紧凑、使用合理、无穿套。

其他空间：车辆存放安排在院内，二层设有大型露台，能改善居住环境，增加活动空间。

房间特点：客厅独立、完整，适合家具摆放，各居室独立布置，私密性强，厨房、餐厅综合设计，用户可以根据自己需要进行调整。

通风采光：客厅、卧室开窗都在阳面，明厨明卫，各房间通风采光良好。

层数层高：层数 2 层，层高 3m，室内外高差 0.45m。

立面造型：屋顶采用平坡结合，坡屋顶有利于排水、隔热，平屋顶便于放太阳能，整体造型活泼、美观大方。

结构布置：结构合理，受力明确，施工方便，造价经济，屋顶采用平坡结合，减少了相交坡面，保证了质量，降低了造价。

图 名	说明、技术经济指标、效果图	方案	20
审核 蒲荣建 _蒲荣建_ 校对 宋晓光 _宋晓光_ 设计 魏浩然 _魏浩然_		页次	109

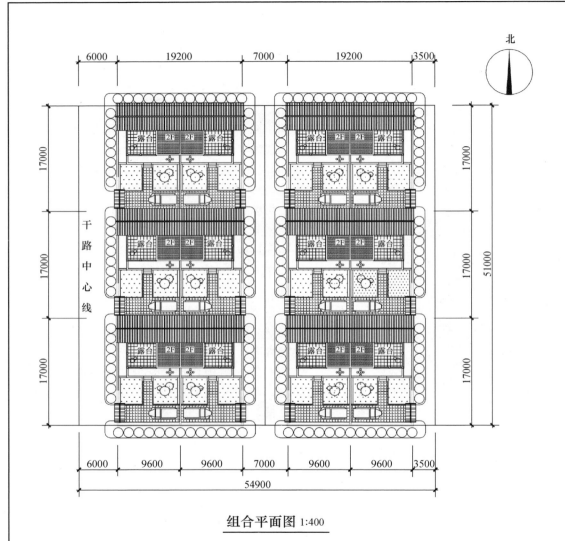

组合平面图 1:400

说明：

一、概述

该组合为街式院落组合；

户占地面积 164m²；

户道路用地面积 60m²；

户平均用地 224m²（平均用地不含主路）。

二、设计理念

打造独立居住空间。

三、设计原则

场地性原则：体现场地的原有的内涵和特色；

功能性原则：满足生产、生活的需求；

生态原则：强调居住绿化在村镇生态系统中的作用，强调人与自然的共生。

四、道路交通

宅间道宽度为 7m；

宅内人车入口共用。

五、消防

宅前道路宽度 7m，满足消防要求；

住宅间距≥4m，满足消防要求。

六、绿化景观

合理规划，明确分区，减少交通面积，避免零碎用地，营造绿化种植空间。

图 名	组合说明、组合平面图	方案	20
审核 蒲荣建 蒲荣建	校对 宋晓光 宋晓光 设计 魏浩然 魏浩然	页次	110

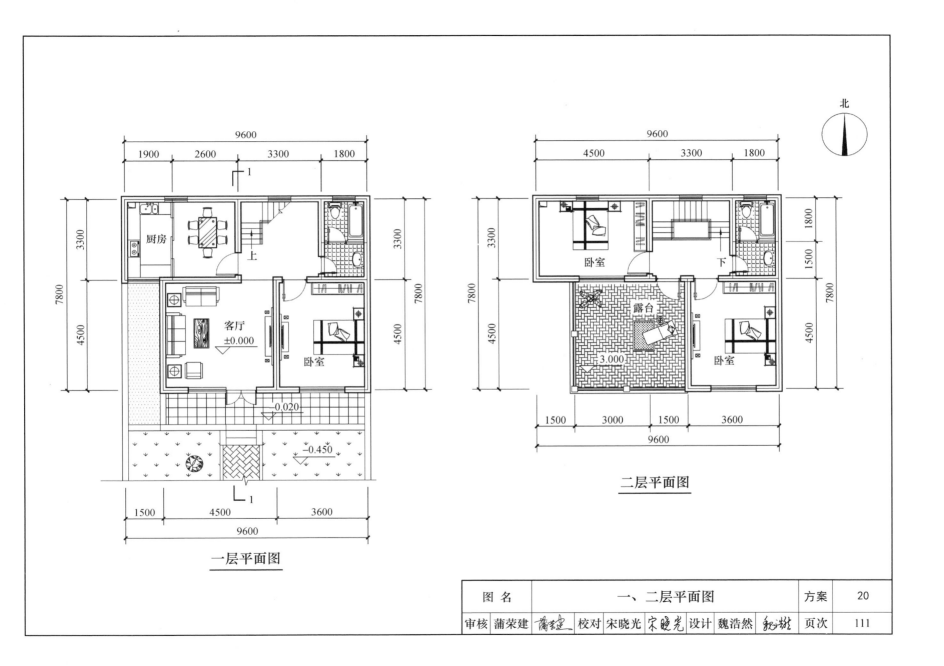

北

9600
1900 · 2600 · 3300 · 1800

厨房

上

客厅
±0.000

卧室

3300
7800
4500

−0.020

−0.450

1500 · 4500 · 3600
9600

一层平面图

9600
4500 · 3300 · 1800

卧室

下

露台
3.000

卧室

1800
1500
7800
4500

1500 · 3000 · 1500 · 3600
9600

二层平面图

图 名	一、二层平面图	方案	20
审核 蒲荣建 蒲荣建	校对 宋晓光 宋晓光 设计 魏浩然	页次	111

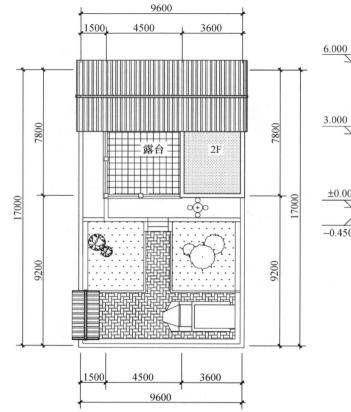

院落布置图

正立面图

院落布置说明：

1. 大门入口：车辆和人员由大门出进，车辆直入外放，线路清晰，使用方便。

2. 功能分区：院落分为两个区块，月台为活动区块，院落主要为种植绿化区块。

图 名	正立面图、院落布置图	方案	20
审核 蒲荣建 蒲荣建 校对 宋晓光 宋晓光 设计 魏浩然 魏浩然		页次	112

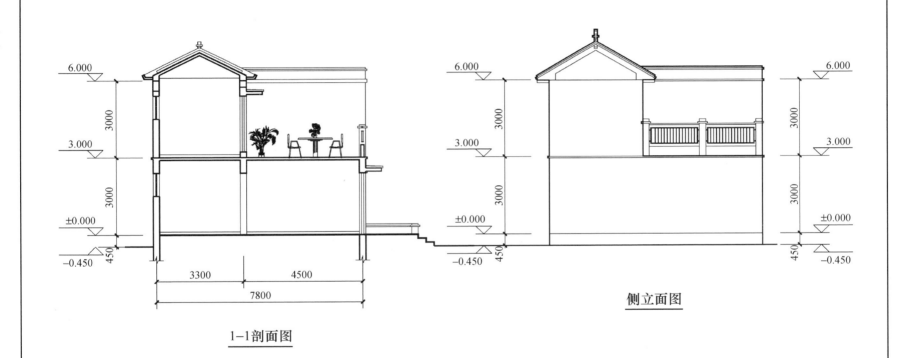

6.000

3000

3.000

3000

±0.000

450

−0.450

3300　　　4500

7800

1-1剖面图

6.000

3000

3.000

3000

±0.000

−0.450

450

6.000

3000

3.000

3000

±0.000

450

−0.450

侧立面图

图　名	侧立面图、1-1剖面图	方案	20
审核 蒲荣建	校对 宋晓光　设计 魏浩然	页次	113

第五部分
巷式院落组合

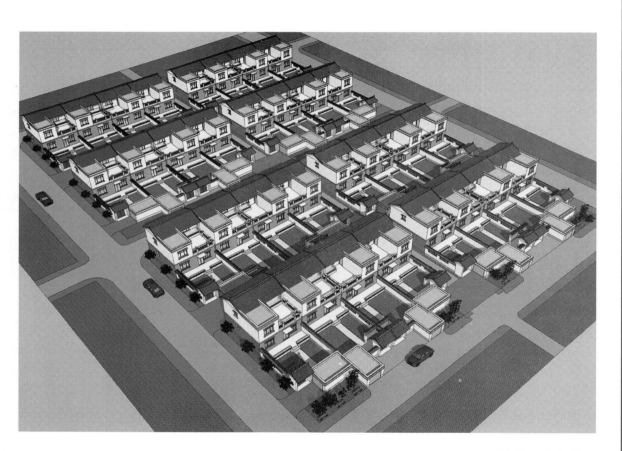

院落组合鸟瞰图

设 计 总 说 明

一、组合概况

1. 院落组合：组成巷式院落组合的民居称为巷式民居。巷式民居主要通道是小巷，再由小巷进入各户，一般情况下，平面设计相同，有独立的门户。

2. 巷式民居：民居组合比较紧凑，占地较小，节约土地资源，比较容易得到更高的容积率；巷式民居通过小巷进入，交通面积占用少，户平均用地相应减少。

3. 通风采光：巷式民居两面临空，一个临空面有后邻，采光面少，应根据实际情况进行户型设计，合理布置，提高通风采光效果。

二、设计依据及原则

1. 设计依据

1.1 《民用建筑设计统一标准》　　　　GB 50352

1.2 《住宅建筑规范》　　　　　　　　GB 50368

1.3 《农村防火规范》　　　　　　　　GB 50039

1.4 《农村居住建筑节能设计标准》　　GB/T 50824

1.5 国家其他现行规范

2. 设计原则

2.1 尊重自然、强调绿化与居民生活活动的融合，结合绿色环保设计，创造一个和谐、优雅、舒适、安全的新型生态型居住环境。

2.2 充分照顾到社会、经济和环境三方面的综合效益，合理分配和使用各项资源，全面体现可持续发展的思想。

2.3 合理地考虑房屋的通风、日照采光、防灾以及与周围环境的关系，以提高人居环境质量。

三、组合构思与设计理念

1. 组合构思：地方村落都有自己存在的形式，有自己的居住文化，随着社会的发展与进步，有些地方满足不了现实生活的需求，生活条件、居住环境需要改善，催生了新民居；原有村落布局满足不了新民居的使用要求，需要多种形式的新型组合，才能使村建筑文化得以传承，更新村容村貌，留住乡思乡愁。

2. 院落布置：随着社会的进步，人们的生产、生活方式发生了很大的变化，户外活动、绿化种植、人车出入是院落的主要功能。现阶段节约用地是主流、是方向，区域内宅基地用地范围通常是给定的，院落布置要做到"出入顺畅、活动方便、适当种植、兼顾绿化"，争取做到经济、适用、美观。

3. 设计理念：坚持"以人为本"的原则，满足生产、生活方式的需求与未来发展趋势，充分利用现有条件，并与周围环境和谐统一，力求在建筑物的功能性、艺术性、健康性、前瞻性等方面做到最优，体现人与自然，建筑与自然的和谐共生。

四、组合设计

1. 组合特性：巷式民居，街道窄称为巷，大街小巷是传统村落的一种建筑文化，街巷的存在是这种文化的传承与发展，能使"美丽乡村"显得有张有弛，更加丰富多彩。

图 名	设计总说明				方案	21~25
审核 蒲荣建 *蒲荣建*	校对 赵颖慧 *赵颖慧*	设计	耿慧聪 *耿慧聪*		页次	115

2. 平面设计：现实生产生活当中，巷式组合主要解决的问题就是车辆的出入存放。设计中采取了点线结合方法，小巷为线、入口为点，把用户结合在一起，减少了交通面积，从而降低了户用地面积。

五、消防设计

1. 村镇内消防车通道之间的距离，不宜超过 160m。其路面宽度不应小于 4.0m，转弯半径不应小于 9m。

2. 建筑物耐火等级为一、二级。

3. 防火分区内建筑物占地面积≤5000m²。

4. 防火分区内建筑物有开窗居住建筑间距≥4m。

六、交通组织

1. 村间道路：村间道路的宽度，干路一般为 10～14m，支路为 6～8m，巷路为 3～5m。

2. 组团一般外临干路，内部采用支路或巷路。

七、绿化设计概念

突出"以人为本，重返自然"的主题。组团主要考虑宅间绿化与组团绿化相结合，组团绿化与道路绿化相结合，综合考虑绿化与村间中心广场，绿地、小品等相结合，创造高雅、宁静的生活氛围，从而缔造一个绿色无忧的、恬静的生活环境，与大自然融为一体。

八、公共服务配套

根据村间规划合理布置公共服务配套项目。

九、建筑设计

1. 工程概况

本项目为民居，层数 2～3 层，层高 3m 左右。

2. 建筑风格

该方案采用平坡结合，既有传承又经济适用，建筑色调宜采取迎合当地居民喜爱的色调，同时结合小区绿色环境，给人生机盎然的感觉。

3. 建筑材料

本部分中各种建筑材料的选材及应用均符合国家现行环保及其节能要求。

十、经济技术指标

主要经济指标计算：为计算方便，组团占地面积，户占地面积均以轴线计算，在户占地面积计算当中，假定组团一侧面临干路，其他三面为支路或巷路，干路不计算在用地范围内：

户道路占地面积＝组团内支路或巷路占地面积/户数；

户占地面积＝户宅基地面积＋户道路用地面积；

宅基地面积≤200m²。

十一、组合说明

1. 该组合方案外墙厚均按 240mm 设计，具体设计按实际情况进行。

2. 院落组合方案设计尺寸均以轴线计算，具体设计按实际情况进行。

图 名	设计总说明					方案	21～25
审核	蒲荣建	校对	赵颖慧	设计	耿慧聪	页次	116

方案 21 外放式三室

效果图：

方案说明：

概况：户型建筑面积142m²，占地面积194m²。

房间组成：本方案由客厅和三个卧室、两个卫生间、厨房、餐厅组成，布置紧凑、使用合理、无穿套。

其他空间：机具库外放，可以存放车辆及储藏各种杂物，二层设有大型露台，能改善居住环境，增加活动空间。

房间特点：客厅独立、完整，适合家具摆放，各居室独立布置，私密性强，厨房、餐厅综合设计，用户可以根据自己需要进行调整

通风采光：客厅、卧室开窗都在阳面，明厨明卫，各房间通风采光良好。

层数层高：层数 2 层，层高 3m，室内外高差 0.45m。

屋面造型：屋顶采用平坡结合，坡屋顶有利于排水、隔热，平屋顶便于放太阳能设备，整体造型活泼、美观大方。

结构合理，受力明确，施工方便，屋顶采用平坡结合，避免了坡面相交，提高了工程质量，降低了造价。

技术经济指标：

各功能空间使用面积（m²）									总面积（m²）	
居室	客厅	厨房	餐厅	卫生间	楼梯间	走廊	储藏	机具库	使用面积	总建筑面积
43	18	14		7	15			16	113	142

图 名	说明、技术经济指标、效果图	方案	21
审核 蒲荣建 蒲荣建	校对 赵颖慧 赵颖慧 设计 耿慧聪 耿慧聪	页次	117

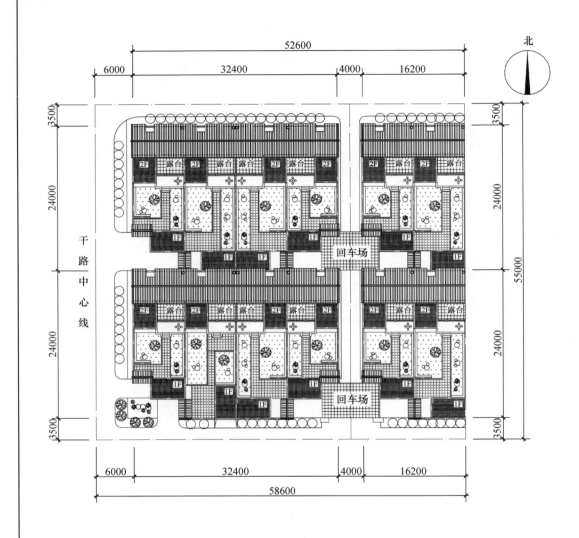

组合平面图 1:400

说明:

一、概述

该组合为巷式院落组合;

户占地面积 194m²;

户道路用地面积 47m²;

户平均用地 241m²(平均用地不含主路)。

二、设计理念

打造独立居住空间。

三、设计原则

场地性原则:体现场地的原有的内涵和特色;

功能性原则:满足生产、生活的需求;

生态原则:强调居住绿化在村镇生态系统中的作用,强调人与自然的共生。

四、道路交通

巷内道路宽度为 4m,回车场 9.4m×6.4m;

宅内人车入口分设。

五、消防

宅前道路宽度 4m,满足消防车通行要求;

住宅间距≥4m,满足消防要求。

六、绿化景观

院落、露台合理规划,分区明确,减少交通面积,避免零碎用地,营造景观绿化空间。

图 名	组合说明、组合平面图	方案	21
审核 蒲荣建 蒲荣建 校对 赵颖慧 赵颖慧 设计 耿慧聪 耿慧聪		页次	118

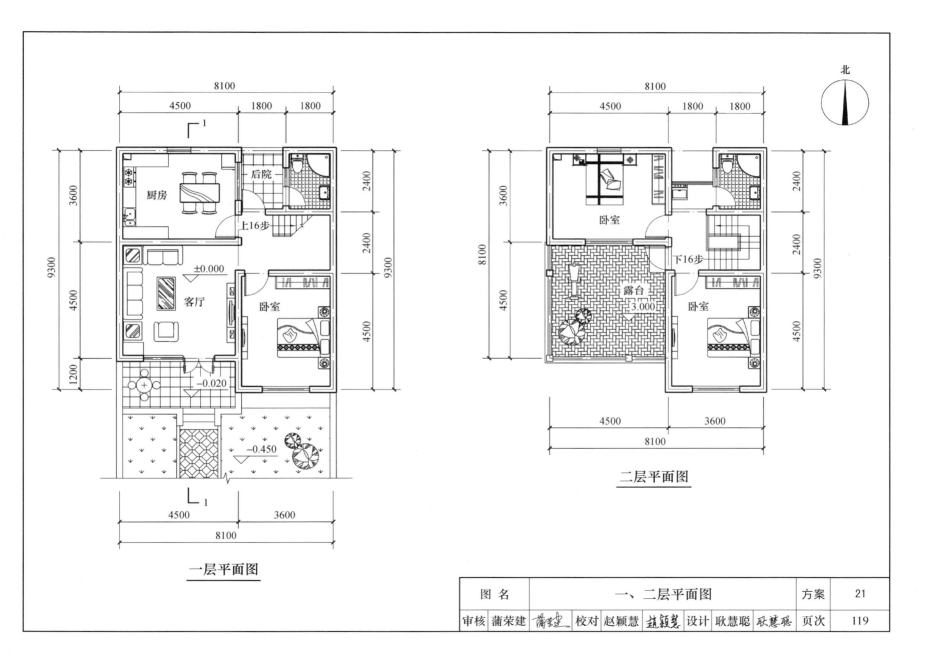

一层平面图

二层平面图

北

图 名	一、二层平面图	方案	21
审核 蒲荣建 *蒲荣建*	校对 赵颖慧 *赵颖慧* 设计 耿慧聪 *耿慧聪*	页次	119

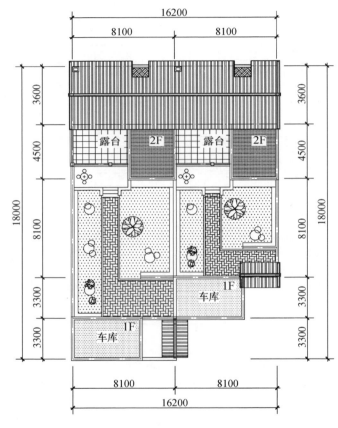

院落布置图

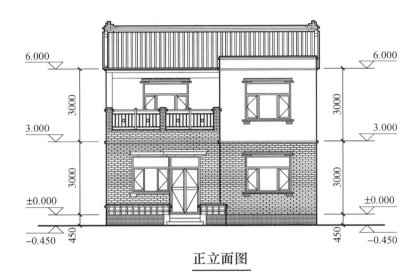

正立面图

院落布置说明：

1. 人车分流：院落大门和车库入口分别考虑，大门、围墙与主体建筑风格保持一致，功能明确，使用方便。

2. 功能分区：院落分为两个区块，活动区块，另一个是种植绿化区块。

图 名	正立面图、院落布置图	方案	21
审核 蒲荣建	校对 赵颖慧 设计 耿慧聪	页次	120

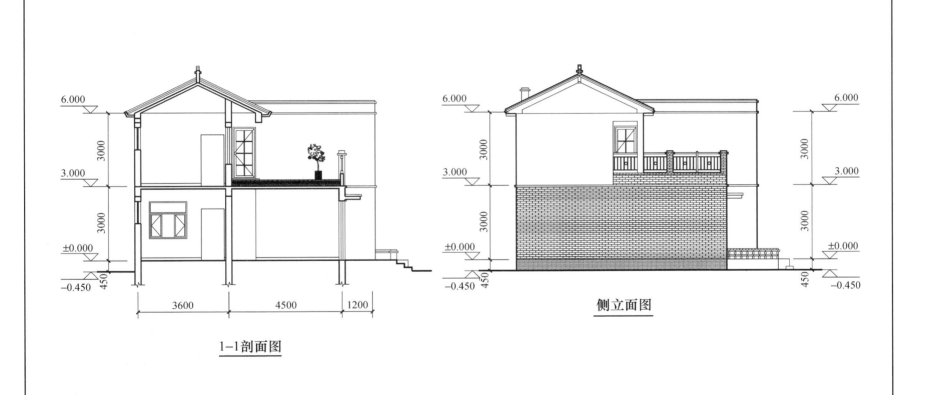

6.000

3000

3.000

3000

±0.000

450

−0.450

3600　4500　1200

1−1剖面图

6.000

3000

3.000

3000

±0.000

450

−0.450

6.000

3000

3.000

3000

±0.000

450

−0.450

侧立面图

图 名	侧立面图、1-1剖面图		方案	21
审核 蒲荣建 蒲荣建	校对 赵颖慧 赵颖慧	设计 耿慧聪 耿慧聪	页次	121

方案 22　外放式三室（大后院）

效果图：

方案说明：

概况：户型建筑面积 140m²，占地面积 194m²。

房间组成：本方案由客厅和三个卧室、两个卫生间、厨房、餐厅组成，布置紧凑、使用合理、无穿套。

其他空间：机具库外放，可以存放车辆及储藏各种杂物，二层设有大型露台，能改善居住环境，增加活动空间。

房间特点：客厅独立、完整，适合家具摆放，各居室独立布置，私密性强，厨房、餐厅分别设计，用户可以根据自己需要进行调整。

通风采光：客厅、卧室开窗都在阳面，明厨明卫，各房间通风采光良好。

层数层高：层数 2 层，层高 3m，室内外高差 0.45m。

屋面造型：屋顶采用平坡结合，坡屋顶有利于排水、隔热，平屋顶便于放太阳能设备，整体造型活泼、美观大方。

结构合理，受力明确，施工方便，屋顶采用平坡结合，避免了坡面相交，提高了工程质量，降低了造价。

技术经济指标：

各功能空间使用面积（m²）									总面积（m²）	
居室	客厅	厨房	餐厅	卫生间	楼梯间	走廊	储藏	机具库	使用面积	总建筑面积
42	19	7	7	7	16			16	114	140

图 名	说明、技术经济、指标效果图	方案	22
审核 蒲荣建 *蒲荣建* 校对 赵颖慧 *赵颖慧* 设计 耿慧聪 *耿慧聪*		页次	122

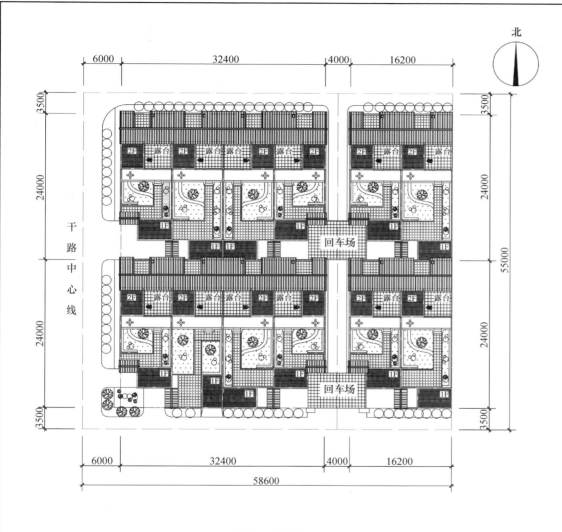

北

组合平面图1:400

说明：

一、概述

该组合为巷式院落组合；

户占地面积 194m²；

户道路用地面积 47m²；

户平均用地 241m²（平均用地不含主路）。

二、设计理念

打造独立居住空间。

三、设计原则

场地性原则：体现场地的原有的内涵和特色；

功能性原则：满足生产、生活的需求；

生态原则：强调居住绿化在村镇生态系统中的作用，强调人与自然的共生。

四、道路交通

巷内道路宽度为 4m，回车场 9.4m×6.4m；

宅内人车入口分设。

五、消防

宅前道路宽度4m，满足消防车通行要求；

宅间距≥4m，满足消防要求。

六、绿化景观

院落、露台合理规划，分区明确，减少交通面积，避免零碎用地，营造景观绿化空间。

图 名	组合说明、组合平面图	方案	22
审核 蒲荣建 *蒲荣建*	校对 赵颖慧 *赵颖慧* 设计 耿慧聪 *耿慧聪*	页次	123

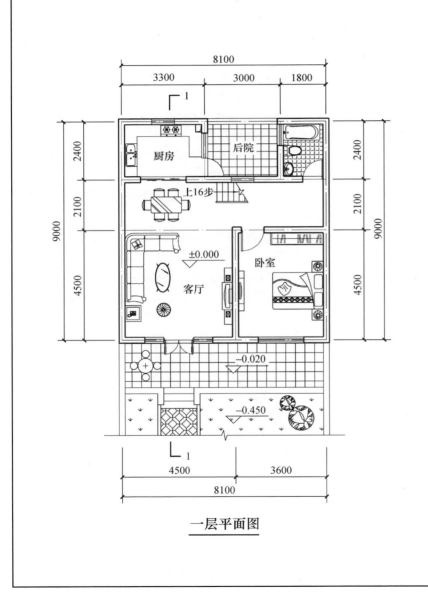

一层平面图

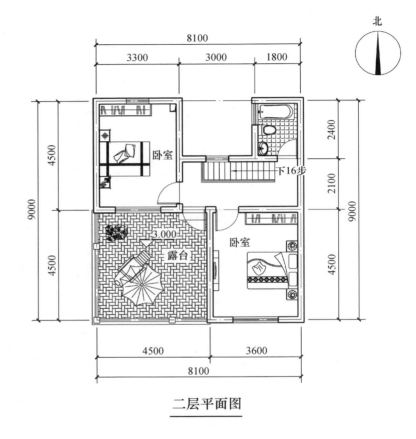

北

二层平面图

图 名	一、二层平面图	方案	22
审核 蒲荣建 蒲荣建	校对 赵颖慧 赵颖慧	设计 耿慧聪 耿慧聪	页次 124

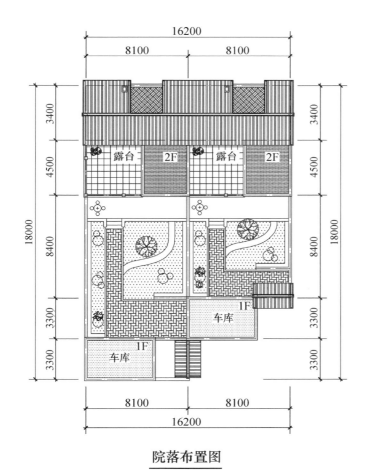

院落布置图

正立面图

院落布置说明:

1. 人车分流:院落大门和车库入口分别考虑,大门、围墙与主体建筑风格保持一致,功能明确,使用方便。

2. 功能分区:院落分为两个区块,活动区块,另一个是种植绿化区块。

图 名	正立面图、院落布置图		方案	22
审核 蒲荣建 *蒲荣建*	校对 赵颖慧 *赵颖慧*	设计 耿慧聪 *耿慧聪*	页次	125

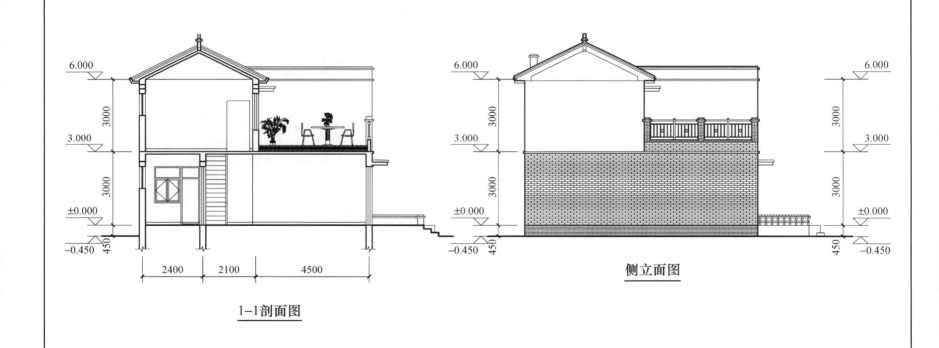

6.000

3000

3.000

3000

±0.000

450

−0.450

2400 2100 4500

1-1剖面图

6.000

3000

3.000

3000

±0.000

450

−0.450

6.000

3000

3.000

3000

±0.000

450

−0.450

侧立面图

图 名	侧立面图、1-1剖面图	方案	22
审核 蒲荣建 *蒲荣建*	校对 赵颖慧 *赵颖慧* 设计 耿慧聪 *耿慧聪*	页次	126

方案23 外放式三室（小进深1）

效果图：

技术经济指标：

各功能空间使用面积（m²）									总面积（m²）	
居室	客厅	厨房	餐厅	卫生间	楼梯间	走廊	储藏	机具库	使用面积	总建筑面积
38	15	5	7	10	14			16	105	132

方案说明：

概况：户型建筑面积132m²，占地面积194m²。

房间组成：本方案由客厅和三个卧室、两个卫生间、厨房、餐厅组成，布置紧凑、使用合理、无穿套。

其他空间：机具库外放，可以存放车辆及储藏各种杂物，二层设有大型露台，能改善居住环境，增加活动空间。

房间特点：客厅独立、完整，适合家具摆放，各居室独立布置，私密性强，厨房、餐厅分别设计，用户可以根据自己需要进行调整。

通风采光：客厅、卧室开窗都在阳面，明厨明卫，各房间通风采光良好。

层数层高：层数2层，层高3m，室内外高差0.45m。

屋面造型：屋顶采用平坡结合，坡屋顶有利于排水、隔热，平屋顶便于放太阳能设备，整体造型活泼、美观大方。

结构合理，受力明确，施工方便，屋顶采用平坡结合，避免了坡面相交，提高了工程质量，降低了造价。

图 名	说明、技术经济指标、效果图	方案	23
审核 蒲荣建 蒲荣建	校对 赵颖慧 赵颖慧 设计 耿慧聪 耿慧聪	页次	127

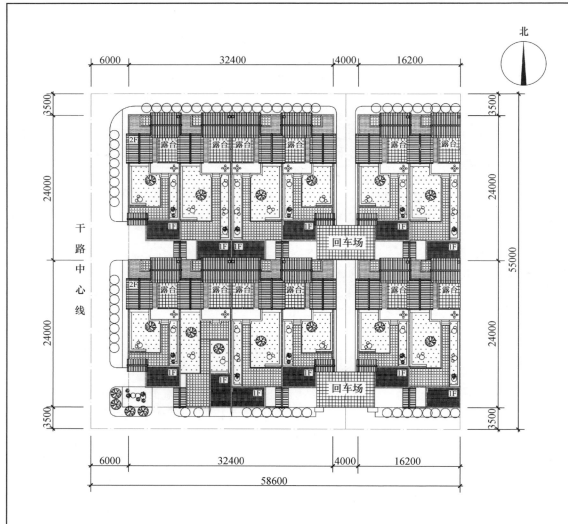

组合平面图 1:400

说明：

一、概述

该组合为巷式院落组合；

户占地面积 194m²；

户道路用地面积 47m²；

户平均用地 241m²（平均用地不含主路）。

二、设计理念

打造独立居住空间。

三、设计原则

场地性原则：体现场地的原有的内涵和特色；

功能性原则：满足生产、生活的需求；

生态原则：强调居住绿化在村镇生态系统中的作用，强调人与自然的共生。

四、道路交通

巷内道路宽度为 4m，回车场 9.4m×6.4m；

宅内人车入口分设。

五、消防

宅前道路宽度 4m，满足消防车通行要求；

住宅间距≥4m，满足消防要求。

六、绿化景观

院落、露台合理规划，分区明确，减少交通面积，避免零碎用地，营造景观绿化空间。

图 名	组合说明、组合平面图	方案	23
审核 蒲荣建 _蒲荣建_ 校对 赵颖慧 _赵颖慧_ 设计 耿慧聪 _耿慧聪_		页次	128

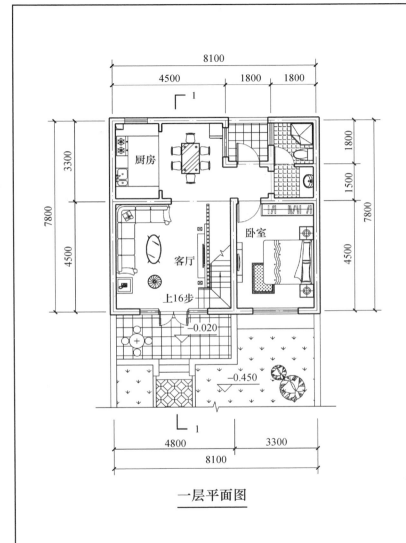

一层平面图

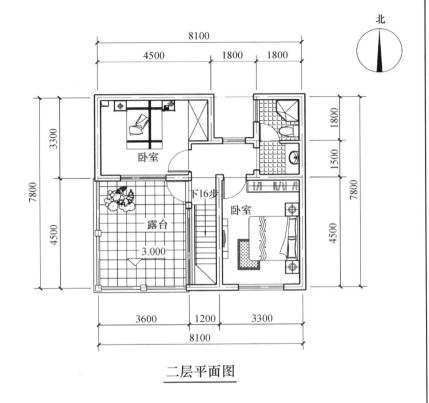

北

二层平面图

图　名	一、二层平面图	方案	23
审核 蒲荣建 *蒲荣建* 校对 赵颖慧 *赵颖慧* 设计 耿慧聪 *耿慧聪*		页次	129

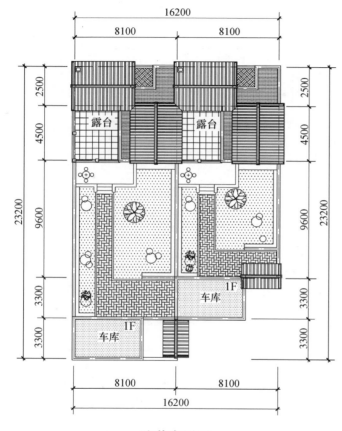

院落布置图

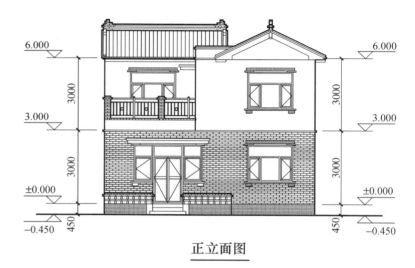

正立面图

院落布置说明：

1. 人车分流：院落大门和车库入口分别考虑，大门、围墙与主体建筑风格保持一致，功能明确，使用方便。

2. 功能分区：院落分为两个区块，活动区块，另一个是种植绿化区块。

图 名	正立面图、院落布置图	方案	23
审核 蒲荣建	校对 赵颖慧 设计 耿慧聪	页次	130

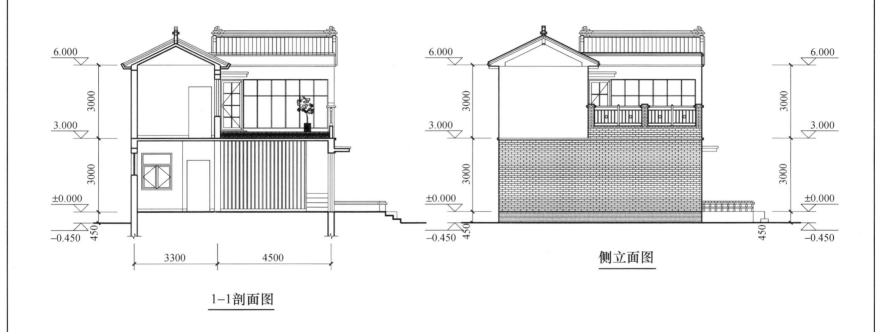

6.000

3000

3.000

3000

±0.000

450

−0.450

3300　　4500

1-1剖面图

6.000

3000

3.000

3000

±0.000

450

−0.450

6.000

3000

3.000

3000

±0.000

450

−0.450

侧立面图

图　名	侧立面图、1-1剖面图	方案	23
审核 蒲荣建 *蒲荣建* 校对 赵颖慧 *赵颖慧* 设计 耿慧聪 *耿慧聪*		页次	131

方案 24 外放式三室（小进深 2）

效果图：

方案说明：

概况：户型建筑面积 134m²，占地面积 194m²。

房间组成：本方案由客厅和三个卧室、两个卫生间、厨房、餐厅组成，布置紧凑、使用合理、无穿套。

其他空间：机具库外放，可以存放车辆及储藏各种杂物，二层设有大型露台，能改善居住环境，增加活动空间。

房间特点：客厅独立、完整，适合家具摆放，各居室独立布置，私密性强，厨房、餐厅分别设计，用户可以根据自己需要进行调整。

通风采光：客厅、卧室开窗都在阳面，明厨明卫，各房间通风采光良好。

层数层高：层数 2 层，层高 3m，室内外高差 0.45m。

屋面造型：屋顶采用平坡结合，坡屋顶有利于排水、隔热，平屋顶便于放太阳能设备，整体造型活泼、美观大方。

结构合理，受力明确，施工方便，屋顶采用平坡结合，避免了坡面相交，提高了工程质量，降低了造价。

技术经济指标：

各功能空间使用面积（m²）									总面积（m²）	
居室	客厅	厨房	餐厅	卫生间	楼梯间	走廊	储藏	机具库	使用面积	总建筑面积
39	18	5	7	10	13			16	108	134

图 名	说明、技术经济指标、效果图	方案	24
审核 蒲荣建 蒲荣建	校对 赵颖慧 赵颖慧 设计 耿慧聪 耿慧聪	页次	132

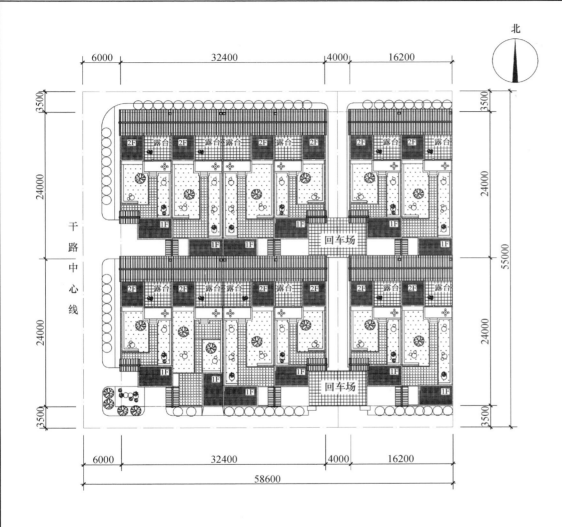

北

组合平面图 1:400

说明：

一、概述

该组合为巷式院落组合；

户占地面积 194m²；

户道路用地面积 47m²；

户平均用地 241m²（平均用地不含主路）。

二、设计理念

打造独立居住空间。

三、设计原则

场地性原则：体现场地的原有的内涵和特色；

功能性原则：满足生产、生活的需求；

生态原则：强调居住绿化在村镇生态系统中的作用，强调人与自然的共生。

四、道路交通

巷内道路宽度为 4m，回车场 9.4m×6.4m；宅内人车入口分设。

五、消防

1. 宅前道路宽度 4m，满足消防车通行要求；

2. 住宅间距≥4m，满足消防要求。

六、绿化景观

院落、露台合理规划，分区明确，减少交通面积，避免零碎用地，营造景观绿化空间。

图 名	组合说明、组合平面图	方案	24
审核 蒲荣建 *蒲荣建*	校对 赵颖慧 *赵颖慧* 设计 耿慧聪 *耿慧聪*	页次	133

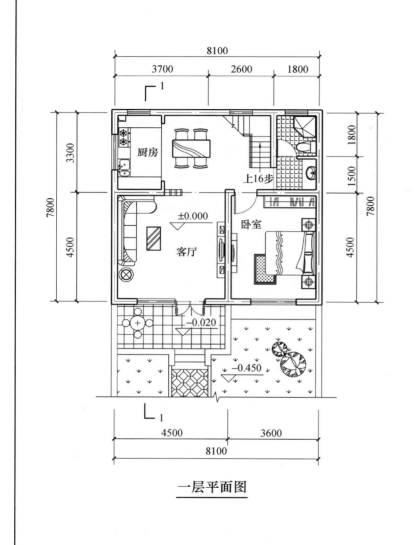

一层平面图

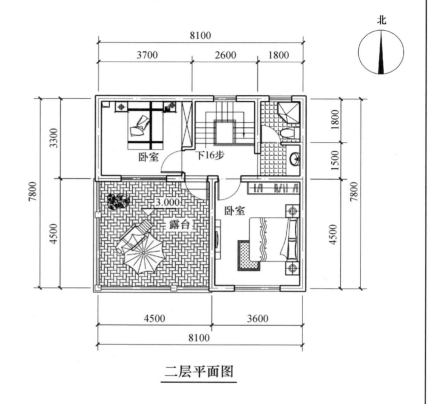

二层平面图

图 名	一、二层平面图	方案	24
审核 蒲荣建 *蒲荣建*	校对 赵颖慧 *赵颖慧* 设计 耿慧聪 *耿慧聪*	页次	134

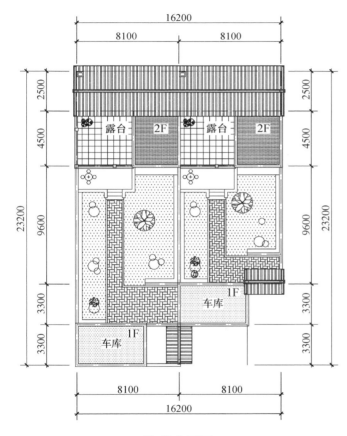

院落布置图

正立面图

院落布置说明:

    1. 人车分流: 院落大门和车库入口分别考虑, 大门、围墙与主体建筑风格保持一致, 功能明确, 使用方便。

    2. 功能分区: 院落分为两个区块, 活动区块, 另一个是种植绿化区块。

图 名	正立面图、院落布置图	方案	24
审核 蒲荣建 *蒲荣建*	校对 赵颖慧 *赵颖慧* 设计 耿慧聪 *耿慧聪*	页次	135

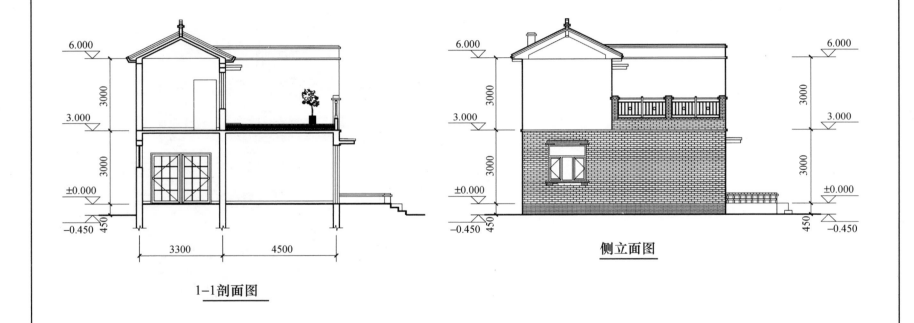

6.000

3000

3.000

3000

±0.000

450

−0.450

3300   4500

1-1剖面图

6.000

3000

3.000

3000

±0.000

450

−0.450

6.000

3000

3.000

3000

450

−0.450

侧立面图

图　名	侧立面图、1-1剖面图	方案	24
审核 蒲荣建 *蒲荣建*	校对 赵颖慧 *赵颖慧* 设计 耿慧聪 *耿慧聪*	页次	136

方案 25 外放式三室（窗井）

效果图：

技术经济指标：

各功能空间使用面积（m²）									总面积（m²）	
居室	客厅	厨房	餐厅	卫生间	楼梯间	走廊	储藏	机具库	使用面积	总建筑面积
42	18	6	7	12.5	17			16	118.5	148

方案说明：

概况：户型建筑面积 148m²，占地面积 194m²。

房间组成：本方案由客厅和三个卧室、两个卫生间、厨房、餐厅组成，布置紧凑、使用合理、无穿套。

其他空间：机具库外放，可以存放车辆及储藏各种杂物，二层设有大型露台，能改善居住环境，增加活动空间。

房间特点：客厅独立、完整，适合家具摆放，各居室独立布置，私密性强，厨房、餐厅分别设计，用户可以根据自己需要进行调整。

通风采光：客厅、卧室开窗都在阳面，明厨明卫，各房间通风采光良好。

层数层高：层数 2 层，层高 3m，室内外高差 0.45m。

屋面造型：屋顶采用平坡结合，坡屋顶有利于排水、隔热，平屋顶便于放太阳能设备，整体造型活泼、美观大方。

结构合理，受力明确，施工方便，屋顶采用平坡结合，避免了坡面相交，提高了工程质量，降低了造价。

图 名	说明、技术经济指标、效果图	方案	25
审核 蒲荣建 蒲荣建	校对 赵颖慧 赵颖慧 设计 耿慧聪 耿慧聪	页次	137

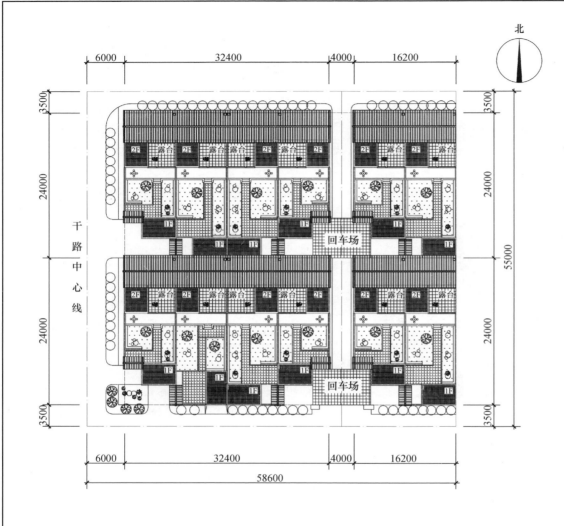

组合平面图 1:400

北

说明：

一、概述

该组合为巷式院落组合；

户占地面积 194m²；

户道路用地面积 47m²；

户平均用地 241m²（平均用地不含主路）。

二、设计理念

打造独立居住空间。

三、设计原则

场地性原则：体现场地的原有的内涵和特色；

功能性原则：满足生产、生活的需求；

生态原则：强调居住绿化在村镇生态系统中的作用，强调人与自然的共生。

四、道路交通

巷内道路宽度为 4m，回车场 9.4m×6.4m；

宅内人车入口分设。

五、消防

1. 宅前道路宽度 4m，满足消防车通行要求；

2. 住宅间距≥4m，满足消防要求。

六、绿化景观

院落、露台合理规划，分区明确，减少交通面积，避免零碎用地，营造景观绿化空间。

图 名	组合说明、组合平面图	方案	25
审核 蒲荣建 *蒲荣建*	校对 赵颖慧 *赵颖慧* 设计 耿慧聪 *耿慧聪*	页次	138

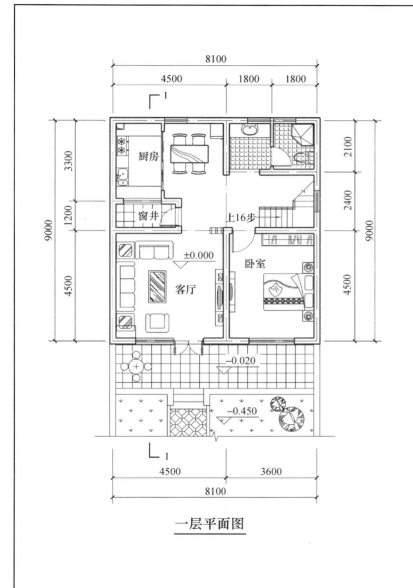

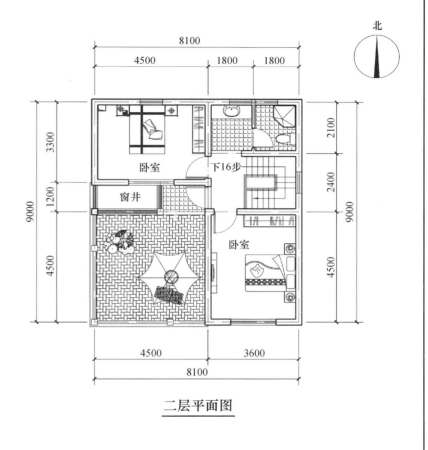

北

一层平面图

厨房
窗井
客厅
±0.000
卧室
上16步
−0.020
−0.450

8100
4500　1800　1800
3300　1200　4500
9000
2100　2400　4500
4500　3600
8100

二层平面图

卧室
窗井
卧室
下16步

8100
4500　1800　1800
3300　1200　4500
9000
2100　2400　4500
4500　3600
8100

图　名	一、二层平面图		方案	25
审核 蒲荣建 *蒲荣建*	校对 赵颖慧 *赵颖慧*	设计 耿慧聪 *耿慧聪*	页次	139

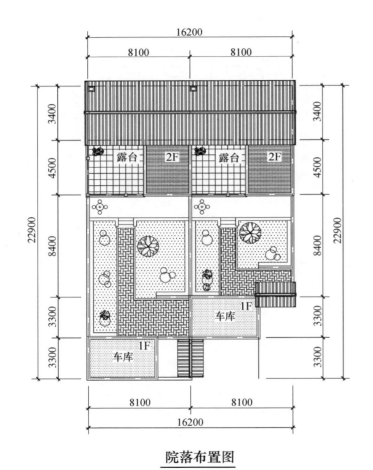

院落布置图

正立面图

院落布置说明：

1. 人车分流：院落大门和车库入口分别考虑，大门、围墙与主体建筑风格保持一致，功能明确，使用方便。

2. 功能分区：院落分为两个区块，活动区块，另一个是种植绿化区块。

图 名	正立面图、院落布置图	方案	25
审核 蒲荣建 *蒲荣建* 校对 赵颖慧 *赵颖慧* 设计 耿慧聪 *耿慧聪*		页次	140

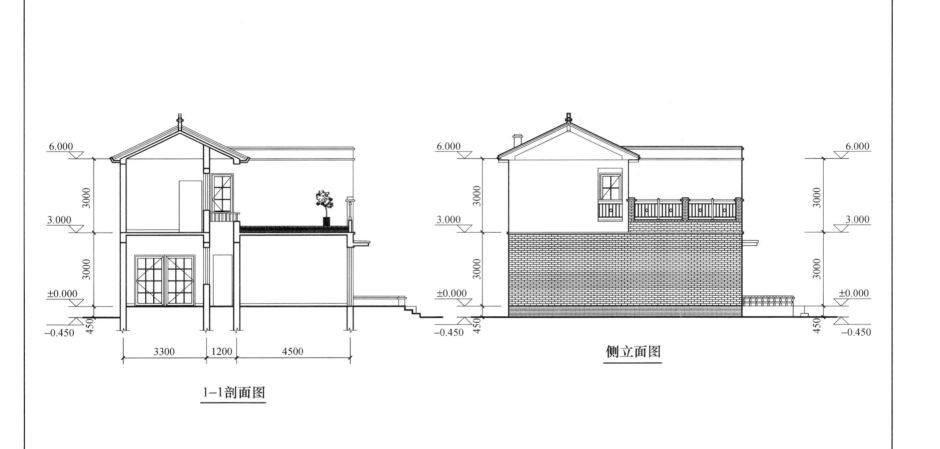

1-1剖面图

侧立面图

图 名	侧立面图、1-1剖面图	方案	25
审核 蒲荣建 *蒲荣建*	校对 赵颖慧 *赵颖慧*	设计 耿慧聪 *耿慧聪*	页次 141

第六部分
错列式院落组合

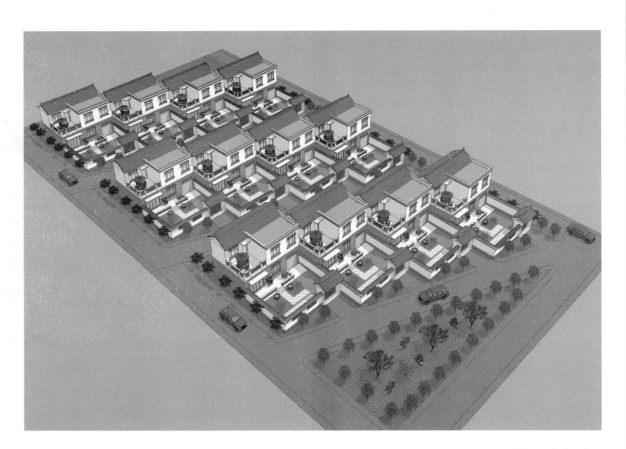

院落组合鸟瞰图

设 计 总 说 明

一、组合概况

1. 院落组合：组成错列式院落组合的民居称为错列式民居。错列式民居由单户民居错开排列组成，一般情况下，平面设计相同，有独立的门户。

2. 错列式民居：民居组合占地较小，节约土地资源，比较容易得到更高的容积率，错列式民居的单价会因为各项成本而降低，更易于人群接受。

3. 通风采光：错列式民居两面临空，一个临空面有邻街，采光面少，应根据实际情况进行户型设计，合理布置，提高通风采光效果。

二、设计依据及原则

1. 设计依据

1.1 《民用建筑设计统一标准》　　　　　GB 50352

1.2 《住宅建筑规范》　　　　　　　　　GB 50368

1.3 《农村防火规范》　　　　　　　　　GB 50039

1.4 《农村居住建筑节能设计标准》　　　GB/T 50824

1.5 　国家其他现行规范

2. 设计原则

2.1 尊重自然、强调绿化与居民生活活动的融合，结合绿色环保设计，创造一个和谐、优雅、舒适、安全的新型生态型居住环境。

2.2 充分照顾到社会、经济和环境三方面的综合效益，合理分配和使用各项资源，全面体现可持续发展的思想。

2.3 合理地考虑房屋的通风、日照采光、防灾以及与周围环境的关系，以提高人居环境质量。

三、组合构思与设计理念

1. 组合构思：地方村落都有自己存在的形式，有自己的居住文化，随着社会的发展与进步，有些地方满足不了现实生活的需求，生活条件、居住环境需要改善，催生了新民居，原有村落布局满足不了新民居的使用要求，需要多种形式的新型组合，才能使建筑村文化得以传承，更新村容村貌，留住乡思乡愁。

2. 院落布置：随着社会的进步，人们的生产、生活方式发生了很大的变化，户外活动、绿化种植、人车出入是院落的主要功能。现阶段节约用地是主流、是方向，区域内宅基地用地范围通常是给定的，院落布置要做到"出入顺畅、活动方便、适当种植、兼顾绿化"，争取做到经济、适用、美观。

3. 设计理念：坚持"以人为本"的原则，满足生产、生活方式的需求与未来发展趋势，充分利用现有条件，并与周围环境和谐统一，力求在建筑物的功能性、艺术性、健康性、前瞻性等方面做到最优，体现人与自然，建筑与自然的和谐共生。

四、组合设计

1. 组合特性：错列式民居各户间错列排放，形成斜向锯齿形建筑，斜向街道与宅基地斜交，车辆出入顺畅；斜向街道，齿形排列形成的街景，丰富、活泼、多样、美观。

2. 平面设计：错列式民居工具库（车库）可以前置后放、横放竖放，布置灵活。院落入口、居住功能、院落布置应综合考虑，需解决好生活、交通、绿化种植之间的矛盾。

图 名	设计总说明	方案	26～30
审核 蒲荣建 _蒲荣建_ 校对 张乐 _张乐_ 设计 曹学斌 _曹学斌_		页次	143

五、消防设计

1. 村镇内消防车通道之间的距离，不宜超过 160m。其路面宽度不应小于 4.0m，转弯半径不应小于 9m。

2. 建筑物耐火等级为一、二级。

3. 防火分区内建筑物占地面积≤5000m²

4. 防火分区内建筑物有开窗居住建筑间距≥4m。

六、交通组织

1. 村间道路：村间道路的宽度，干路一般为 10～14m，支路为 6～8m，巷路为 3～5m。

2. 组团一般外临干路，内部采用支路或巷路。

七、绿化设计概念

突出"以人为本，重返自然"的主题。组团主要考虑宅间绿化与组团绿化相结合，组团绿化与道路绿化相结合，综合考虑绿化与村间中心广场，绿地、小品等相结合，创造高雅、宁静的生活氛围，从而缔造一个绿色无忧的、恬静的生活环境，与大自然融为一体。

八、公共服务配套

根据村间规划合理布置公共服务配套项目。

九、建筑设计

1. 工程概况

本项目为民居，层数 2～3 层，层高 3m 左右。

2. 建筑风格

该方案采用平坡结合，既有传承又经济适用，建筑色调宜采取迎合当地居民喜爱的色调，同时结合小区绿色环境，给人生机盎然的感

3. 建筑材料

本部分中各种建筑材料的选材及应用均符合国家现行环保及其节能要求。

十、经济技术指标

主要经济指标计算：为计算方便，组团占地面积，户占地面积均以轴线计算，在户占地面积计算当中，假定组团一侧面临干路，其他三面为支路或巷路，干路不计算在用地范围内：

户道路占地面积＝组团内支路或巷路占地面积/户数；

户占地面积＝户宅基地面积＋户道路用地面积；

宅基地面积≤200m²。

十一、组合说明

1. 该组合方案外墙厚均按 240mm 设计，具体设计按实际情况进行。

2. 院落组合方案设计尺寸均以轴线计算，具体设计按实际情况进行。

图 名	设计总说明	方案	26～30
审核 蒲荣建 校对 张乐 设计 曹学斌		页次	144

方案 26　前进式四室

效果图：

技术经济指标：

各功能空间使用面积（m²）									总面积（m²）	
居室	客厅	厨房	餐厅	卫生间	楼梯间	走廊	储藏	机具库	使用面积	总建筑面积
41	18	6	7	9	29		4	16	130	159

方案说明：

　　概况：户型建筑面积 159m²，占地面积 194m²。

　　房间组成：本方案由客厅和四个卧室、两个卫生间、厨房、餐厅组成，布置紧凑、使用合理、无穿套。

　　其他空间：一层设有机具库，可以存放车辆及储藏各种杂物，二层设有大型露台，能改善居住环境，增加活动空间。

　　房间特点：客厅独立、完整，适合家具摆放，各居室独立布置，私密性强，厨房、餐厅综合设计，用户可以根据自己需要进行调整。

　　通风采光：客厅、卧室开窗都在阳面，明厨明卫，各房间通风采光良好。

　　层数层高：层数 2 层，层高 3m，室内外高差 0.45m。

　　立面造型：屋顶采用平坡结合，坡屋顶有利于排水、隔热，平屋顶便于放太阳能设备，整体造型活泼、美观大方。

　　结构布置：结构合理，受力明确，屋顶平坡结合，减少了相交坡面，保证了工程质量，降低了造价。

图 名	说明、技术经济指标、效果图	方案	26
审核 蒲荣建　蒲荣建	校对 张乐　张乐　设计 曹学斌	页次	145

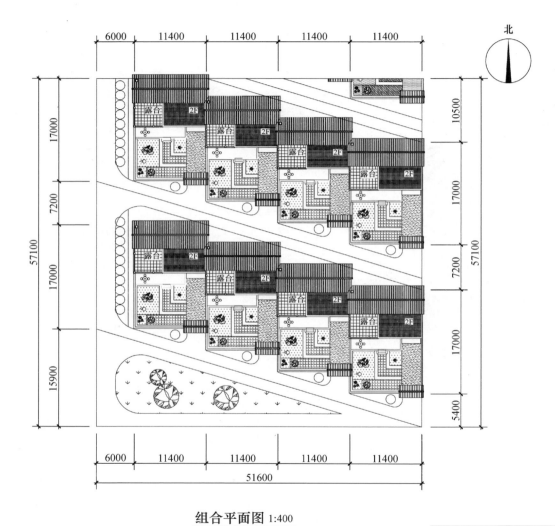

组合平面图 1:400

说明：

一、概述

该组合为错列式院落组合；

户占地面积 194m²；

户道路用地面积 82m²；

户平均用地 276m²（平均用地不含主路）。

二、设计理念

打造独立居住空间。

三、设计原则

场地性原则：体现场地的原有的内涵和特色；

功能性原则：满足生产、生活的需求；

生态原则：强调居住绿化在村镇生态系统中的作用，强调人与自然的共生。

四、道路交通

宅间道宽度为 7m；

宅内人车入口共用。

五、消防

宅前道路宽度 7m 满足消防要求；

住宅间距≥4m 满足消防要求。

六、绿化景观

院落、露台合理规划，分区明确，减少交通面积，避免零碎用地，营造景观绿化空间。

图 名	组合说明、组合平面图	方案	26
审核 蒲荣建	校对 张乐 设计 曹学斌	页次	146

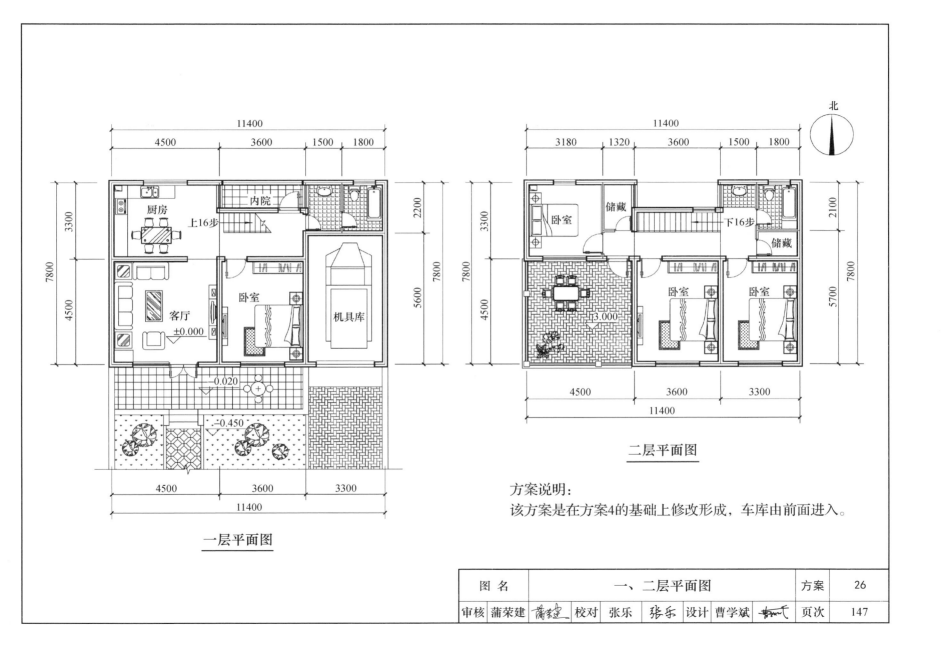

一层平面图

二层平面图

方案说明：
该方案是在方案4的基础上修改形成，车库由前面进入。

图 名	一、二层平面图	方案	26
审核 蒲荣建 校对 张乐 设计 曹学斌		页次	147

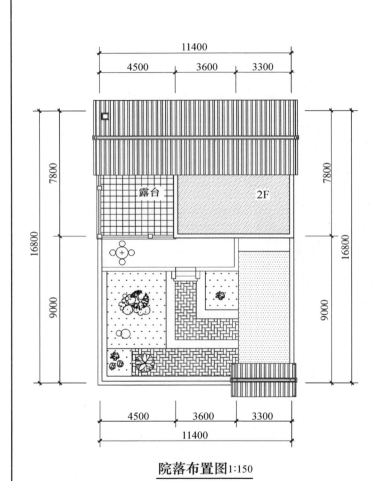

院落布置图1:150

正立面图

院落布置说明：

1. 大门入口：人和车辆由大门进入，车辆直入车库，线路清晰，使用方便，私密性强。

2. 功能分区：院落分为两个区块，月台为活动区块，院落主要为种植绿化区块。

图 名	正立面图、院落布置图	方案	26
审核 蒲荣建 校对 张乐 设计 曹学斌		页次	148

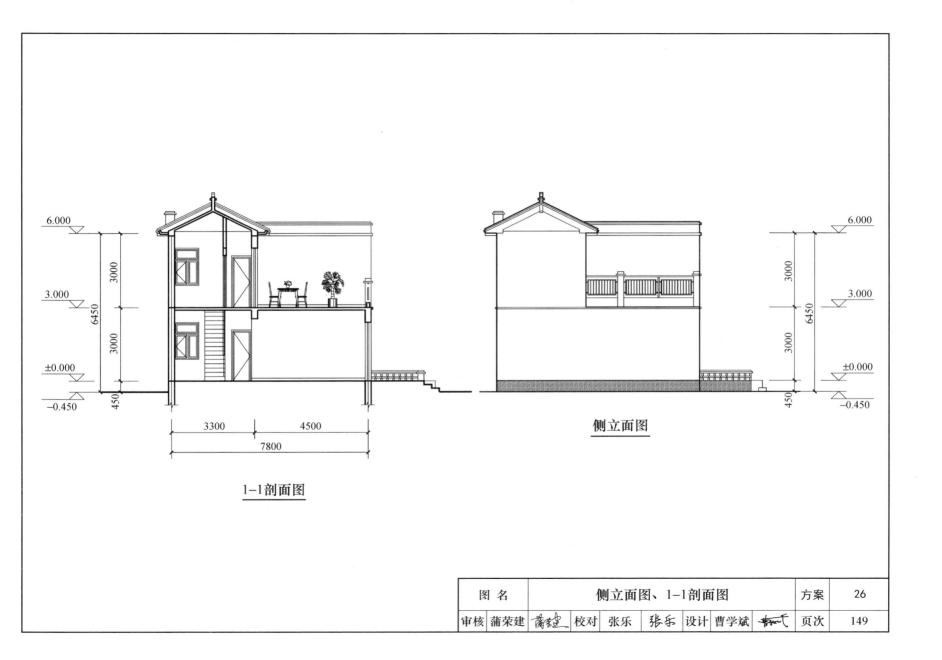

6.000

3.000

±0.000

−0.450

3000

3000

6450

450

3300 4500

7800

1-1剖面图

6.000

3.000

±0.000

−0.450

3000

3000

6450

450

侧立面图

图 名	侧立面图、1-1剖面图	方案	26
审核 蒲荣建　校对 张乐　设计 曹学斌		页次	149

方案 27　后进式四室

效果图：

技术经济指标：

各功能空间使用面积（m²）									总面积（m²）	
居室	客厅	厨房	餐厅	卫生间	楼梯间	走廊	储藏	机具库	使用面积	总建筑面积
54	18	8	8	8	20		4	17	137	159

方案说明：

概况：户型建筑面积 159m²，占地面积 163m²。

房间组成：本方案由客厅和四个卧室、两个卫生间、厨房、餐厅组成，布置紧凑、使用合理、无穿套。

其他空间：一层设有机具库，可以存放车辆及储藏各种杂物，二层设有大型露台，能改善居住环境，增加活动空间。

房间特点：客厅独立、完整，适合家具摆放，各居室独立布置，私密性强，厨房、餐厅综合设计，用户可以根据自己需要进行调整。

通风采光：客厅、卧室开窗都在阳面，明厨明卫，各房间通风采光良好。

层数层高：层数 2 层，层高 3m，室内外高差 0.45m。

立面造型：屋顶采用平坡结合，坡屋顶有利于排水、隔热，平屋顶便于放太阳能设备，整体造型活泼、美观大方。

结构布置：结构合理，受力明确，屋顶平坡结合，减少了相交坡面，保证了工程质量，降低了造价。

图　名	说明、技术经济指标、效果图	方案	27
审核 蒲荣建 *蒲荣建*	校对 张乐 *张乐*	设计 曹学斌 *曹学斌*	页次 150

组合平面图1:400

说明：

一、概述

该组合为错列式院落组合；

户占地面积 163m²；

户道路用地面积 70m²；

户平均用地 233m²（平均用地不含主路）。

二、设计理念

打造独立居住空间。

三、设计原则

场地性原则：体现场地的原有的内涵和特色；

功能性原则：满足生产、生活的需求；

生态原则：强调居住绿化在村镇生态系统中的作用，强调人与自然的共生。

四、道路交通

宅间道宽度为 7m；

宅内人车入口分设。

五、消防

宅前道路宽度 7m 满足消防要求；

住宅间距≥4m 满足消防要求。

六、绿化景观

院落、露台合理规划，分区明确，减少交通面积，避免零碎用地，营造景观绿化空间。

图 名	组合说明、组合平面图	方案	27
审核 蒲荣建	校对 张乐	设计 曹学斌	页次 151

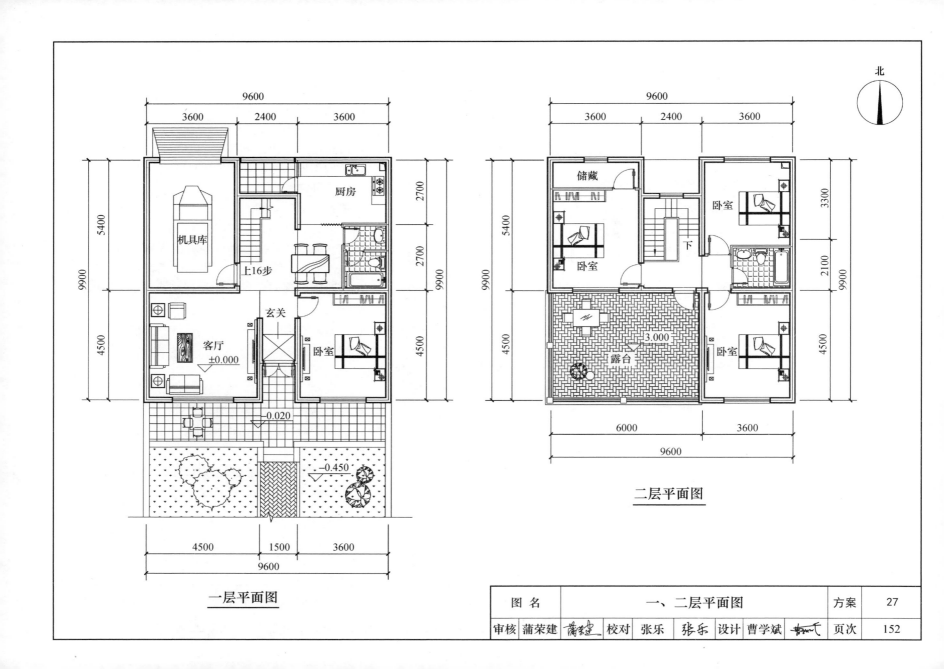

北

一层平面图

二层平面图

图 名	一、二层平面图	方案	27
审核 蒲荣建 *蒲荣建*	校对 张乐 *张乐*	设计 曹学斌	页次 152

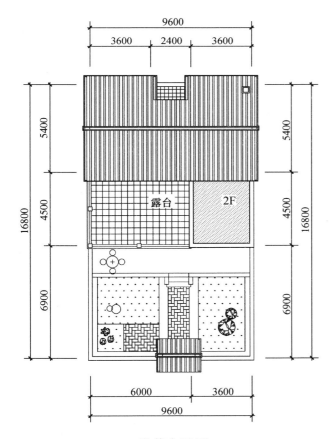

院落布置图1:150

正立面图

院落布置说明：

1. 大门入口：车辆入口在后面，人员由前门进院，经玄关入正房，线路清晰，使用方便，私密性强。

2. 功能分区：院落分为两个区块，月台为活动区块，院落主要为种植绿化区块。

图 名	正立面图、院落布置图		方案	27
审核 蒲荣建	校对 张乐	设计 曹学斌	页次	153

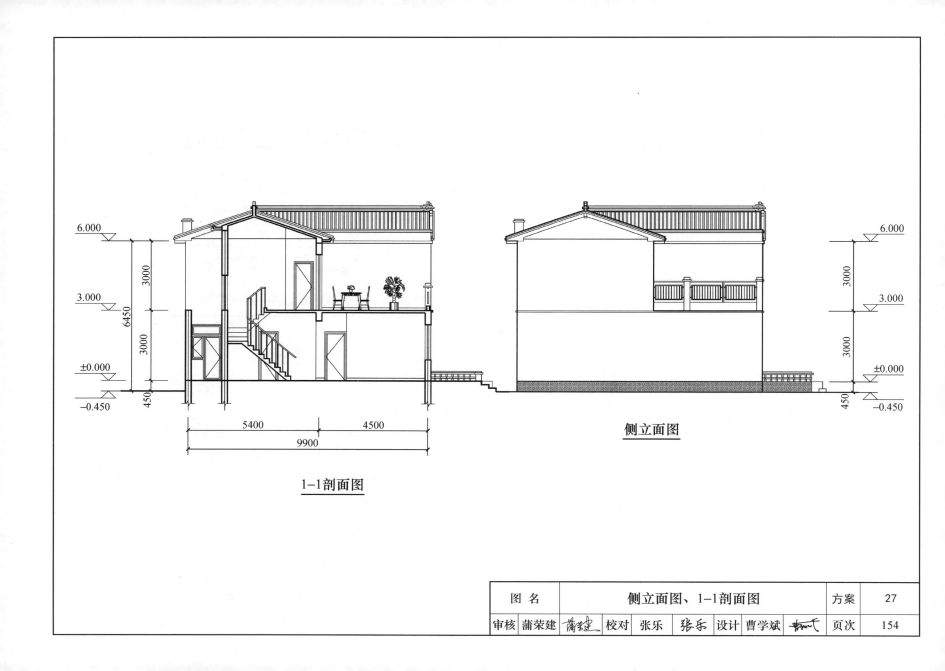

6.000

3000

3.000

6450

3000

±0.000

450

−0.450

5400   4500

9900

1-1剖面图

侧立面图

6.000

3000

3.000

3000

±0.000

450

−0.450

图 名	侧立面图、1-1剖面图	方案	27
审核 蒲荣建 _蒲荣建_ 校对 张乐 _张乐_ 设计 曹学斌 _曹学斌_		页次	154

方案28　侧进式三室

效果图：

技术经济指标：

各功能空间使用面积（m²）									总面积（m²）	
居室	客厅	厨房	餐厅	卫生间	楼梯间	走廊	储藏	机具库	使用面积	总建筑面积
42	18	8	6	7	21		12	12	126	152

方案说明：

概况：户型建筑面积152m²，占地面积170m²。

房间组成：本方案由客厅和三个卧室、储藏间、书房、两个卫生间、厨房、餐厅组成，布置紧凑、使用合理、无穿套。

其他空间：一层设有机具库，可以存放车辆及储藏各种杂物，二层设有大型露台，能改善居住环境，增加活动空间。

房间特点：客厅独立、完整，适合家具摆放，各居室独立布置，私密性强，厨房、餐厅综合设计，用户可以根据自己需要进行调整。

通风采光：客厅、卧室开窗都在阳面，明厨明卫，各房间通风采光良好。

层数层高：层数2层，层高3m，室内外高差0.45m。

立面造型：屋顶采用平坡结合，坡屋顶有利于排水、隔热，平屋顶便于放太阳能设备，整体造型活泼、美观大方。

结构布置：结构合理，受力明确，屋顶平坡结合，减少了相交坡面，保证了工程质量，降低了造价。

图　名	说明、技术经济指标、效果图		方案	28
审核 蒲荣建	校对 张乐	设计 曹学斌	页次	155

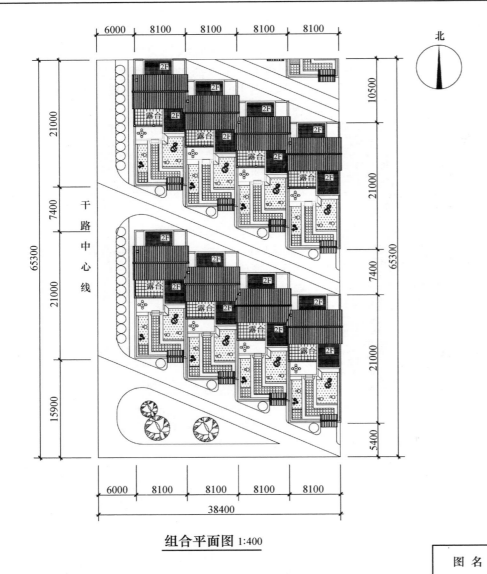

组合平面图 1:400

说明：

一、概述

该组合为错列式院落组合；

户占地面积 170m²；

户道路用地面积 60m²；

户平均用地 230m²（平均用地不含主路）。

二、设计理念

打造独立居住空间。

三、设计原则

场地性原则：体现场地的原有的内涵和特色；

功能性原则：满足生产、生活的需求；

生态原则：强调居住绿化在村镇生态系统中的作用，强调人与自然的共生。

四、道路交通

宅间道宽度为 7m；

宅内人车入口分设。

五、消防

宅前道路宽度 7m 满足消防要求；

住宅间距≥4m 满足消防要求。

六、绿化景观

院落、露台合理规划，分区明确，减少交通面积，避免零碎用地，营造景观绿化空间。

图 名	组合说明、组合平面图	方案	28
审核 蒲荣建	校对 张乐	设计 曹学斌	页次 156

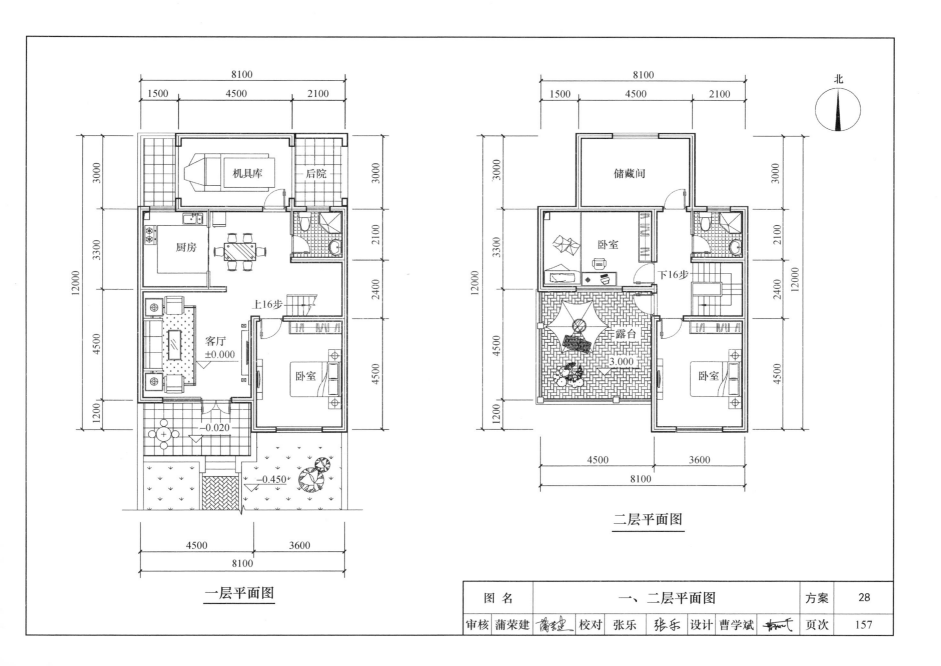

一层平面图

8100
1500 4500 2100

3000
3300
12000
4500
1200

机具库　后院
厨房
2100
2400
上16步
客厅
±0.000
卧室
4500

−0.020
−0.450

4500　3600
8100

二层平面图

8100
1500 4500 2100

北

3000
储藏间
卧室
2100
下16步
2400
露台
3.000
卧室
3300
12000
4500
1200

4500　3600
8100

图　名	一、二层平面图		方案	28
审核 蒲荣建	校对 张乐	设计 曹学斌	页次	157

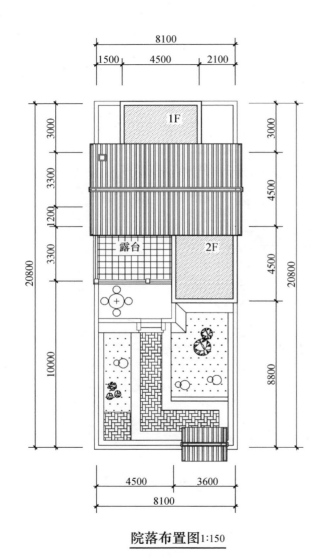

院落布置图1:150

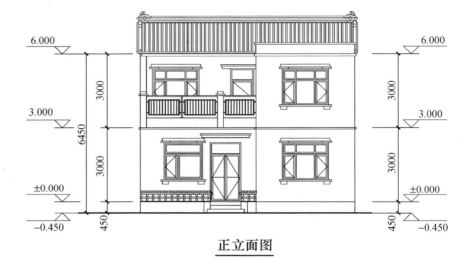

正立面图

院落布置说明：

1. 大门入口：车辆由后面进入，前门后面设影壁墙，遮挡大门内外杂乱的墙面和景物，遮挡外人的视线，线路清晰，使用方便，私密性强。

2. 功能分区：院落分为两个区块，月台为活动区块，院落主要为种植绿化区块。

图 名	正立面图、院落布置图		方案	28
审核 蒲荣建 蒲荣建	校对 张乐 张乐	设计 曹学斌	页次	158

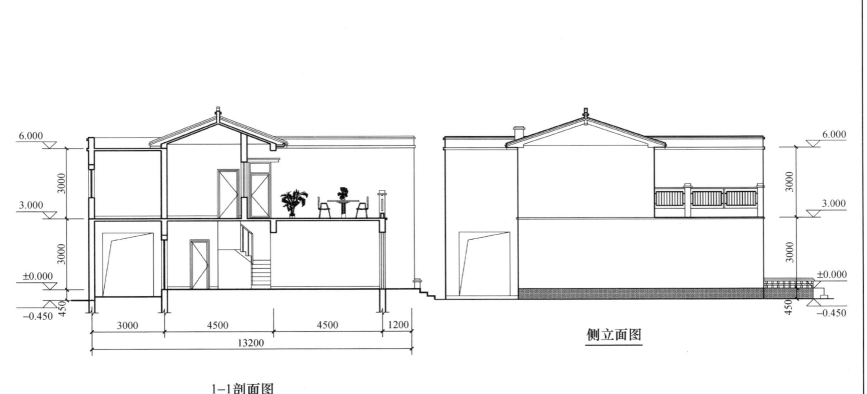

6.000

3000

3.000

3000

±0.000

450

−0.450

3000   4500   4500   1200

13200

1-1剖面图

6.000

3000

3.000

3000

±0.000

450

−0.450

侧立面图

图 名	侧立面图、1-1剖面图	方案	28
审核 蒲荣建 *蒲荣建* 校对 张乐 *张乐* 设计 曹学斌 *曹学斌*		页次	159

方案 29 侧进式四室

效果图：

技术经济指标：

各功能空间使用面积（m²）									总面积（m²）	
居室	客厅	厨房	餐厅	卫生间	楼梯间	走廊	储藏	机具库	使用面积	总建筑面积
54	18	5	8	8	24			18	135	162

方案说明：

概况：户型建筑面积162m²，占地面积163m²。

房间组成：本方案由客厅和四个卧室、两个卫生间、厨房、餐厅组成，布置紧凑、使用合理、无穿套。

其他空间：一层设有机具库，可以存放车辆及储藏各种杂物，二层设有大型露台，能改善居住环境，增加活动空间。

房间特点：客厅独立、完整，适合家具摆放，各居室独立布置，私密性强，厨房、餐厅综合设计，用户可以根据自己需要进行调整。

通风采光：客厅、卧室开窗都在阳面，明厨明卫，各房间通风采光良好。

层数层高：层数2层，层高3m，室内外高差0.45m。

立面造型：屋顶采用平坡结合，坡屋顶有利于排水、隔热，平屋顶便于放太阳能设备，整体造型活泼、美观大方。

结构布置：结构合理，受力明确，屋顶平坡结合，减少了相交坡面，保证了工程质量，降低了造价。

图 名	说明、技术经济指标、效果图	方案	29
审核 蒲荣建 蒲荣建	校对 张乐 张乐 设计 曹学斌	页次	160

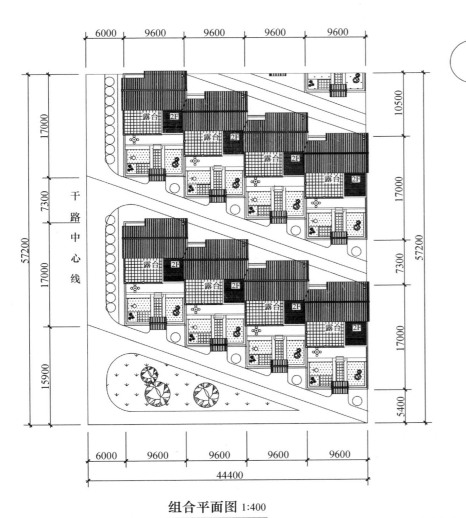

组合平面图 1:400

说明:

一、概述

该组合为错列式院落组合;

户占地面积 163m²;

户道路用地面积 70m²;

户平均用地 233m²(平均用地不含主路)。

二、设计理念

打造独立居住空间。

三、设计原则

场地性原则:体现场地的原有的内涵和特色;

功能性原则:满足生产、生活的需求;

生态原则:强调居住绿化在村镇生态系统中的作用,强调人与自然的共生。

四、道路交通

宅间道宽度为 7m;

宅内人车入口分设。

五、消防

宅前道路宽度 7m 满足消防要求;

住宅间距≥4m 满足消防要求。

六、绿化景观

院落、露台合理规划,分区明确,减少交通面积,避免零碎用地,营造景观绿化空间。

图 名	组合说明、组合平面图		方案	29
审核 蒲荣建	校对 张乐	设计 曹学斌	页次	161

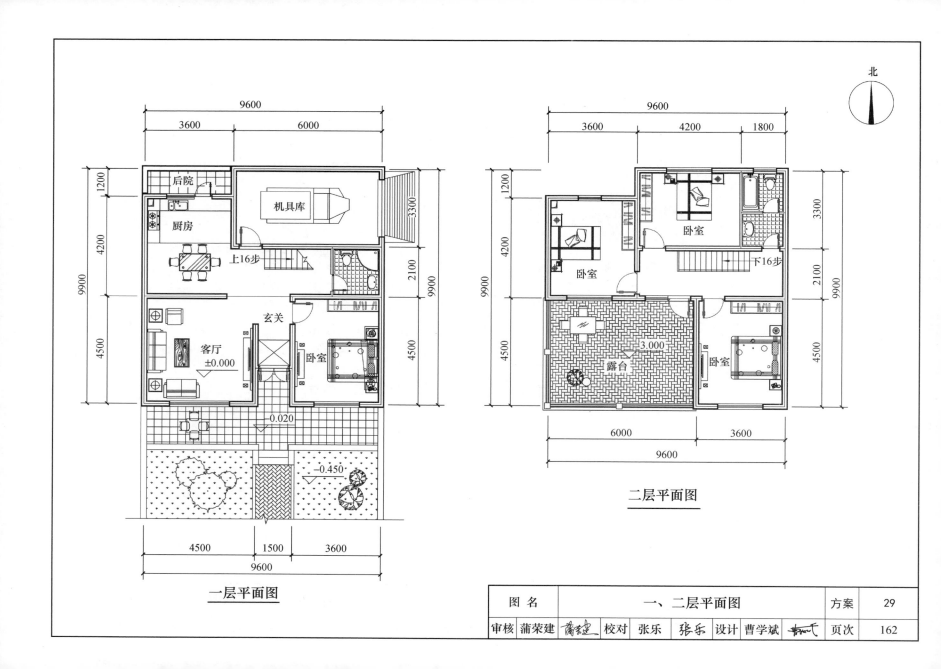

北

一层平面图

9600
3600　　6000
1200
4200
9900
4500

后院
厨房
机具库
上16步
3300
2100
玄关
客厅
±0.000
卧室
4500
−0.020
−0.450
4500　1500　3600
9600

二层平面图

9600
3600　　4200　　1800
1200
4200
9900
4500

卧室
卧室
下16步
3300
2100
3.000
露台
卧室
4500
6000　　3600
9600

图　名	一、二层平面图	方案	29
审核 蒲荣建　校对 张乐　设计 曹学斌		页次	162

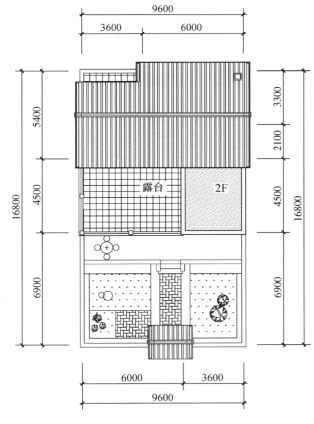

9600
3600　6000

5400
4500
6900
16800

露台　2F

3300
2100
4500
6900
16800

6000　3600
9600

院落布置图 1:150

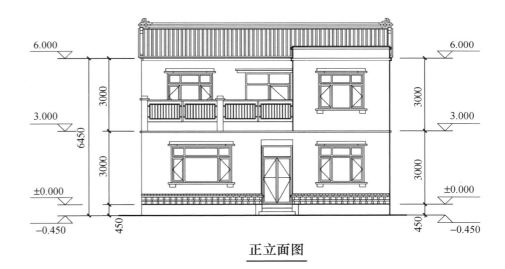

6.000
3.000
±0.000
−0.450

3000
3000
6450
450

3000
3000

6.000
3.000
±0.000
−0.450

正立面图

院落布置说明：

1. 大门入口：车辆入口在后面，人员由前门进院，经玄关入正房，线路清晰，使用方便，私密性强。

2. 功能分区：院落分为两个区块，月台为活动区块，院落主要为种植绿化区块。

图 名	正立面图、院落布置图	方案	29
审核 蒲荣建　校对 张乐　设计 曹学斌		页次	163

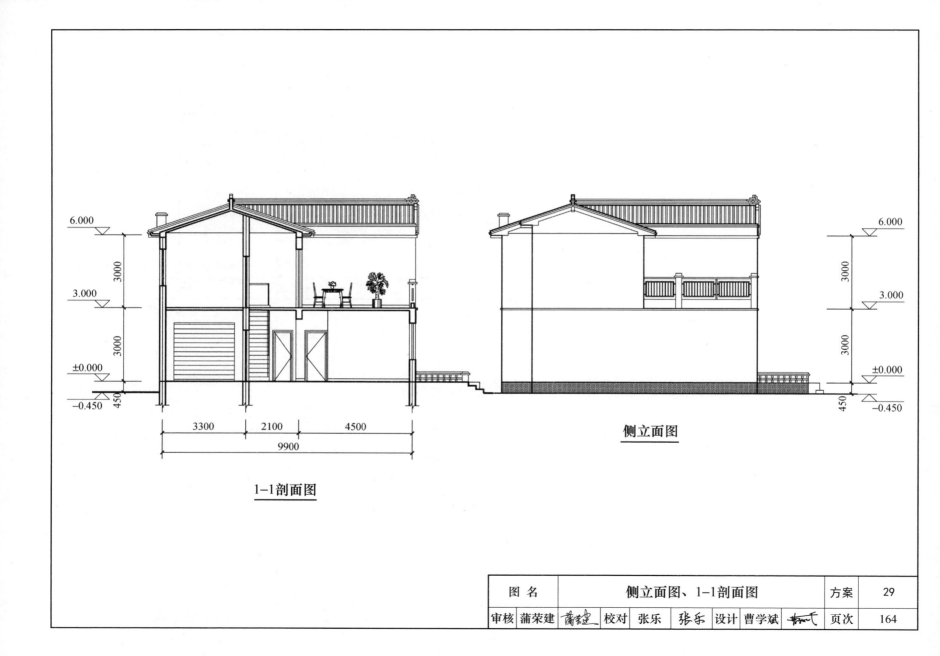

6.000

3000

3.000

3000

±0.000

450

−0.450

3300   2100   4500

9900

1-1剖面图

6.000

3000

3.000

3000

±0.000

450

−0.450

侧立面图

图 名	侧立面图、1-1剖面图	方案	29
审核 蒲荣建	校对 张乐	设计 曹学斌	页次 164

方案 30　外放式三室

效果图：

方案说明：

概况：户型建筑面积 127m²，占地面积 192m²。

房间组成：本方案由客厅和三个卧室、两个卫生间、厨房、餐厅组成，布置紧凑、使用合理、无穿套。

其他空间：车辆存放安排在入口处，二层设有大型露台，能改善居住环境，增加活动空间。

房间特点：客厅独立、完整，适合家具摆放，各居室独立布置，私密性强，厨房、餐厅综合设计，用户可以根据自己需要进行调整。

通风采光：客厅、卧室开窗都在阳面，明厨明卫，各房间通风采光良好。

层数层高：层数 2 层，层高 3m，室内外高差 0.45m。

立面造型：屋顶采用平坡结合，坡屋顶有利于排水、隔热，平屋顶便于放太阳能设备，整体造型活泼、美观大方。

结构布置：结构合理，受力明确，屋顶平坡结合，减少了相交坡面，保证了工程质量，降低了造价。

技术经济指标：

各功能空间使用面积（m²）									总面积（m²）	
居室	客厅	厨房	餐厅	卫生间	楼梯间	走廊	储藏	机具库	使用面积	总建筑面积
42	18	8	5	9	23				105	127

图 名	说明、技术经济指标、效果图	方案	30
审核 蒲荣建　蒲荣建	校对 张乐　张乐　设计 曹学斌	页次	165

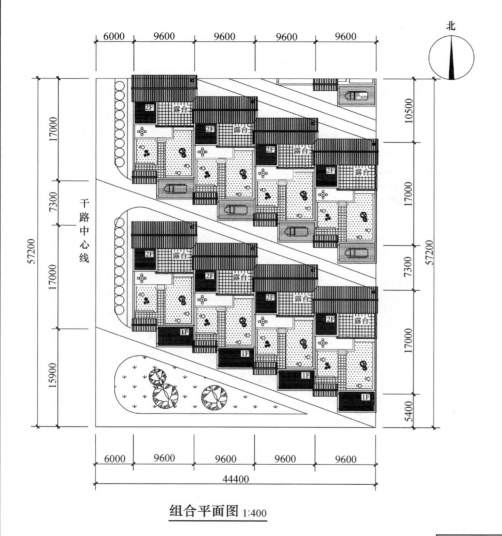

组合平面图 1:400

说明：

一、概述

该组合为错列式院落组合；

户占地面积 192m²；

户道路用地面积 58m²；

户平均用地 250m²（平均用地不含主路）。

二、设计理念

打造独立居住空间。

三、设计原则

场地性原则：体现场地的原有的内涵和特色；

功能性原则：满足生产、生活的需求；

生态原则：强调居住绿化在村镇生态系统中的作用，强调人与自然的共生。

四、道路交通

宅间道宽度为 7m；

宅内人车入口分设。

五、消防

宅前道路宽度 7m，满足消防要求

住宅间距≥4m，满足消防要求

六、绿化景观

院落、露台合理规划，分区明确，减少交通面积，避免零碎用地，营造景观绿化空间。

图 名	组合说明、组合平面图	方案	30
审核 蒲荣建	校对 张乐 设计 曹学斌	页次	166

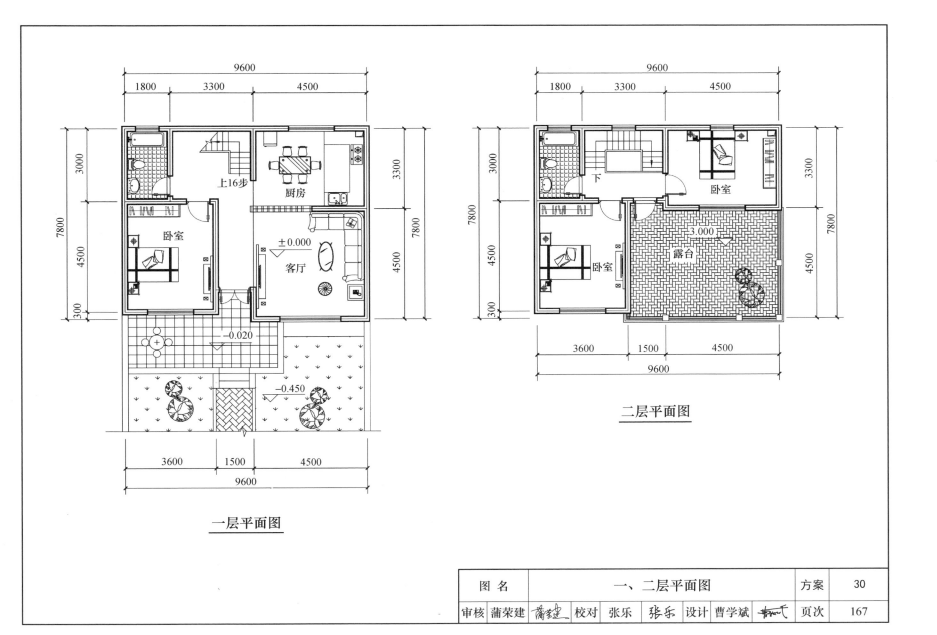

一层平面图

二层平面图

图 名	一、二层平面图	方案	30
审核 蒲荣建 *蒲荣建* 校对 张乐 *张乐* 设计 曹学斌 *曹学斌*		页次	167

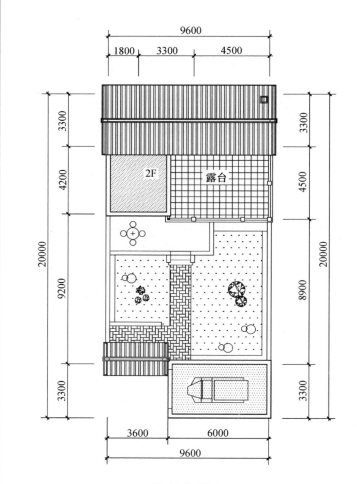

院落布置图 1:150

正立面图

院落布置说明：

1. 大门入口：车辆外放，大门后面投影壁墙，遮挡门内外杂乱的墙面和景物，遮挡外人的视线，线路清晰，使用方便，私密性强。

2. 功能分区：院落分为两个区块，月台为活动区块，院落主要为种植绿化区块。

图 名	正立面图、院落布置图	方案	30
审核 蒲荣建 _蒲荣建_	校对 张乐 _张乐_ 设计 曹学斌 _曹学斌_	页次	168

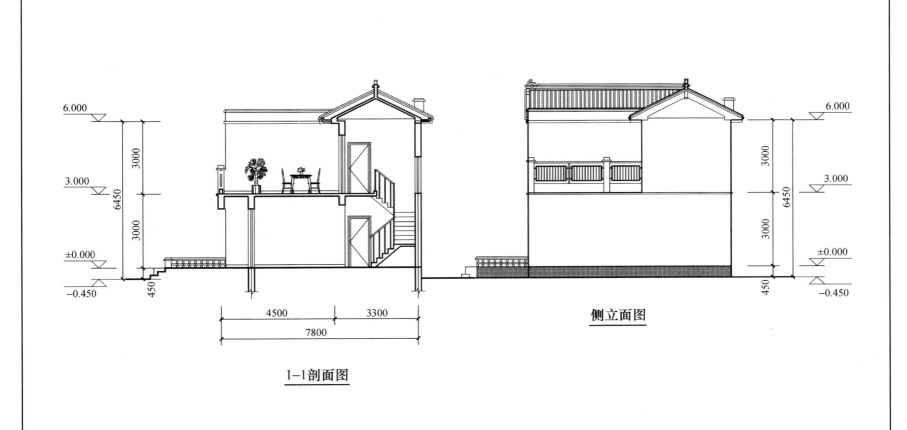

6.000

3.000

±0.000

−0.450

3000

6450

3000

450

4500   3300

7800

1-1剖面图

6.000

3.000

±0.000

−0.450

3000

6450

3000

450

侧立面图

图　名	侧立面图、1-1剖面图	方案	30
审核 蒲荣建 _蒲荣建_	校对 张乐 _张乐_	设计 曹学斌 _曹学斌_	页次 169

第七部分
串联式院落组合

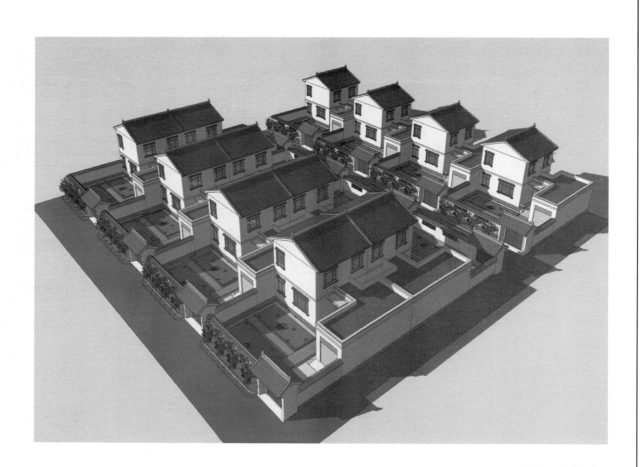

院落组合鸟瞰图

设 计 总 说 明

一、组合概况

1. 院落组合：组成串联式院落组合的民居称为串联式民居，串联式民居就是由专用户型双拼竖向串联组成，一般情况下，平面设计相同，有独立的门户。

2. 串联式民居：民居组合比较紧凑，占地较小，节约土地资源，比较容易得到更高的容积率，串联式民居由于共用部分比较多，各项成本而降低，能满足不同需求。

3. 通风采光：串联式民居，一层部分三面围合，由于只有一个采光面，在通风和采光方面，串联式民居比其他形式组合差一些。

二、设计依据及原则

1. 设计依据

1.1 《民用建筑设计统一标准》 GB 50352

1.2 《住宅建筑规范》 GB 50368

1.3 《农村防火规范》 GB 50039

1.4 《农村居住建筑节能设计标准》 GB/T 50824

1.5 国家其他现行规范

2. 设计原则

2.1 尊重自然、强调绿化与居民生活活动的融合，结合绿色环保设计，创造一个和谐、优雅、舒适、安全的新型生态型居住环境。

2.2 充分照顾到社会、经济和环境三方面的综合效益，合理分配和使用各项资源，全面体现可持续发展的思想。

2.3 合理地考虑房屋的通风、日照采光、防灾以及与周围环境的关系，以提高人居环境质量。

三、组合构思与设计理念

1. 组合构思：地方村落都有自己存在的形式，有自己的居住文化，随着社会的发展与进步，有些地方满足不了现实生活的需求，生活条件、居住环境需要改善，催生了新民居，原有村落布局满足不了新民居的使用要求，需要多种形式的新型组合，才能使村建筑文化得以传承，更新村容村貌，留住乡思乡愁。

2. 院落布置：随着社会的进步，人们的生产、生活方式发生了很大的变化，户外活动、绿化种植、人车出入是院落的主要功能。现阶段节约用地是主流、是方向，区域内宅基地用地范围通常是给定的，院落布置要做到"出入顺畅、活动方便、适当种植、兼顾绿化"，争取做到经济、适用、美观。

3. 设计理念：坚持"以人为本"的原则，满足生产、生活方式的需求与未来发展趋势，充分利用现有条件，并与周围环境和谐统一，力求在建筑物的功能性、艺术性、健康性、前瞻性等方面做到最优，体现人与自然，建筑与自然的和谐共生。

四、组合设计

1. 组合特性：民居镜像、串联集中设计，种植绿化部分沿街布置，院落绿化与街道绿化有机地结合在一起，沿街走来，一路望去，道路、行道树、小园绿化、白墙灰瓦互相映衬，如诗如画。

2. 平面设计：串联式民居采光面最少，最主要的是通风采光问题，在实践过程当中，需要综合利用露台、庭院、天井、天窗等措施，合理安排院落入口。

图 名		设计总说明		方案	31～35
审核	蒲荣建 *蒲荣建*	校对 宋晓光 *宋晓光*	设计	王乾 *王乾*	页次 171

五、消防设计

1. 村镇内消防车通道之间的距离，不宜超过160m。其路面宽度不应小于4.0m，转弯半径不应小于9m。

2. 建筑物耐火等级为一、二级。

3. 防火分区内建筑物占地面积≤5000m²。

4. 防火分区内建筑物有开窗居住建筑间距≥4m。

六、交通组织

1. 村间道路：村间道路的宽度，干路一般为10～14m，支路为6～8m，巷路为3～5m。

2. 组团一般外临干路，内部采用支路或巷路。

七、绿化设计概念

突出"以人为本，重返自然"的主题。组团主要考虑宅间绿化与组团绿化相结合，组团绿化与道路绿化相结合，综合考虑绿化与村间中心广场，绿地、小品等相结合，创造高雅、宁静的生活氛围，从而缔造一个绿色无忧的、恬静的生活环境，与大自然融为一体。

八、公共服务配套

根据村间规划合理布置公共服务配套项目。

九、建筑设计

1. 工程概况

本项目为民居，层数2～3层，层高3m左右。

2. 建筑风格

该方案采用平坡结合，既有传承又经济适用，建筑色调宜采取迎合当地居民喜爱的色调，同时结合小区绿色环境，给人生机盎然的感觉。

3. 建筑材料

本部分建筑中各种建筑材料的选材及应用均符合国家现行环保及其节能要求。

十、经济技术指标

主要经济指标计算：为计算方便，组团占地面积，户占地面积均以轴线计算，在户占地面积计算当中，假定组团一侧面临干路，其他三面为支路或巷路，干路不计算在用地范围内：

户道路占地面积＝组团内支路或巷路占地面积/户数；

户占地面积＝户宅基地面积＋户道路用地面积；

宅基地面积≤200m²。

十一、组合说明

1. 该组合方案外墙厚均按240mm设计，具体设计按实际情况进行。

2. 院落组合方案设计尺寸均以轴线计算，具体设计按实际情况进行。

图名	设计总说明		方案	31～35
审核 蒲荣建 蒲荣建	校对 宋晓光 宋晓光	设计 王乾 王乾	页次	172

方案 31 前进式三室

效果图：

技术经济指标：

各功能空间使用面积（m²）									总面积（m²）	
居室	客厅	厨房	餐厅	卫生间	楼梯间	走廊	储藏	机具库	使用面积	总建筑面积
38	17	13		8	16			18	110	141

方案说明：

概况：户型建筑面积141m²，占地面积195m²。

房间组成：本方案由客厅和三个卧室、两个卫生间、厨房、餐厅组成，布置紧凑、使用合理、无穿套。

其他空间：一层设有机具库，可以存放车辆及储藏各种杂物，二层设有晒台，能晾晒粮食衣物，增加活动空间。

房间特点：客厅独立、完整，适合家具摆放，各居室独立布置，私密性强，厨房、餐厅综合设计，用户可以根据自己需要进行调整。

通风采光：客厅、卧室均有良好采光，明厨明卫，各房间通风采光良好。

层数层高：层数 2 层，层高 3m，室内外高差 0.45m。

立面造型：屋顶采用坡屋顶，有利于排水、隔热，整体造型活泼、美观大方。

结构布置：结构合理，受力明确，屋顶采用平坡结合，施工简单，提高了工程质量，降低了造价。

图 名	说明、技术经济指标、效果图		方案	31
审核 蒲荣建 蒲荣建	校对 宋晓光 宋晓光	设计 王乾 王乾	页次	173

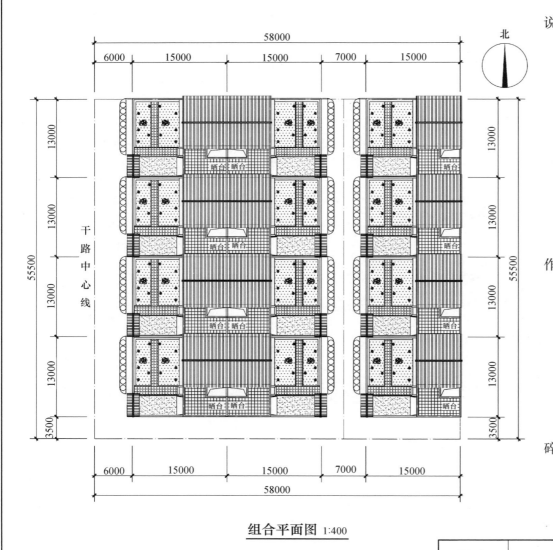

组合平面图 1:400

说明：

一、概述

该组合为串联式院落组合；

户占地面积 195m²；

户道路用地面积 46m²；

户平均用地 241m²（平均用地不含主路）。

二、设计理念

打造独立居住空间。

三、设计原则

场地性原则：体现场地的原有的内涵和特色；

功能性原则：满足生产、生活的需求；

生态原则：强调居住绿化在村镇生态系统中的作用，强调人与自然的共生。

四、道路交通

宅间道宽度为 7m；

宅内人车入口共用。

五、消防

宅前道路宽度 7m，满足消防要求；

住宅间距≥4m，满足消防要求。

六、绿化景观

规划合理，分区明确，减少交通面积，避免零碎用地，营造景观绿化空间。

图 名	组合说明、组合平面图		方案	31
审核 蒲荣建 *蒲荣建*	校对 宋晓光 *宋晓光*	设计 王乾 *王乾*	页次	174

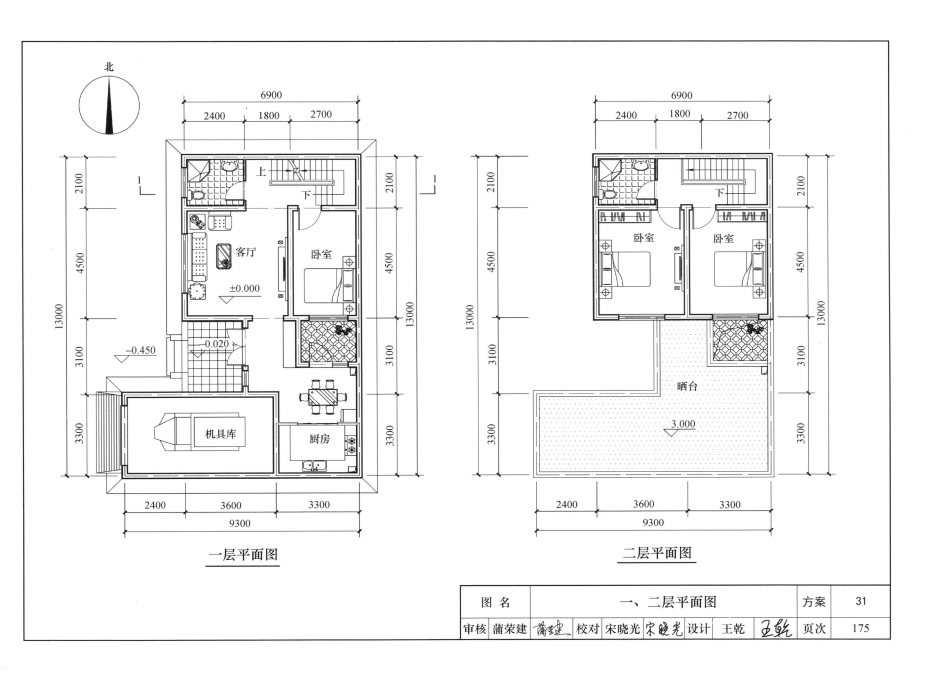

北

6900
2400　1800　2700

2100

4500

13000

3100

3300

上
下

客厅

卧室

±0.000

−0.450

−0.020

机具库

厨房

2400　3600　3300
9300

2100

13000

4500

3100

3300

一层平面图

6900
2400　1800　2700

2100

4500

13000

3100

3300

下

卧室　卧室

晒台

3.000

2400　3600　3300
9300

2100

13000

4500

3100

3300

二层平面图

图 名	一、二层平面图		方案	31
审核 蒲荣建 蒲荣建	校对 宋晓光 宋晓光	设计 王乾 王乾	页次	175

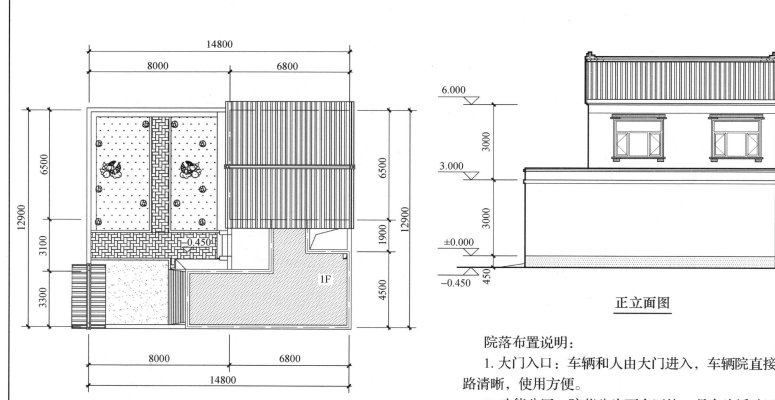

院落布置图 1:150

正立面图

院落布置说明：

　　1. 大门入口：车辆和人由大门进入，车辆院直接入库，线路清晰，使用方便。

　　2. 功能分区：院落分为两个区块，月台为活动区块，院落主要为种植绿化区块。

图 名	正立面图、院落布置图		方案	31
审核 蒲荣建	校对 宋晓光	设计 王乾	页次	176

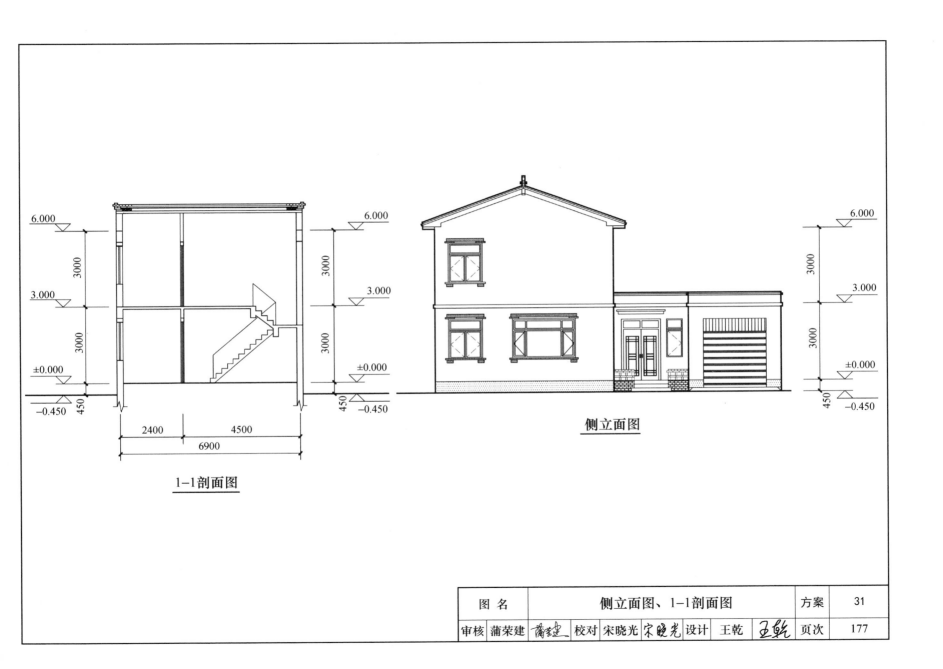

6.000

3000

3.000

3000

±0.000

450

−0.450

2400　　4500

6900

1-1剖面图

6.000

3000

3.000

3000

±0.000

450

−0.450

6.000

3000

3.000

3000

±0.000

450

−0.450

侧立面图

图 名	侧立面图、1-1剖面图	方案	31
审核 蒲荣建 _蒲荣建_	校对 宋晓光 _宋晓光_ 设计 王乾 _王乾_	页次	177

方案32 前进式三室（外厕）

效果图：

方案说明：

概况：户型建筑面积146m²，占地面积195m²。

房间组成：本方案由客厅和三个卧室、两个卫生间、厨房、餐厅组成，布置紧凑、使用合理、无穿套。

其他空间：一层设有机具库，可以存放车辆及储藏各种杂物，二层设有晒台，能晾晒粮食、衣物，增加了活动空间。

房间特点：客厅独立、完整，适合家具摆放，各居室独立布置，私密性强，厨房、餐厅综合设计，用户可以根据自己需要进行调整。

通风采光：客厅、卧室均有良好采光，明厨明卫，各房间通风采光良好。

层数层高：层数2层，层高3m，室内外高差0.45m。

立面造型：屋顶采用坡屋顶，有利于排水、隔热，整体造型活泼、美观大方。

结构布置：结构合理，受力明确，屋顶采用平坡结合，施工简单，提高了工程质量，降低了造价。

技术经济指标：

各功能空间使用面积（m²）									总面积（m²）	
居室	客厅	厨房	餐厅	卫生间	楼梯间	走廊	储藏	机具库	使用面积	总建筑面积
44	17	14		9	21			21	126	146

图 名	说明、技术经济指标、效果图	方案	32
审核 蒲荣建 *蒲荣建* 校对 宋晓光 *宋晓光* 设计 王乾 *王乾*		页次	178

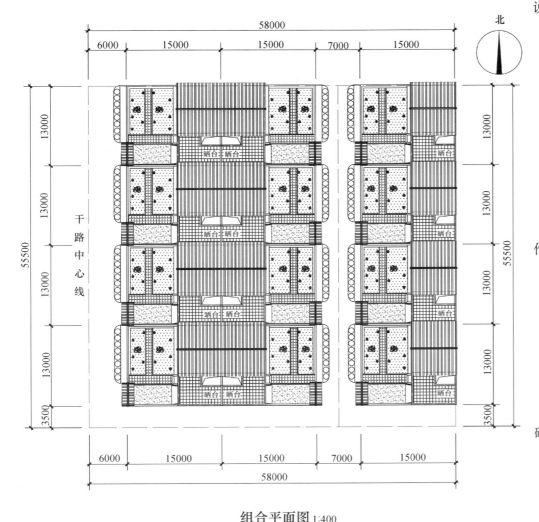

组合平面图 1:400

说明：

一、概述

该组合为串联式院落组合；

户占地面积 195m²；

户道路用地面积 46m²；

户平均用地 241m²（平均用地不含主路）。

二、设计理念

打造独立居住空间。

三、设计原则

场地性原则：体现场地的原有的内涵和特色；

功能性原则：满足生产、生活的需求；

生态原则：强调居住绿化在村镇生态系统中的作用，强调人与自然的共生。

四、道路交通

宅间道宽度为 7m；

宅内人车入口共用。

五、消防

宅前道路宽度 7m，满足消防要求；

住宅间距≥4m，满足消防要求。

六、绿化景观

规划合理，分区明确，减少交通面积，避免零碎用地，营造景观绿化空间。

图　名	组合说明、组合平面图	方案	32
审核 蒲荣建 _蒲荣建_ 校对 宋晓光 _宋晓光_ 设计 王乾 _王乾_		页次	179

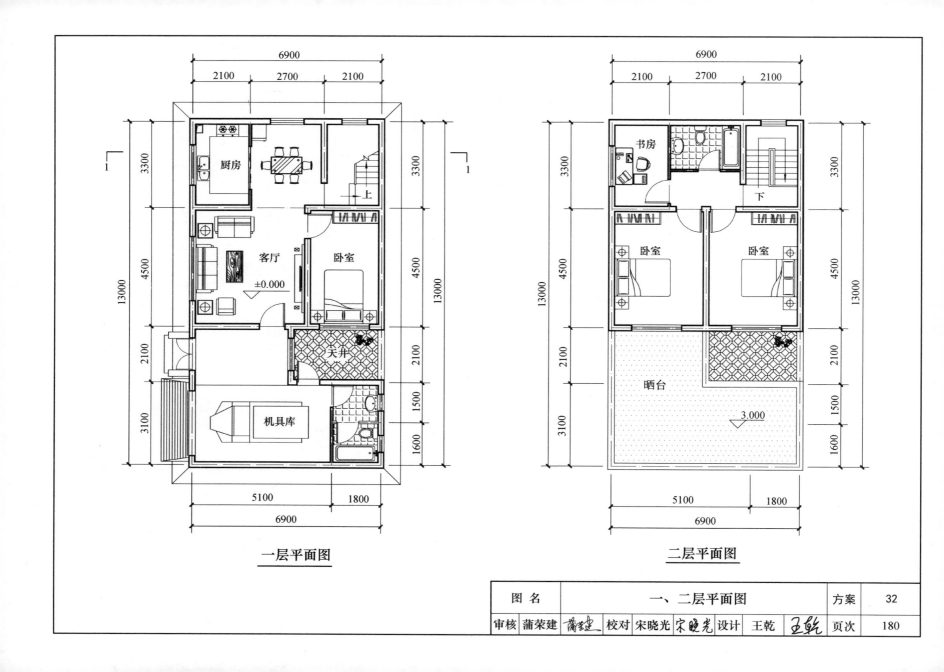

一层平面图

二层平面图

图 名		一、二层平面图				方案	32
审核	蒲荣建 *蒲荣建*	校对	宋晓光 *宋晓光*	设计	王乾 *王乾*	页次	180

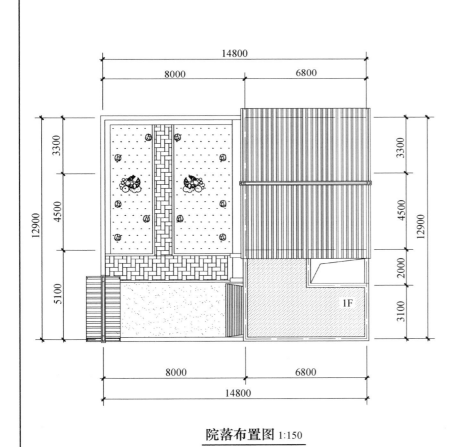

院落布置图 1:150

正立面图

院落布置说明：

1. 大门入口：车辆和人由大门进入，车辆院直接入库，线路清晰、使用方便。

2. 功能分区：院落分为两个部分，大门部分为活动区块，其他主要为种植绿化区块。

图 名	正立面图、院落布置图	方案	32
审核 蒲荣建	校对 宋晓光 设计 王乾	页次	181

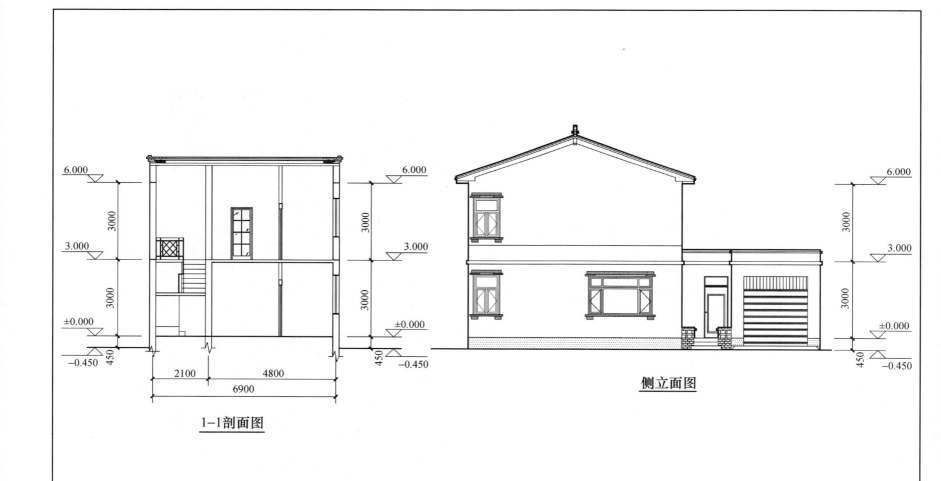

6.000

3000

3.000

3000

±0.000

450

−0.450

2100   4800

6900

1—1剖面图

6.000

3000

3.000

3000

±0.000

450

−0.450

6.000

3000

3.000

3000

±0.000

450

−0.450

侧立面图

图　名	侧立面图、1—1剖面图	方案	32
审核 蒲荣建　校对 宋晓光　设计 王乾		页次	182

方案 33　后进式三室

效果图：

技术经济指标：

各功能空间使用面积（m²）									总面积（m²）	
居室	客厅	厨房	餐厅	卫生间	楼梯间	走廊	储藏	机具库	使用面积	总建筑面积
41	17	14		9	14			17	112	137

方案说明：

概况：户型建筑面积 137m²，占地面积 195m²。

房间组成：本方案由客厅和三个卧室、两个卫生间、厨房、餐厅组成，布置紧凑、使用合理、无穿套。

其他空间：一层设有机具库，可以存放车辆及储藏各种杂物，二层设有大型露台，能改善居住环境，增加活动空间。

房间特点：客厅独立、完整，适合家具摆放，各居室独立布置，私密性强，厨房、餐厅综合设计，用户可以根据自己需要进行调整。

通风采光：客厅、卧室开窗都在阳面，明厨明卫，各房间通风采光良好。

层数层高：层数 2 层，层高 3m，室内外高差 0.45m。

立面造型：屋顶采用坡屋顶，有利于排水、隔热，整体造型活泼、美观大方。

结构布置：结构合理，受力明确，屋顶采用平坡结合，施工简单，提高了工程质量，降低了造价。

图 名	说明、技术经济指标、效果图	方案	33
审核 蒲荣建 *蒲荣建*	校对 宋晓光 *宋晓光* 设计 王乾 *王乾*	页次	183

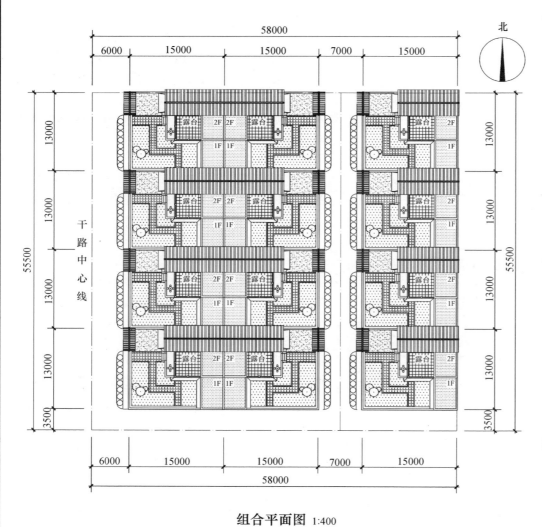

组合平面图 1:400

说明：

一、概述

该组合为串联式院落组合；

户占地面积 195m²；

户道路用地面积 46m²；

户平均用地 241m²（平均用地不含主路）。

二、设计理念

打造独立居住空间。

三、设计原则

场地性原则：体现场地的原有的内涵和特色；

功能性原则：满足生产、生活的需求；

生态原则：强调居住绿化在村镇生态系统中的作用，强调人与自然的共生。

四、道路交通

宅间道宽度为 7m；

宅内人车入口共用。

五、消防

宅前道路宽度 7m，满足消防要求；

住宅间距≥4m，满足消防要求。

六、绿化景观

规划合理，分区明确，减少交通面积，避免零碎用地，营造景观绿化空间。

图 名	组合说明、组合平面图	方案	33
审核 蒲荣建 蒲荣建	校对 宋晓光 宋晓光 设计 王乾 王乾	页次	184

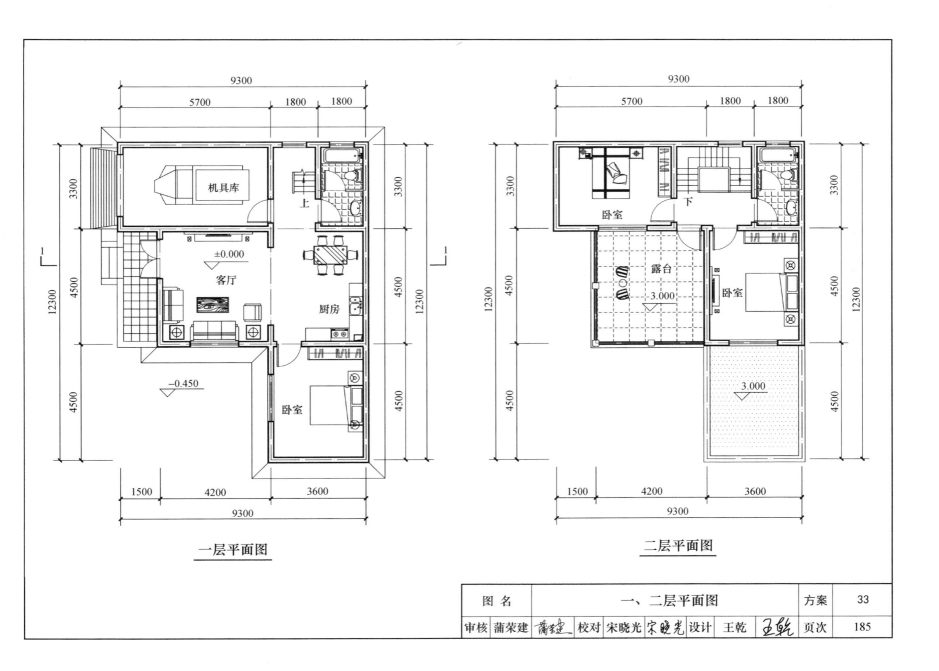

一层平面图

二层平面图

图　名	一、二层平面图		方案	33
审核 蒲荣建 _蒲荣建_	校对 宋晓光 _宋晓光_	设计 王乾 _王乾_	页次	185

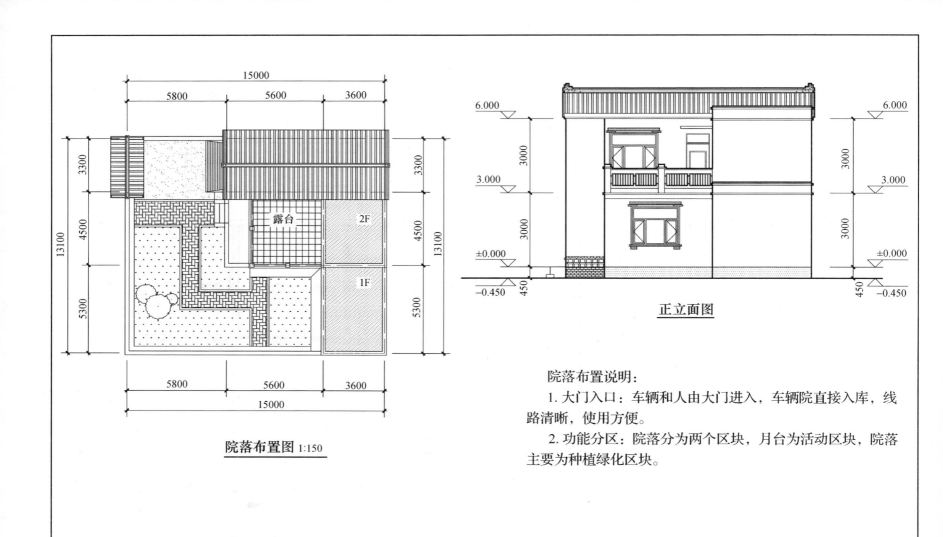

院落布置图 1:150

正立面图

院落布置说明：
1. 大门入口：车辆和人由大门进入，车辆院直接入库，线路清晰，使用方便。
2. 功能分区：院落分为两个区块，月台为活动区块，院落主要为种植绿化区块。

图 名	正立面图、院落布置图	方案	33
审核 蒲荣建 蒲荣建 校对 宋晓光 宋晓光 设计 王乾 王乾		页次	186

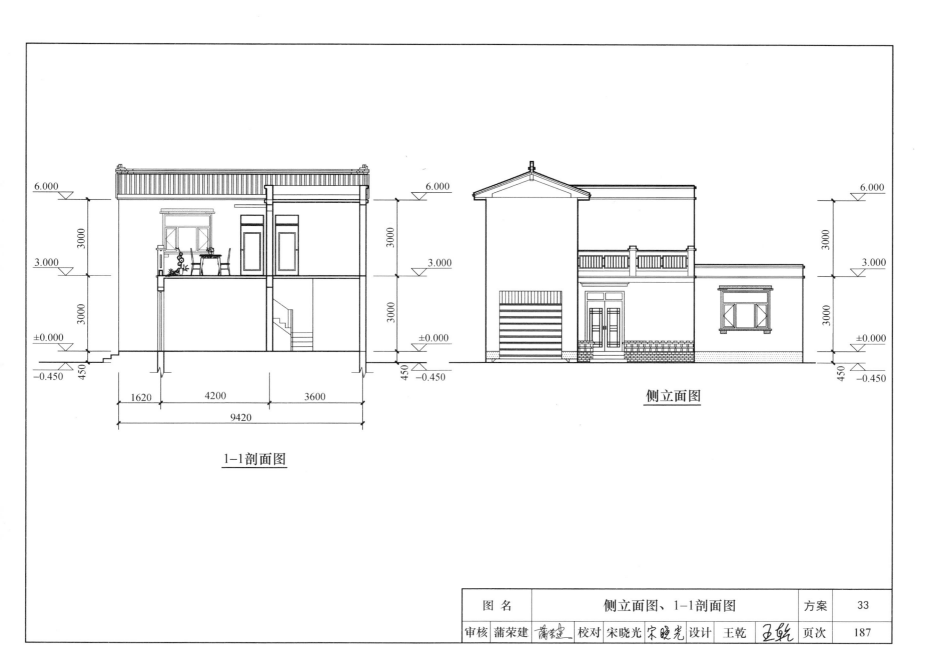

6.000

3000

3.000

3000

±0.000

450

−0.450

1620 4200 3600

9420

1-1剖面图

6.000

3000

3.000

3000

±0.000

450

−0.450

6.000

3000

3.000

3000

±0.000

450

−0.450

侧立面图

图 名	侧立面图、1-1剖面图	方案	33
审核 蒲荣建 蒲荣建	校对 宋晓光 宋晓光 设计 王乾 王乾	页次	187

方案 34　后进式三室（天井）

效果图：

技术经济指标：

各功能空间使用面积（m²）									总面积（m²）	
居室	客厅	厨房	餐厅	卫生间	楼梯间	走廊	储藏	机具库	使用面积	总建筑面积
39	17	15		7	15			16	109	133

方案说明：

　　概况： 户型建筑面积133m²，占地面积195m²。

　　房间组成： 本方案由客厅和三个卧室、两个卫生间、厨房、餐厅组成，布置紧凑、使用合理、无穿套。

　　其他空间： 一层设有机具库，可以存放车辆及储藏各种杂物，二层设有大型露台，能改善居住环境，增加活动空间。

　　房间特点： 客厅独立、完整，适合家具摆放，各居室独立布置，私密性强，厨房、餐厅综合设计，用户可以根据自己需要进行调整。

　　通风采光： 客厅、卧室开窗都在阳面，内设天井，利于通风采光，明厨明卫，各房间通风采光良好。

　　层数层高： 层数2层，层高3m，室内外高差0.45m。

　　立面造型： 屋顶采用平坡结合，坡屋顶有利于排水、隔热，平屋顶便于放太阳能设备，整体造型活泼、美观大方。

　　结构布置： 结构合理，受力明确，屋顶采用平坡结合，施工简单，提高了工程质量，降低了造价。

图　名	说明、技术经济指标、效果图	方案	34
审核 蒲荣建 *蒲荣建* 校对 宋晓光 *宋晓光* 设计 王乾 *王乾*		页次	188

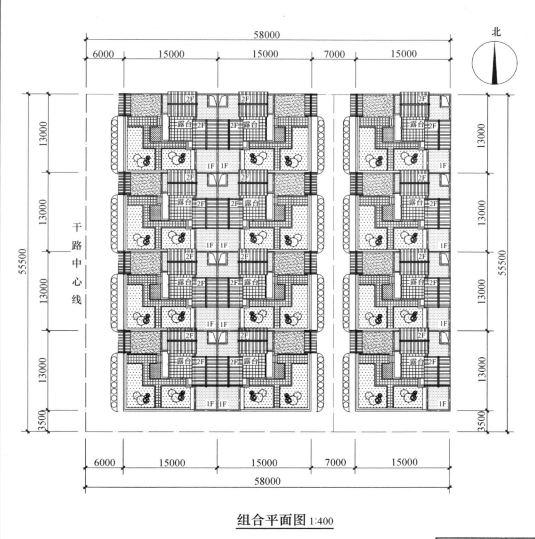

组合平面图 1:400

说明：

一、概述

该组合为串联式院落组合；

户占地面积 195m²；

户道路用地面积 46m²；

户平均用地 241m²（平均用地不含主路）。

二、设计理念

打造独立居住空间。

三、设计原则

场地性原则：体现场地的原有的内涵和特色；

功能性原则：满足生产、生活的需求；

生态原则：强调居住绿化在村镇生态系统中的作用，强调人与自然的共生。

四、道路交通

宅间道宽度为 7m；

宅内人车入口共用。

五、消防

宅前道路宽度 7m，满足消防要求；

住宅间距≥4m，满足消防要求。

六、绿化景观

规划合理，分区明确，减少交通面积，避免零碎用地，营造景观绿化空间。

图 名	组合说明、组合平面图	方案	34
审核 蒲荣建	校对 宋晓光 设计 王乾	页次	189

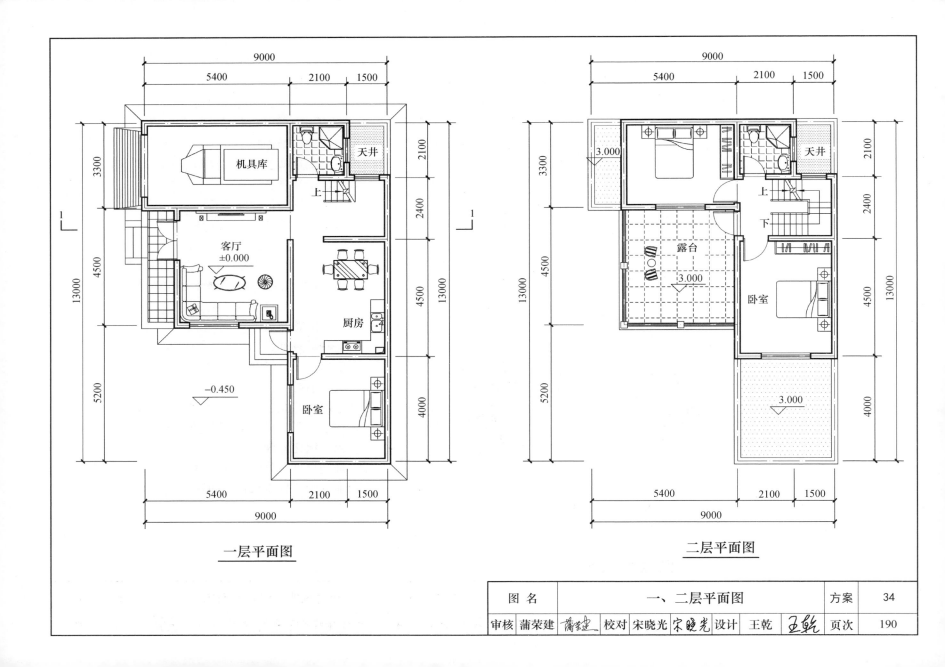

一层平面图

二层平面图

图 名	一、二层平面图	方案	34
审核 蒲荣建 *蒲荣建*	校对 宋晓光 *宋晓光* 设计 王乾 *王乾*	页次	190

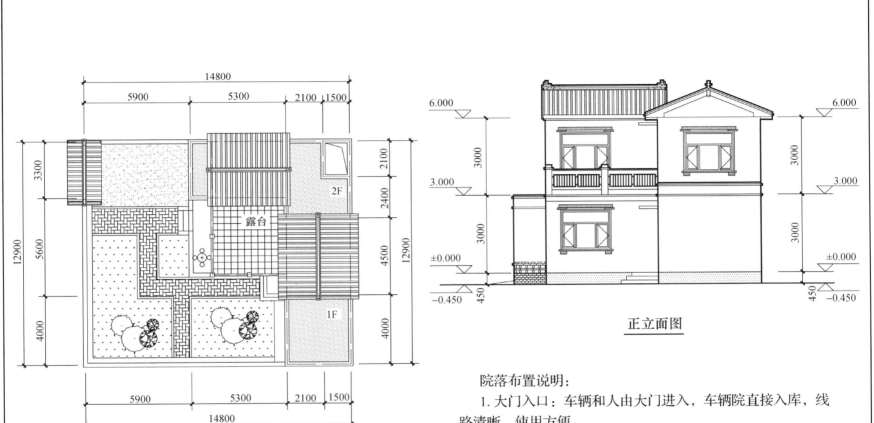

院落布置图 1:150

正立面图

院落布置说明：

1. 大门入口：车辆和人由大门进入，车辆院直接入库，线路清晰，使用方便。

2. 功能分区：院落分为两个区块，月台为活动区块，院落主要为种植绿化区块。

图 名	正立面图、院落布置图	方案	34
审核 蒲荣建 蒲荣建 校对 宋晓光 宋晓光 设计 王乾 王乾		页次	191

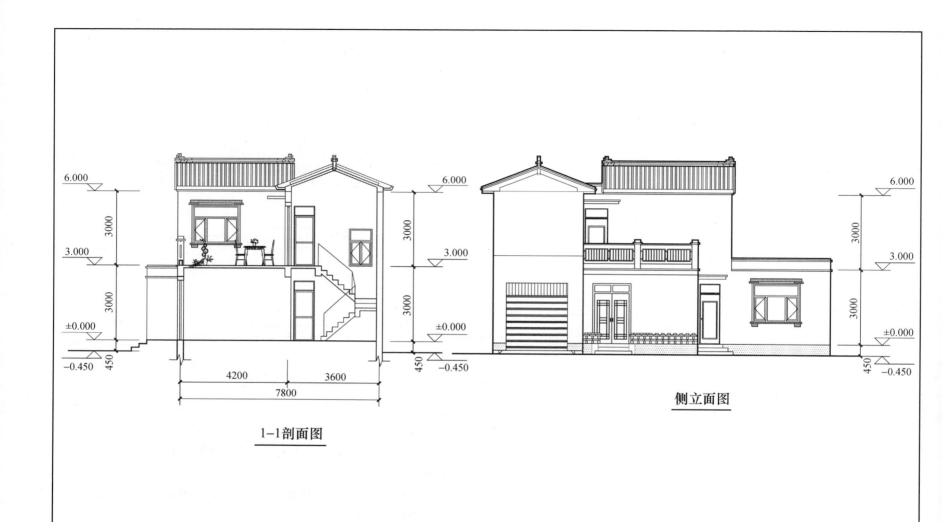

6.000

3000

3.000

3000

±0.000

450

−0.450

4200 3600

7800

1−1剖面图

6.000

3000

3.000

3000

±0.000

450

−0.450

侧立面图

6.000

3000

3.000

3000

±0.000

450

−0.450

图 名		**侧立面图、1−1剖面图**		方案	**34**
审核	蒲荣建 蒲荣建	校对 宋晓光 宋晓光	设计 王乾 王乾	页次	192

方案 35　外放式三室

效果图：

技术经济指标：

各功能空间使用面积（m²）									总面积（m²）	
居室	客厅	厨房	餐厅	卫生间	楼梯间	走廊	储藏	机具库	使用面积	总建筑面积
41	17	12		10	15				95	118

方案说明：

概况：户型建筑面积118m²，占地面积195m²。

房间组成：本方案由客厅和三个卧室、两个卫生间、厨房、餐厅组成，布置紧凑、使用合理、无穿套。

其他空间：车辆存放安排在院内，二层设有大型露台，能改善居住环境，增加活动空间。

房间特点：客厅独立、完整，适合家具摆放，各居室独立布置，私密性强，厨房、餐厅综合设计，用户可以根据自己需要进行调整。

通风采光：客厅、卧室均有良好采光，明厨明卫，各房间通风采光良好。

层数层高：层数2层，层高3m，室内外高差0.45m。

立面造型：屋顶采用平坡结合，坡屋顶有利于排水、隔热，平屋顶便于放太阳能设备，整体造型活泼、美观大方。

结构布置：结构合理，受力明确，屋顶采用平坡结合，施工简单，提高了工程质量，降低了造价。

图名	说明、技术经济指标、效果图	方案	35
审核 蒲荣建　蒲荣建	校对 宋晓光　宋晓光　设计 王乾　王乾	页次	193

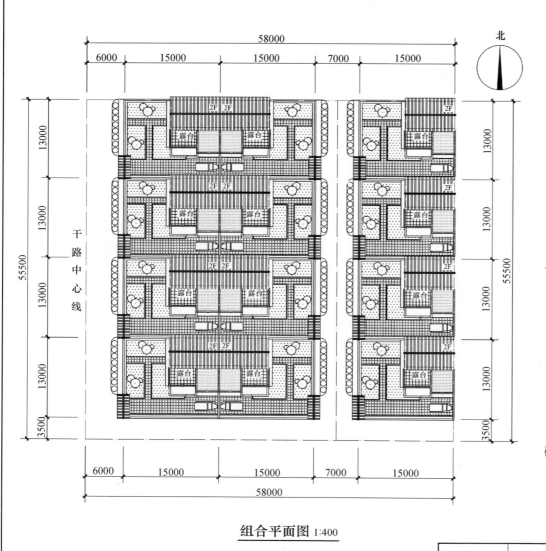

组合平面图 1:400

说明：

一、概述

该组合为串联式院落组合；

户占地面积 195m²；

户道路用地面积 46m²；

户平均用地 241m²（平均用地不含主路）。

二、设计理念

打造独立居住空间。

三、设计原则

场地性原则：体现场地的原有的内涵和特色；

功能性原则：满足生产、生活的需求；

生态原则：强调居住绿化在村镇生态系统中的作用，强调人与自然的共生。

四、道路交通

宅间道宽度为 7m；

宅内人车入口共用。

五、消防

宅前道路宽度 7m，满足消防要求；

住宅间距≥4m，满足消防要求。

六、绿化景观

规划合理，分区明确，减少交通面积，避免零碎用地，营造景观绿化空间。

图 名	组合说明、组合平面图		方案	35
审核 蒲荣建 蒲荣建	校对 宋晓光 宋晓光	设计 王乾 王乾	页次	194

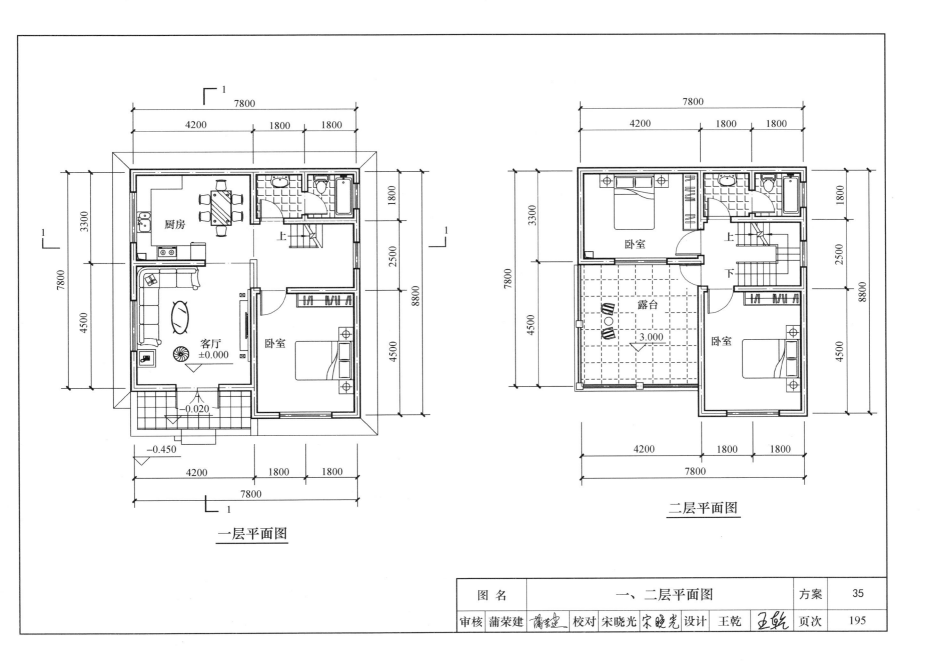

一层平面图

二层平面图

| 图 名 | 一、二层平面图 | | 方案 | 35 |
| 审核 蒲荣建 蒲荣建 | 校对 宋晓光 宋晓光 | 设计 王乾 王乾 | 页次 | 195 |

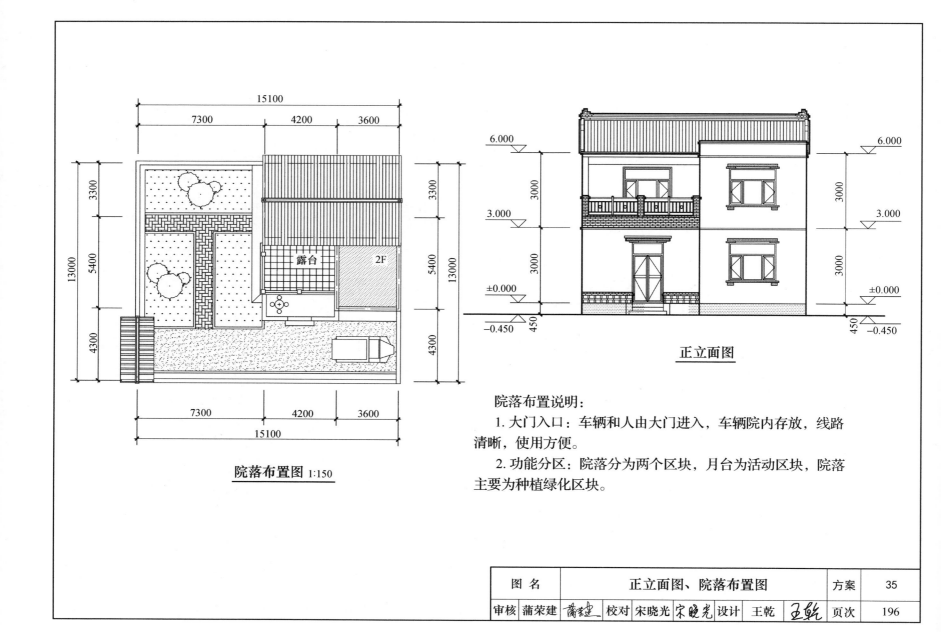

院落布置图 1:150

正立面图

院落布置说明：

1. 大门入口：车辆和人由大门进入，车辆院内存放，线路清晰，使用方便。

2. 功能分区：院落分为两个区块，月台为活动区块，院落主要为种植绿化区块。

图 名	正立面图、院落布置图		方案	35
审核 蒲荣建 蒲荣建	校对 宋晓光 宋晓光	设计 王乾 王乾	页次	196

第八部分
田园式院落组合

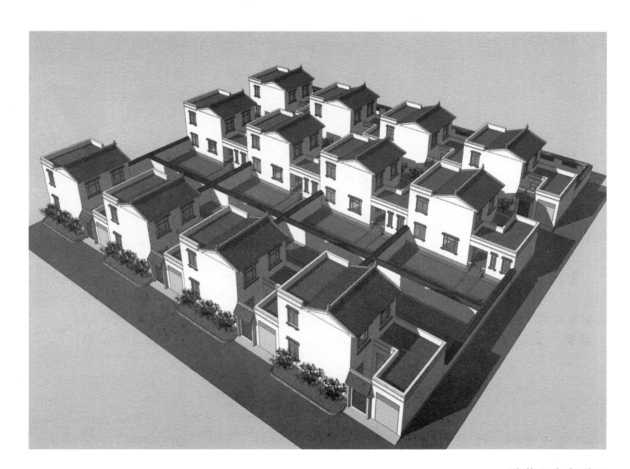

院落组合鸟瞰图

设 计 总 说 明

一、组合概况

1. 院落组合：组成田园式院落组合的民居称为田园式民居，田园式民居就是由专用户型沿街竖向连续组成，一般情况下，平面设计相同，有独立的门户。

2. 田园式民居：民居组合比较紧凑，占地较小，节约土地资源，比较容易得到更高的容积率，田园式民居对于宅基地利用比较充分，有适合种植的田园，能够满足不同需求。

3. 通风采光：田园式民居的采光和通风，田园式民居一层前后相连，在田园一面有很好的采光，临街一面，可开部分高窗。

二、设计依据及原则

1. 设计依据

1.1 《民用建筑设计统一标准》　　　GB 50352

1.2 《住宅建筑规范》　　　　　　　GB 50368

1.3 《农村防火规范》　　　　　　　GB 50039

1.4 《农村居住建筑节能设计标准》　GB/T 50824

1.5 国家其他现行规范

2. 设计原则

2.1 尊重自然、强调绿化与居民生活活动的融合，结合绿色环保设计，创造一个和谐、优雅、舒适、安全的新型生态型居住环境。

2.2 充分照顾到社会、经济和环境三方面的综合效益，合理分配和使用各项资源，全面体现可持续发展的思想。

2.3 合理地考虑房屋的通风、日照采光、防灾以及与周围环境的关系，以提高人居环境质量。

三、组合构思与设计理念

1. 组合构思：地方村落都有自己存在的形式，有自己的居住文化，随着社会的发展与进步，有些地方满足不了现实生活的需求，生活条件、居住环境需要改善，催生了新民居，原有村落布局满足不了新民居的使用要求，需要多种形式的新型组合，才能使村建筑文化得以传承，更新村容村貌，留住乡思乡愁。

2. 院落布置：随着社会的进步，人们的生产、生活方式发生了很大的变化，户外活动、绿化种植、人车出入是院落的主要功能。现阶段节约用地是主流、是方向，区域内宅基地用地范围通常是给定的，院落布置要做到"出入顺畅、活动方便、适当种植、兼顾绿化"，争取做到经济、适用、美观。

3. 设计理念：坚持"以人为本"的原则，满足生产、生活方式的需求与未来发展趋势，充分利用现有条件，并与周围环境和谐统一，力求在建筑物的功能性、艺术性、健康性、前瞻性等方面做到最优，体现人与自然，建筑与自然的和谐共生。

四、组合设计

1. 组合特性：田园式民居，居住部分沿街设计，把庭院部分安排在内部集中布置，满足了"房前屋后，种瓜种豆"的田园需求。

2. 平面设计：入口和主体紧密联系在一起，减少了交通面积，使得种植绿化部分更加集中，由于竖向连续布置，入口与居住部分之间的关系应处置得当。

图 名	设 计 总 说 明		方案	36～40
审核 蒲荣建　*蒲荣建* 　校对 王乾 *王乾*	设计 宋晓光 *宋晓光*	页次		198

五、消防设计

1. 村镇内消防车通道之间的距离，不宜超过160m。其路面宽度不应小于4.0m，转弯半径不应小于9m。

2. 建筑物耐火等级为一、二级。

3. 防火分区内建筑物占地面积≤5000m²。

4. 防火分区内建筑物有开窗居住建筑间距≥4m。

六、交通组织

1. 村间道路：村间道路的宽度，干路一般为10～14m，支路为6～8m，巷路为3～5m。

2. 组团一般外临干路，内部采用支路或巷路。

七、绿化设计概念

突出"以人为本，重返自然"的主题。组团主要考虑宅间绿化与组团绿化相结合，组团绿化与道路绿化相结合，综合考虑绿化与村间中心广场，绿地、小品等相结合，创造高雅、宁静的生活氛围，从而缔造一个绿色无忧的、恬静的生活环境，与大自然融为一体。

八、公共服务配套

根据村间规划合理布置公共服务配套项目。

九、建筑设计

1. 工程概况

本项目为民居，层数2～3层，层高3m左右。

2. 建筑风格

该方案采用平坡结合，既有传承又经济适用，建筑色调宜采取迎合当地居民喜爱的色调，同时结合小区绿色环境，给人生机盎然的感觉。

3. 建筑材料

本部分中各种建筑材料的选材及应用均符合国家现行环保及其节能要求。

十、经济技术指标

主要经济指标计算：为计算方便，组团占地面积，户占地面积均以轴线计算，在户占地面积计算当中，假定组团一侧面临干路，其他三面为支路或巷路，干路不计算在用地范围内：

户道路占地面积＝组团内支路或巷路占地面积/户数；

户占地面积＝户宅基地面积＋户道路用地面积；

宅基地面积≤200m²。

十一、组合说明：

1. 该组合方案外墙厚均按240mm设计，具体设计按实际情况进行。

2. 院落组合方案设计尺寸均以轴线计算，具体设计按实际情况进行。

图 名	设计总说明		方案	36～40
审核 蒲荣建 *蒲荣建*	校对 王乾 *王乾*	设计 宋晓光 *宋晓光*	页次	199

方案36　前进式三室

效果图：

技术经济指标：

各功能空间使用面积（m²）									总面积（m²）	
居室	客厅	厨房	餐厅	卫生间	楼梯间	走廊	储藏	机具库	使用面积	总建筑面积
44	17	13		8	13			13	108	138

方案说明：

概况：户型建筑面积138m²，占地面积195m²。

房间组成：本方案由客厅和三个卧室、两个卫生间、厨房、餐厅组成，布置紧凑、使用合理、无穿套。

其他空间：一层设有机具库，可以存放车辆及储藏各种杂物，二层设有晒台，能晾晒粮食衣物，增加活动空间。

房间特点：客厅独立、完整，适合家具摆放，各居室独立布置，私密性强，厨房、餐厅综合设计，用户可以根据自己需要进行调整。

通风采光：客厅、卧室均有良好采光，明厨明卫，各房间通风采光良好。

层数层高：层数2层，层高3m，室内外高差0.45m。

立面造型：屋顶采用平坡结合，坡屋顶有利于排水、隔热，平屋顶便于放太阳能设备，整体造型活泼、美观大方。

结构布置：结构合理，受力明确，屋顶采用平坡结合，避免了坡面相交，提高了工程质量，降低了造价。

图　名	说明、技术经济指标、效果图	方案	36
审核 蒲荣建 *蒲荣建* 校对 王乾 *王乾* 设计 宋晓光 *宋晓光*		页次	200

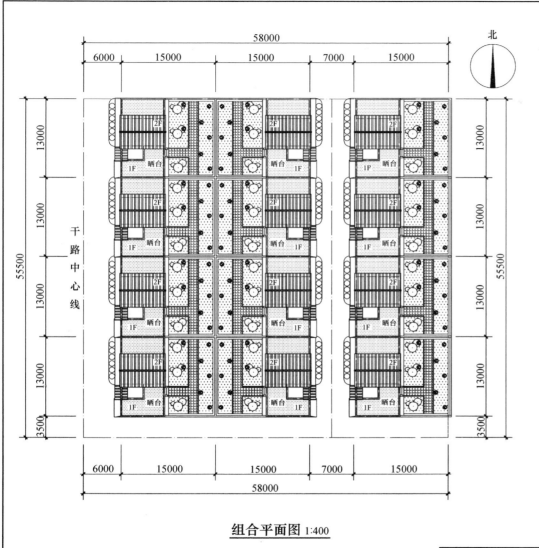

组合平面图 1:400

说明：

一、概述

该组合为田园式院落组合；

户占地面积 195m²；

户道路用地面积 46m²；

户平均用地 241m²（平均用地不含主路）。

二、设计理念

打造独立居住空间。

三、设计原则

场地性原则：体现场地的原有的内涵和特色；

功能性原则：满足生产、生活的需求；

生态原则：强调居住绿化在村镇生态系统中的作用，强调人与自然的共生。

四、道路交通

宅间道宽度为 7m；

宅内人车入口分设。

五、消防

宅前道路宽度 7m，满足消防要求；

住宅间距≥4m，满足消防要求。

六、绿化景观

规划合理，分区明确，减少交通面积，避免零碎用地，营造景观绿化空间。

图 名	组合说明、组合平面图	方案	36
审核 蒲荣建 蒲荣建 校对 王乾 王乾 设计 宋晓光 宋晓光		页次	201

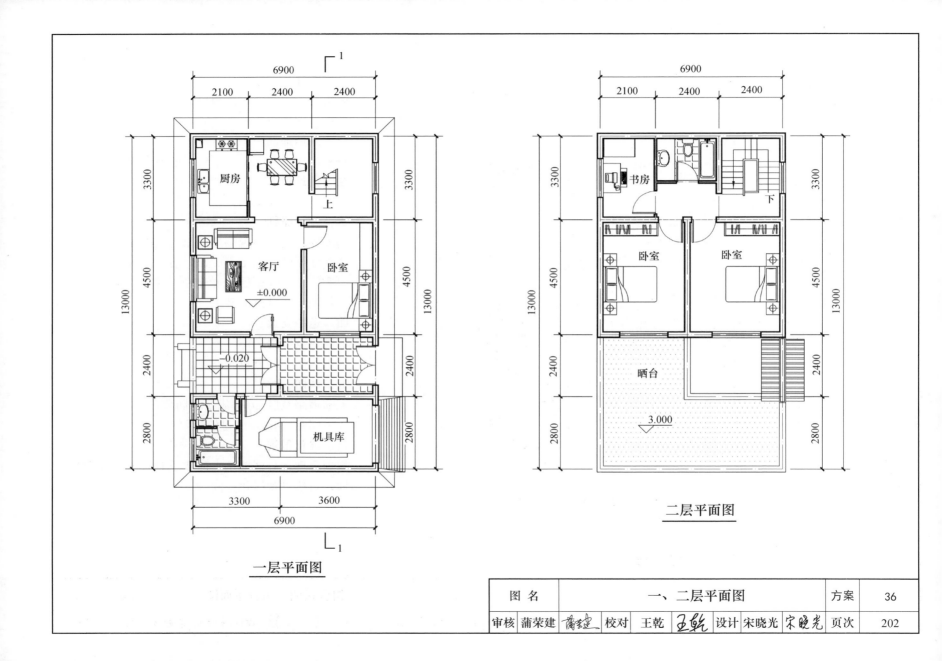

一层平面图

二层平面图

图 名		一、二层平面图			方案	36
审核	蒲荣建 _蒲荣建_	校对	王乾 _王乾_	设计 宋晓光 _宋晓光_	页次	202

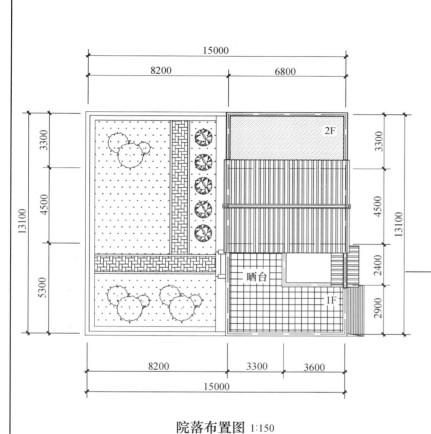

院落布置图 1:150

左立面图

院落布置说明：

1. 人车分流：院落大门和车库入口分别考虑，车辆直接入库，人员由大门进入正房。

2. 功能分区：院落分为两个区块，内院为活动区块，外院主要为种植绿化区块。

图 名	左立面图、院落布置图		方案	36
审核 蒲荣建	校对 王乾	设计 宋晓光	页次	203

6.000

3000

3.000

3000

±0.000

450

−0.450

3300   4500   2400   2800

13000

1-1剖面图

6.000

3000

3.000

3000

±0.000

450

−0.450

右立面图

图 名	**右立面图、1-1剖面图**	方案	36
审核 蒲荣建	校对 王乾	设计 宋晓光	页次 204

方案 37　前进式三室（外厨）

效果图：

技术经济指标：

各功能空间使用面积（m²）									总面积（m²）	
居室	客厅	厨房	餐厅	卫生间	楼梯间	走廊	储藏	机具库	使用面积	总建筑面积
38	17	12		7	17			16	107	132

方案说明：

概况： 户型建筑面积 132m²，占地面积 195m²。

房间组成： 本方案由客厅和三个卧室、两个卫生间、厨房、餐厅组成，布置紧凑、使用合理、无穿套。

其他空间： 一层设有机具库，可以存放车辆及储藏各种杂物，二层设有晒台，能晾晒粮食、衣物，增加活动空间。

房间特点： 客厅独立、完整，适合家具摆放，各居室独立布置，私密性强，厨房、餐厅综合设计，用户可以根据自己需要进行调整。

通风采光： 客厅、卧室均有良好采光，明厨明卫，各房间通风采光良好。

层数层高： 层数 2 层，层高 3m，室内外高差 0.45m。

立面造型： 屋顶采用坡屋顶，有利于排水、隔热，整体造型活泼、美观大方。

结构布置： 结构合理，受力明确，屋顶采用平坡结合，避免了坡面相交，提高了工程质量，降低了造价。

图 名	说明、技术经济指标、效果图	方案	37
审核　蒲荣建　*蒲荣建*	校对　王乾　*王乾*	设计　宋晓光　*宋晓光*	页次　205

组合平面图 1:400

说明：

一、概述

该组合为田园式院落组合；

户占地面积 195m²；

户道路用地面积 46m²；

户平均用地 241m²（平均用地不含主路）。

二、设计理念

打造独立居住空间。

三、设计原则

场地性原则：体现场地的原有的内涵和特色；

功能性原则：满足生产、生活的需求；

生态原则：强调居住绿化在村镇生态系统中的作用，强调人与自然的共生。

四、道路交通

宅间道宽度为 7m；

宅内人车入口分设。

五、消防

宅前道路宽度 7m，满足消防要求；

住宅间距≥4m，满足消防要求。

六、绿化景观

规划合理，分区明确，减少交通面积，避免零碎用地，营造景观绿化空间。

图 名	组合说明、组合平面图	方案	37
审核 蒲荣建 蒲荣建 校对 王乾 王乾 设计 宋晓光 宋晓光		页次	206

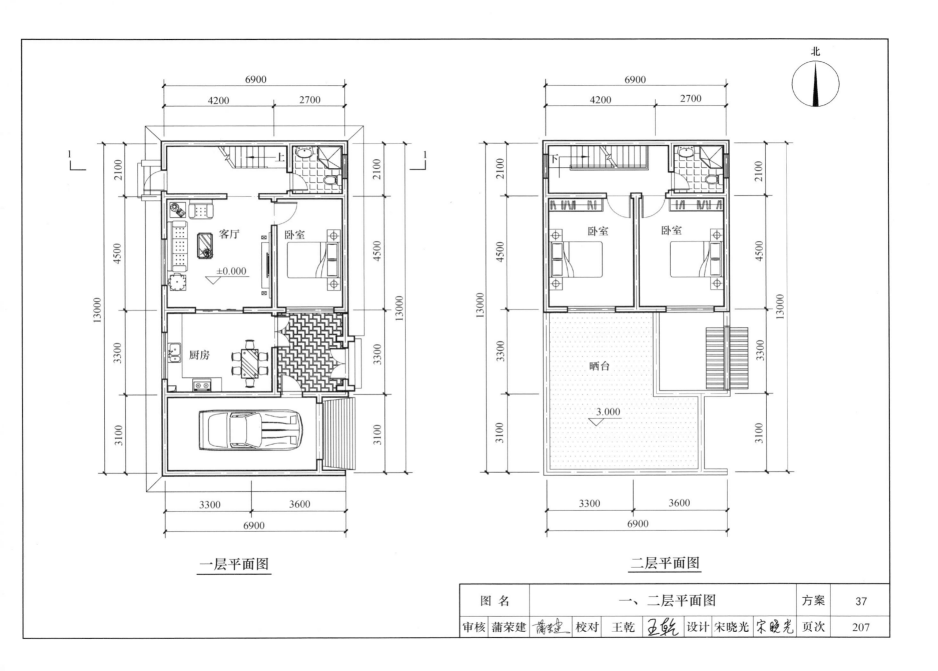

一层平面图

二层平面图

图 名	一、二层平面图		方案	37
审核 蒲荣建 蒲荣建	校对 王乾 王乾	设计 宋晓光 宋晓光	页次	207

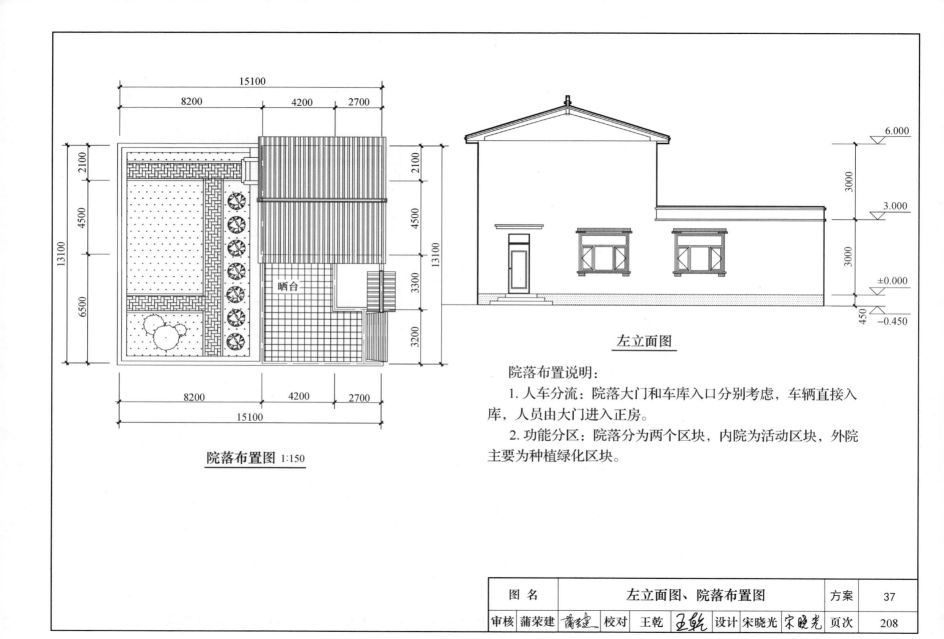

院落布置图 1:150

左立面图

院落布置说明：

1. 人车分流：院落大门和车库入口分别考虑，车辆直接入库，人员由大门进入正房。

2. 功能分区：院落分为两个区块，内院为活动区块，外院主要为种植绿化区块。

图 名	左立面图、院落布置图	方案	37
审核 蒲荣建 蒲荣建 校对 王乾 王乾 设计 宋晓光 宋晓光		页次	208

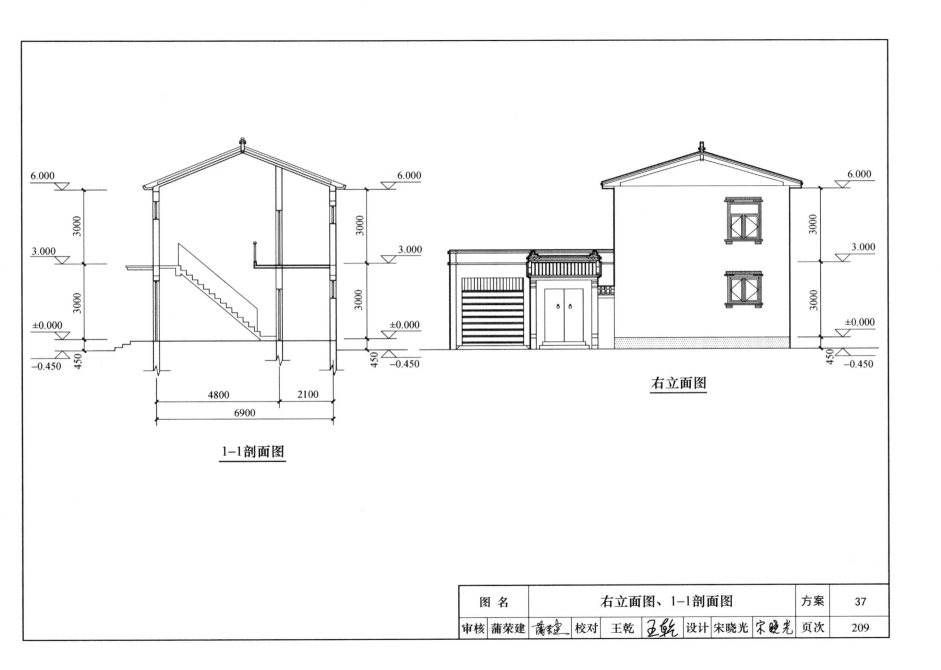

6.000

3.000

±0.000

−0.450

3000

3000

450

4800 2100

6900

1-1剖面图

6.000

3.000

±0.000

−0.450

3000

3000

450

6.000

3.000

±0.000

−0.450

3000

3000

450

右立面图

图 名	右立面图、1-1剖面图		方案	37
审核 蒲荣建 蒲荣建	校对 王乾 王乾	设计 宋晓光 宋晓光	页次	209

方案 38　后进式三室

效果图：

技术经济指标：

各功能空间使用面积（m²）									总面积（m²）	
居室	客厅	厨房	餐厅	卫生间	楼梯间	走廊	储藏	机具库	使用面积	总建筑面积
38	24	12	8		10			17	109	137

方案说明：

概况：户型建筑面积 137m²，占地面积 195m²。

房间组成：本方案由客厅和三个卧室、两个卫生间、厨房、餐厅组成，布置紧凑、使用合理、无穿套。

其他空间：一层设有机具库，可以存放车辆及储藏各种杂物，二层设有晒台，能晾晒粮食衣物，增加活动空间。

房间特点：客厅独立、完整，适合家具摆放，各居室独立布置，私密性强，厨房、餐厅综合设计，用户可以根据自己需要进行调整。

通风采光：客厅、卧室均有良好采光，明厨明卫，各房间通风采光良好。

层数层高：层数 2 层，层高 3m，室内外高差 0.45m。

立面造型：屋顶采用平坡结合，坡屋顶有利于排水、隔热，平屋顶便于放太阳能设备，整体造型活泼、美观大方。

结构布置：结构合理，受力明确，屋顶采用平坡结合，避免了坡面相交，提高了工程质量，降低了造价。

图 名	说明、技术经济指标、效果图	方案	38
审核 蒲荣建 _蒲荣建_ 校对 王乾 _王乾_ 设计 宋晓光 _宋晓光_		页次	210

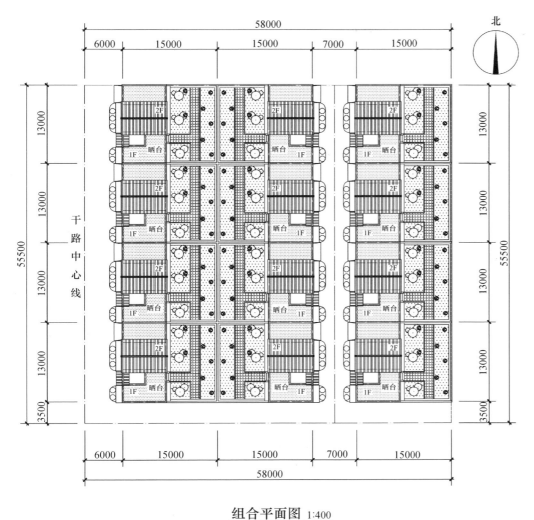

组合平面图 1:400

说明：

一、概述

该组合为田园式院落组合；

户占地面积 195m²；

户道路用地面积 46m²；

户平均用地 241m²（平均用地不含主路）。

二、设计理念

打造独立居住空间。

三、设计原则

场地性原则：体现场地的原有的内涵和特色；

功能性原则：满足生产、生活的需求；

生态原则：强调居住绿化在村镇生态系统中的作用，强调人与自然的共生。

四、道路交通

宅间道宽度为 7m；

宅内人车入口分设。

五、消防

宅前道路宽度 7m，满足消防要求；

住宅间距≥4m，满足消防要求。

六、绿化景观

规划合理，分区明确，减少交通面积，避免零碎用地，营造景观绿化空间。

图 名	组合说明、组合平面图	方案	38
审核 蒲荣建	校对 王乾 设计 宋晓光	页次	211

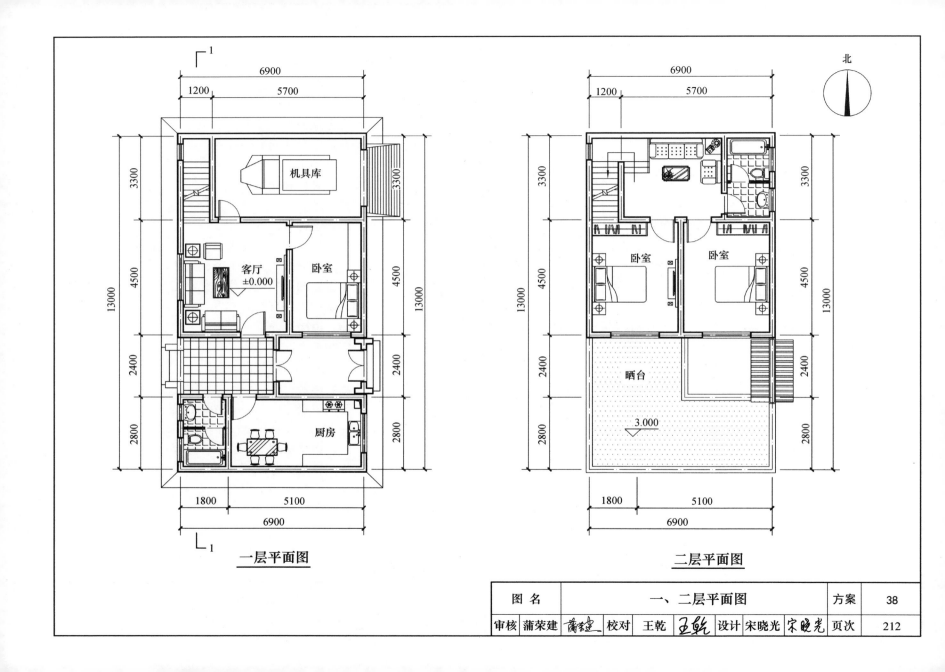

一层平面图

二层平面图

图 名	一、二层平面图	方案	38
审核 蒲荣建	校对 王乾	设计 宋晓光	页次 212

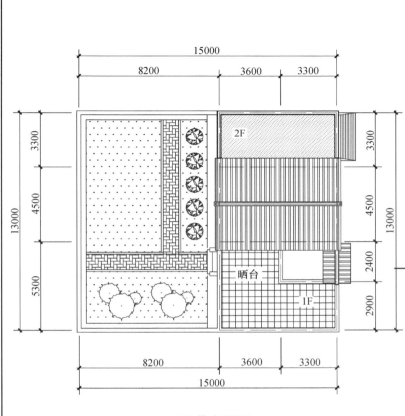

院落布置图 1:150

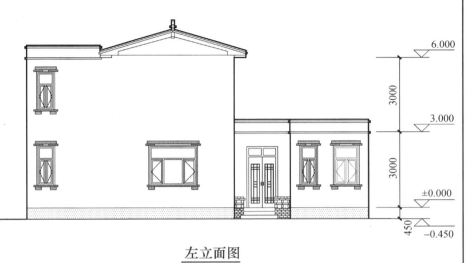

左立面图

院落布置说明：

1. 人车分流：院落大门和车库入口分别考虑，车辆直接入库，人员由大门进入正房。

2. 功能分区：院落分为两个区块，内院为活动区块，外院主要为种植绿化区块。

图 名	左立面图、院落布置图	方案	38
审核 蒲荣建 校对 王乾 设计 宋晓光		页次	213

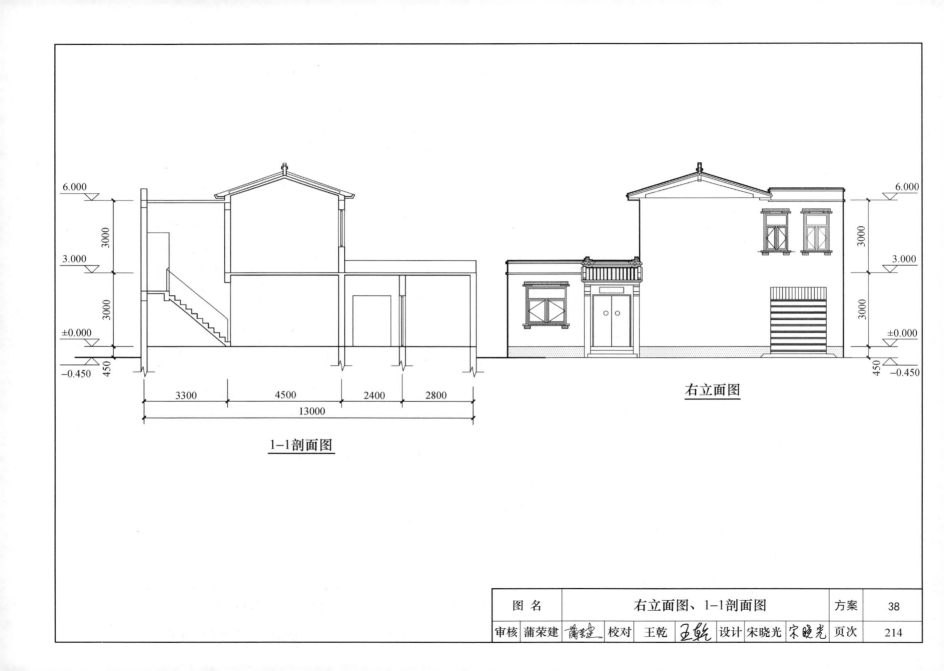

6.000

3000

3.000

3000

±0.000

450

−0.450

3300　　　4500　　2400　　2800

13000

1-1剖面图

右立面图

6.000

3000

3.000

3000

±0.000

450

−0.450

图　名	右立面图、1-1剖面图	方案	38
审核 蒲荣建 蒲荣建	校对 王乾 王乾	设计 宋晓光 宋晓光 页次	214

方案 39 后进式三室（外厨）

效果图：

技术经济指标：

各功能空间使用面积（m²）									总面积（m²）	
居室	客厅	厨房	餐厅	卫生间	楼梯间	走廊	储藏	机具库	使用面积	总建筑面积
46	26	13		9	13			16	123	152

方案说明：

概况：户型建筑面积 152m²，占地面积 195m²。

房间组成：本方案由客厅和三个卧室、两个卫生间、厨房、餐厅组成，布置紧凑、使用合理、无穿套。

其他空间：一层设有机具库，可以存放车辆及储藏各种杂物，二层设有大型露台，能改善居住环境，增加活动空间。

房间特点：客厅独立、完整，适合家具摆放，各居室独立布置，私密性强，厨房、餐厅综合设计，用户可以根据自己需要进行调整。

通风采光：客厅、卧室均有良好采光，明厨明卫，各房间通风采光良好。

层数层高：层数 2 层，层高 3m，室内外高差 0.45m。

立面造型：屋顶采用平坡结合，坡屋顶有利于排水、隔热，平屋顶便于放太阳能设备，整体造型活泼、美观大方。

结构布置：结构合理，受力明确，屋顶采用平坡结合，避免了坡面相交，提高了工程质量，降低了造价。

图 名	说明、技术经济指标、效果图	方案	39
审核 蒲荣建 *蒲荣建*	校对 王乾 *王乾* 设计 宋晓光 *宋晓光*	页次	215

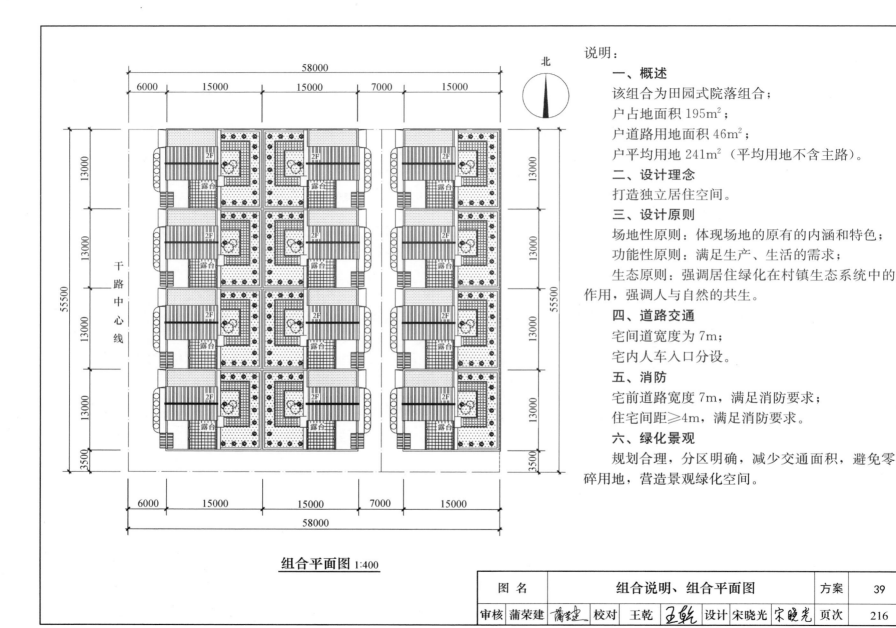

组合平面图 1:400

说明:

一、概述

该组合为田园式院落组合;

户占地面积 195m²;

户道路用地面积 46m²;

户平均用地 241m² (平均用地不含主路)。

二、设计理念

打造独立居住空间。

三、设计原则

场地性原则:体现场地的原有的内涵和特色;

功能性原则:满足生产、生活的需求;

生态原则:强调居住绿化在村镇生态系统中的作用,强调人与自然的共生。

四、道路交通

宅间道宽度为 7m;

宅内人车入口分设。

五、消防

宅前道路宽度 7m,满足消防要求;

住宅间距≥4m,满足消防要求。

六、绿化景观

规划合理,分区明确,减少交通面积,避免零碎用地,营造景观绿化空间。

图 名	组合说明、组合平面图	方案	39
审核 蒲荣建 蒲荣建	校对 王乾 王乾 设计 宋晓光 宋晓光	页次	216

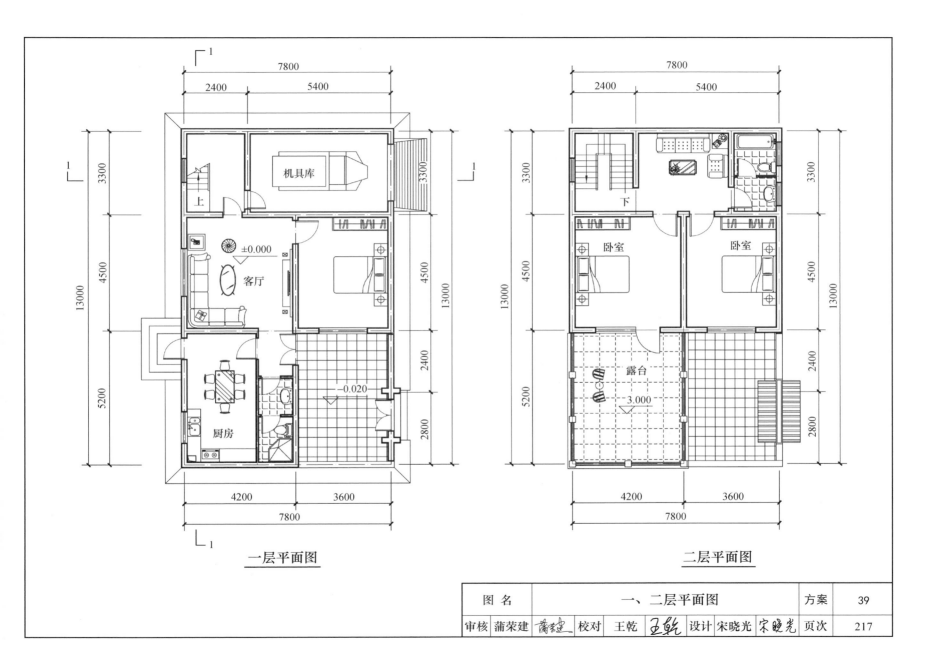

一层平面图

二层平面图

图 名	一、二层平面图	方案	39
审核 蒲荣建	校对 王乾	设计 宋晓光	页次 217

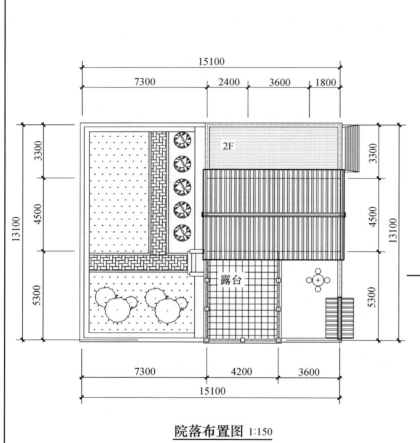

院落布置图 1:150

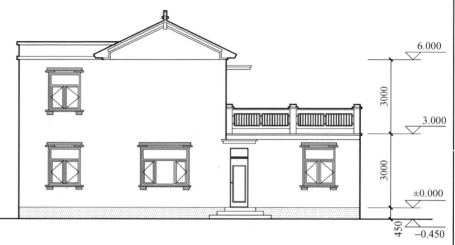

左立面图

院落布置说明：

1. 人车分流：院落大门和车库入口分别考虑，车辆直接入库，人员由大门进入正房。

2. 功能分区：院落分为两个区块，内院为活动区块，外院主要为种植绿化区块。

图 名	左立面图、院落布置图	方案	39
审核 蒲荣建 蒲荣建	校对 王乾 王乾	设计 宋晓光 宋晓光	页次 218

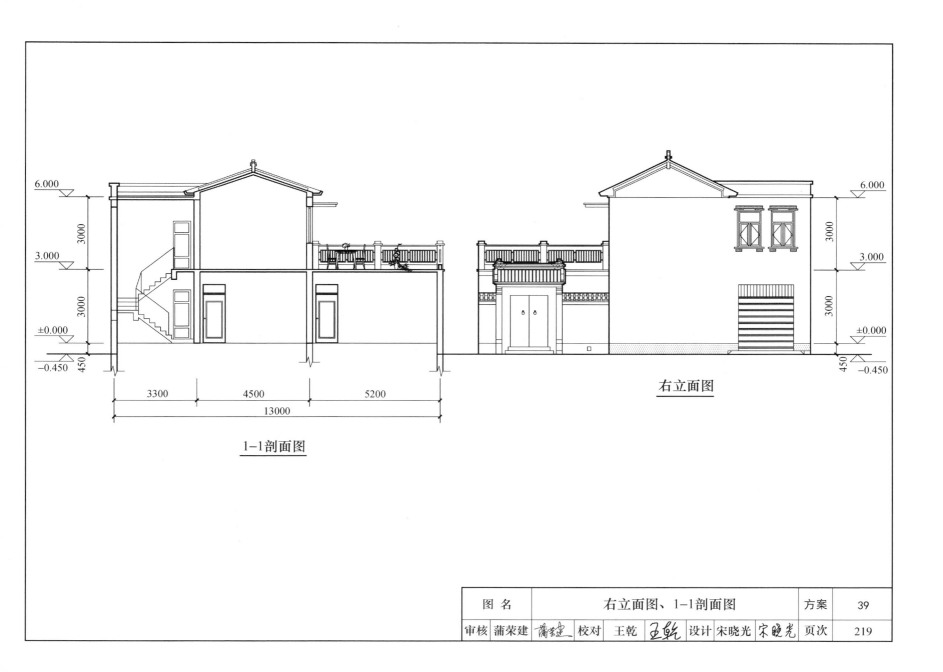

6.000

3000

3.000

3000

±0.000

450

−0.450

3300　　4500　　5200

13000

1−1剖面图

右立面图

6.000

3000

3.000

3000

±0.000

450

−0.450

方案40 外放式三室

效果图：

方案说明：

概况：户型建筑面积117m²，占地面积195m²。

房间组成：本方案由客厅和三个卧室、两个卫生间、厨房、餐厅组成，布置紧凑、使用合理、无穿套。

其他空间：车辆存放安排在院内，二层设有大型露台，能改善居住环境，增加活动空间。

房间特点：客厅独立、完整，适合家具摆放，各居室独立布置，私密性强，厨房、餐厅综合设计，用户可以根据自己需要进行调整。

通风采光：客厅、卧室开窗都在阳面，明厨明卫，各房间通风采光良好。

层数层高：层数2层，层高3m，室内外高差0.45m。

立面造型：屋顶采用平坡结合，坡屋顶有利于排水、隔热，平屋顶便于放太阳能设备，整体造型活泼、美观大方。

结构布置：结构合理，受力明确，屋顶采用平坡结合，避免了坡面相交，提高了工程质量，降低了造价。

技术经济指标：

各功能空间使用面积（m²）									总面积（m²）	
居室	客厅	厨房	餐厅	卫生间	楼梯间	走廊	储藏	机具库	使用面积	总建筑面积
41	17	12		10	16				96	117

图 名	说明、技术经济指标、效果图					方案	40
审核	蒲荣建 *蒲荣建*	校对	王乾 *王乾*	设计	宋晓光 *宋晓光*	页次	220

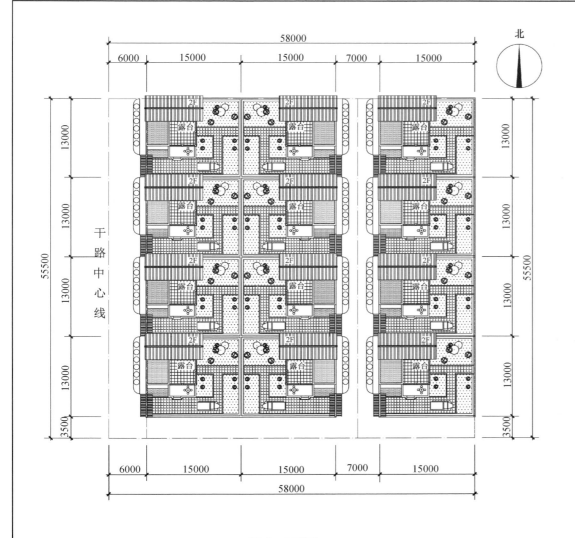

组合平面图 1:400

说明：

一、概述

该组合为田园式院落组合；

户占地面积 195m²；

户道路用地面积 46m²；

户平均用地 241m²（平均用地不含主路）。

二、设计理念

打造独立居住空间。

三、设计原则

场地性原则：体现场地的原有的内涵和特色；

功能性原则：满足生产、生活的需求；

生态原则：强调居住绿化在村镇生态系统中的作用，强调人与自然的共生。

四、道路交通

宅间道宽度为7m；

宅内人车入口共用。

五、消防

宅前道路宽度7m，满足消防要求；

住宅间距≥4m，满足消防要求。

六、绿化景观

规划合理，分区明确，减少交通面积，避免零碎用地，营造景观绿化空间。

图　名	组合说明、组合平面图	方案	40
审核 蒲荣建　校对 王乾　设计 宋晓光		页次	221

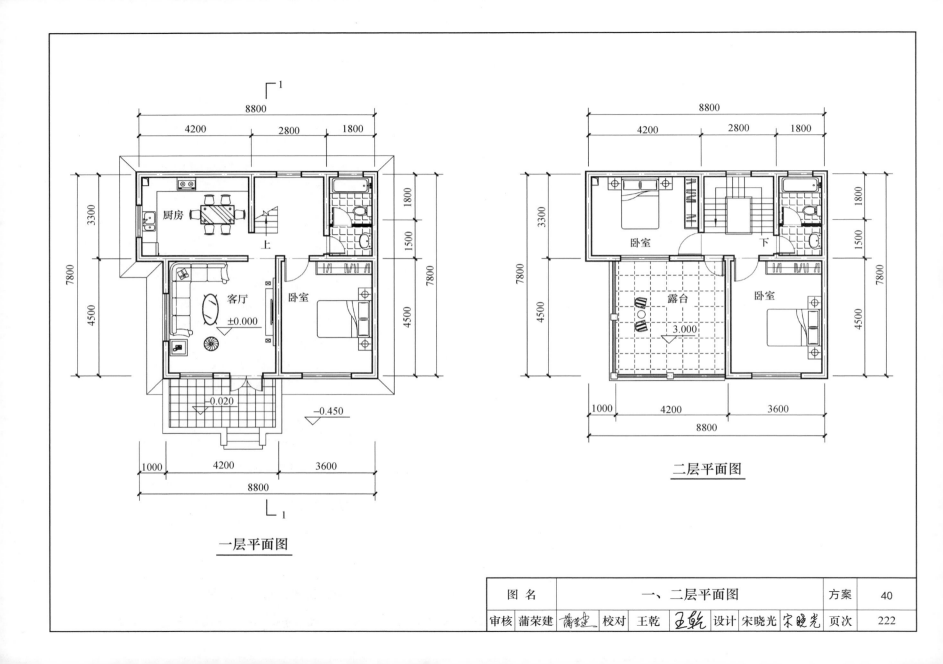

一层平面图

二层平面图

图 名	一、二层平面图	方案	40
审核 蒲荣建 蒲荣建	校对 王乾 王乾	设计 宋晓光 宋晓光	页次 222

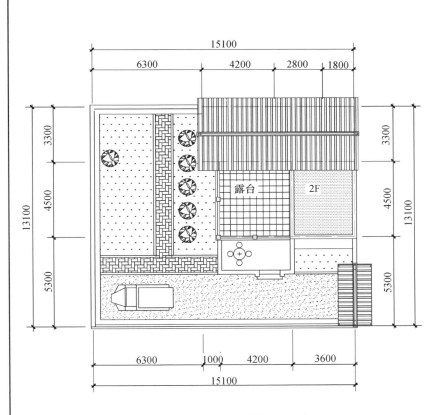

院落布置图 1:150

正立面图

院落布置说明:

1. 大门入口:车辆和人由大门进入,车辆院内存放,人员进入正房,线路清晰,使用方便。

2. 功能分区:院落分为两个区块,内院为活动区块,外院主要为种植绿化区块。

图 名	正立面图、院落布置图				方案	40
审核	蒲荣建	校对	王乾	设计	宋晓光	页次	223

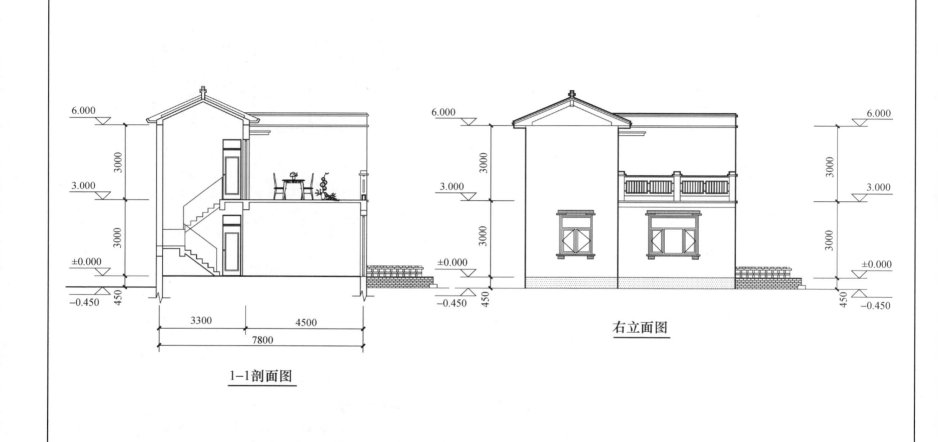

6.000

3000

3.000

3000

±0.000

450

−0.450

3300   4500

7800

1-1剖面图

6.000

3000

3.000

3000

±0.000

450

−0.450

右立面图

6.000

3000

3.000

3000

±0.000

450

−0.450

图 名	右立面图、1-1剖面图	方案	40
审核 蒲荣建 *蒲荣建* 校对 王乾 *王乾* 设计 宋晓光 *宋晓光*		页次	224

第九部分
院落式院落组合

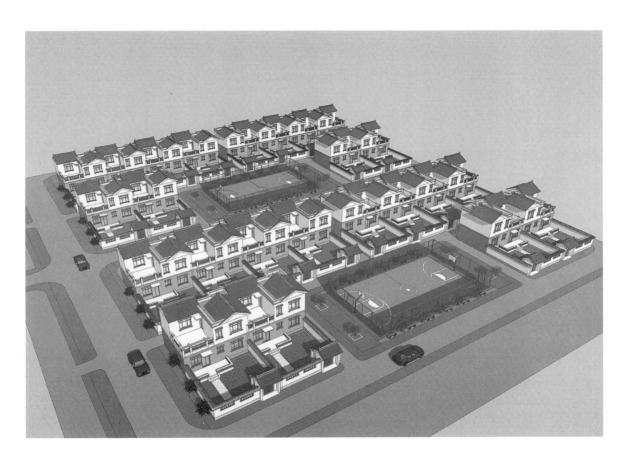

院落组合鸟瞰图

设 计 总 说 明

一、组合概况

1. 院落组合：组成院落式院落组合的民居称为院落式民居。院落式民居就是一定数量的住户有着共享空间，一般情况下，平面设计相同，有独立的门户。

2. 院落民居：民居组合比较紧凑，占地较小，节约土地资源，比较容易得到更高的容积率，院落式民居按功能分区设计，交通面积占用少，户平均用地相应减少。

3. 通风采光：院落式民居两面临空，一个临空面有后邻，采光面少，应根据实际情况进行户型设计，合理布置，提高通风采光效果。

二、设计依据及原则

1. 设计依据

1.1 《民用建筑设计统一标准》　　　GB 50352

1.2 《住宅建筑规范》　　　　　　　GB 50368

1.3 《农村防火规范》　　　　　　　GB 50039

1.4 《农村居住建筑节能设计标准》 GB/T 50824

1.5 国家其他现行规范

2. 设计原则

2.1 尊重自然、强调绿化与居民生活活动的融合，结合绿色环保设计，创造一个和谐、优雅、舒适、安全的新型生态型居住环境。

2.2 充分照顾到社会、经济和环境三方面的综合效益，合理分配和使用各项资源，全面体现可持续发展的思想。

2.3 合理地考虑房屋的通风、日照采光、防灾以及与周围环境的关系，以提高人居环境质量。

三、组合构思与设计理念

1. 组合构思：地方村落都有自己存在的形式，有自己的居住文化，随着社会的发展与进步，有些地方满足不了现实生活的需求，生活条件、居住环境需要改善，催生了新民居，原有村落布局满足不了新民居的使用要求，需要多种形式的新型组合，才能使村建筑文化得以传承，更新村容村貌，留住乡思乡愁。

2. 院落布置：随着社会的进步，人们的生产、生活方式发生了很大的变化，户外活动、绿化种植、人车出入是院落的主要功能。现阶段节约用地是主流、是方向，区域内宅基地用地范围通常是给定的，院落布置要做到"出入顺畅、活动方便、适当种植、兼顾绿化"，争取做到经济、适用、美观。

3. 设计理念：坚持"以人为本"的原则，满足生产、生活方式的需求与未来发展趋势，充分利用现有条件，并与周围环境和谐统一，力求在建筑物的功能性、艺术性、健康性、前瞻性等方面做到最优，体现人与自然，建筑与自然的和谐共生。

四、组合设计

1. 组合特性：大院居住是中华民族传统的建筑文化，院落式居住是这种文化的发展与继承，能使"美丽乡村"显得有情有味，乡情家韵更加醇厚悠长。

2. 平面设计：院落式民居组合有三个功能分区，即生活区、辅助区、活动区；生活区为居住部分，辅助区为车辆存放与储藏，活动区既可以休闲娱乐也可以绿化种植。

图 名	设计总说明		方案	41~45
审核 蒲荣建 *蒲荣建*	校对 耿慧聪 *耿慧聪*	设计 赵颖慧 *赵颖慧*	页次	226

五、消防设计

1. 村镇内消防车通道之间的距离，不宜超过160m。其路面宽度不应小于4.0m，转弯半径不应小于9m。

2. 建筑物耐火等级为一、二级。

3. 防火分区内建筑物占地面积≤5000m²。

4. 防火分区内建筑物有开窗居住建筑间距≥4m。

六、交通组织

1. 村间道路：村间道路的宽度，干路一般为10～14m，支路为6～8m，巷路为3～5m。

2. 组团一般外临干路，内部采用支路或巷路。

七、绿化设计概念

突出"以人为本，重返自然"的主题。组团主要考虑宅间绿化与组团绿化相结合，组团绿化与道路绿化相结合，综合考虑绿化与村间中心广场，绿地、小品等相结合，创造高雅、宁静的生活氛围，从而缔造一个绿色无忧的、恬静的生活环境，与大自然融为一体。

八、公共服务配套

根据村间规划合理布置公共服务配套项目。

九、建筑设计

1. 工程概况

本项目为民居，层数2～3层，层高3m左右。

2. 建筑风格

该方案采用平坡结合，既有传承又经济适用，建筑色调宜采取迎合当地居民喜爱的色调，同时结合小区绿色环境，给人生机盎然的感觉。

3. 建筑材料

本部分中各种建筑材料的选材及应用均符合国家现行环保及其节能要求。

十、经济技术指标

主要经济指标计算：为计算方便，组团占地面积，户占地面积均以轴线计算，在户占地面积计算当中，假定组团一侧面临干路，其他三面为支路或巷路，干路不计算在用地范围内：

户道路占地面积＝组团内支路或巷路占地面积/户数；

户占地面积＝户宅基地面积＋户道路用地面积；

宅基地面积≤200m²。

十一、组合说明：

1. 该组合方案外墙厚均按240mm设计，具体设计按实际情况进行。

2. 院落组合方案设计尺寸均以轴线计算，具体设计按实际情况进行。

图 名	设计总说明	方案	41~45
审核 蒲荣建 *蒲荣建*	校对 耿慧聪 *耿慧聪* 设计 赵颖慧 *赵颖慧*	页次	227

方案 41 外放式三室

效果图：

方案说明：

概况：户型建筑面积 155m²，占地面积 166m²。

房间组成：本方案由客厅和三个卧室、两个卫生间、厨房、餐厅组成，布置紧凑、使用合理、无穿套。

其他空间：机具库，储藏间集中设计，二层设有露台，能改善居住环境，增加活动空间。

房间特点：客厅独立、完整，适合家具摆放，各居室独立布置，私密性强，厨房、餐厅分设，用户可以根据自己需要进行调整。

通风采光：客厅、卧室开窗都在阳面，明厨明卫，各房间通风采光良好。

层数层高：层数 2 层，层高 3m，室内外高差 0.45m。

立面造型：屋顶采用平坡结合，坡屋顶有利于排水、隔热，平屋顶便于放太阳能设备，整体造型活泼、美观大方。

结构布置：结构合理，受力明确，屋顶采用平坡结合，减少了相交坡面，保证了工程质量，降低了造价。

技术经济指标：

各功能空间使用面积（m²）									总面积（m²）	
居室	客厅	厨房	餐厅	卫生间	楼梯间	走廊	储藏	机具库	使用面积	总建筑面积
42	18	7	6	8	16		13	18	128	155

图 名	说明、技术经济指标、效果图		方案	41
审核 蒲荣建 *蒲荣建*	校对 耿慧聪 *耿慧聪*	设计 赵颖慧 *赵颖慧*	页次	228

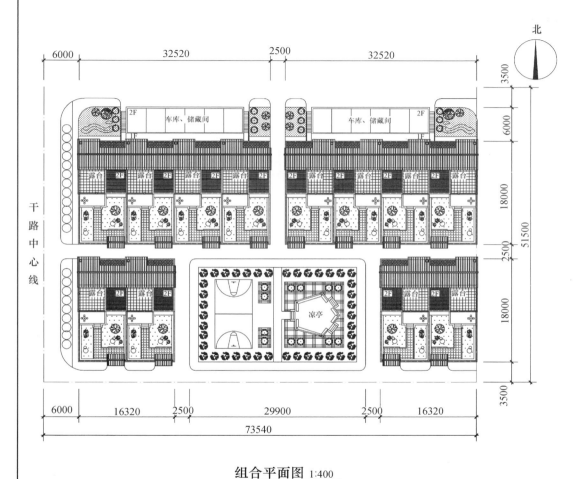

组合平面图 1:400

说明：

一、概述

该组合为院落式组合；

户占地面积 166m²；

户道路用地面积 124m²；

户平均用地 290m²（不含干路）。

二、设计理念

打造独立居住空间。

三、设计原则

场地性原则：体现场地原有的内涵和特色；

功能性原则：满足生产、生活的需求；

生态原则：强调居住绿化在生态系统中的作用，强调人与自然的共生。

四、道路交通

宅间道宽度为 2.5m；

宅内仅设人员入口，车库集中设在组团北侧。

五、消防

每个组团四周道路宽度均大于 7m，满足消防车通行要求；

组团内住宅间距满足消防要求。

六、绿化景观

合理规划，明确分区，减少交通面积，避免零碎用地，营造绿化种植空间。

图名	组合说明、组合平面图		方案	41
审核 蒲荣建 蒲荣建	校对 耿慧聪 耿慧聪	设计 赵颖慧 赵颖慧	页次	229

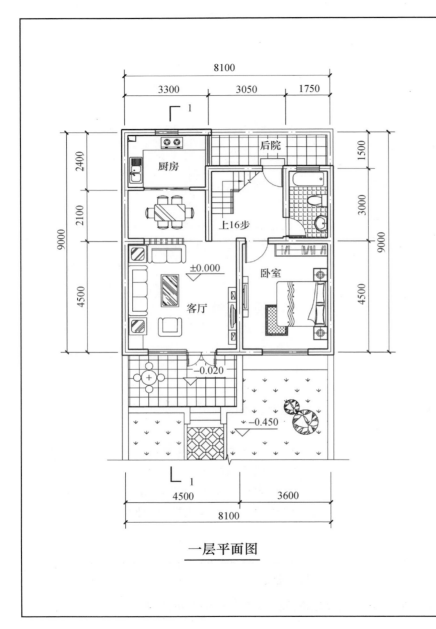

一层平面图

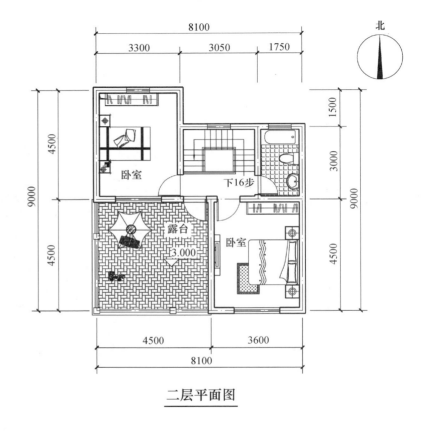

北

二层平面图

图 名	一、二层平面图	方案	41
审核 蒲荣建 *蒲荣建*	校对 耿慧聪 *耿慧聪* 设计 赵颖慧 *赵颖慧*	页次	230

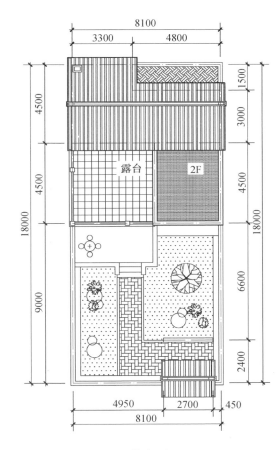

院落布置图

正立面图

院落布置说明:

1. 大门入口: 车辆外放, 大门后面设影壁墙, 遮挡大门内外杂乱的墙面和景物, 遮挡外人的视线, 线路清晰, 使用方便, 私密性强。

2. 功能分区: 院落分为两个区块, 月台为活动区块, 院落主要为种植绿化区块。

图 名	正立面图、院落布置图				方案	41
审核	蒲荣建 蒲荣建	校对	耿慧聪 耿慧聪	设计 赵颖慧 赵颖慧	页次	231

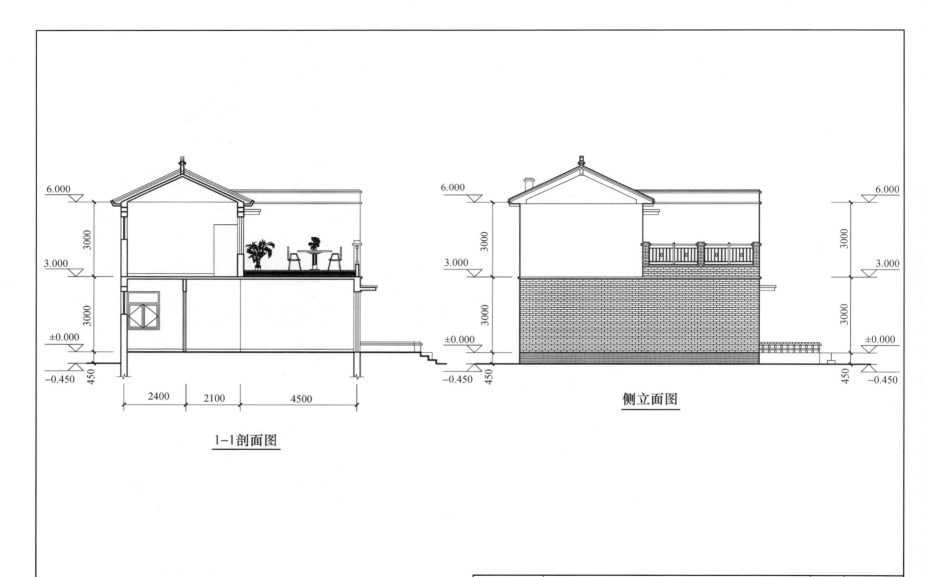

6.000

3000

3.000

3000

±0.000

450

−0.450

2400   2100   4500

1—1剖面图

6.000

3000

3.000

3000

±0.000

450

−0.450

6.000

3000

3.000

3000

±0.000

450

−0.450

侧立面图

图 名	侧立面图、1—1剖面图		方案	41
审核	蒲荣建 蒲荣建	校对 耿慧聪 耿慧聪 设计 赵颖慧 赵颖慧	页次	232

方案 42 外放式三室（首层外厕）

效果图：

方案说明：

概况：户型建筑面积 159m²，占地面积 166m²。

房间组成：本方案由客厅和三个卧室、两个卫生间、厨房、餐厅组成，布置紧凑、使用合理、无穿套。

其他空间：机具库，储藏间集中设计，二层设有露台，能改善居住环境，增加活动空间。

房间特点：客厅独立、完整，适合家具摆放，各居室独立布置，私密性强，厨房、餐厅分设，用户可以根据自己需要进行调整。

通风采光：客厅、卧室开窗都在阳面，明厨明卫，各房间通风采光良好。

层数层高：层数 2 层，层高 3m，室内外高差 0.45m。

立面造型：屋顶采用平坡结合，坡屋顶有利于排水、隔热，平屋顶便于放太阳能设备，整体造型活泼、美观大方。

结构布置：结构合理，受力明确，屋顶采用平坡结合，减少了相交坡面，保证了工程质量，降低了造价。

技术经济指标：

各功能空间使用面积（m²）									总面积（m²）	
居室	客厅	厨房	餐厅	卫生间	楼梯间	走廊	储藏	机具库	使用面积	总建筑面积
42	19	7	8	9	15		13	18	131	159

图 名	说明、技术经济指标、效果图	方案	42
审核 蒲荣建 *蒲荣建*	校对 耿慧聪 *耿慧聪* 设计 赵颖慧 *赵颖慧*	页次	233

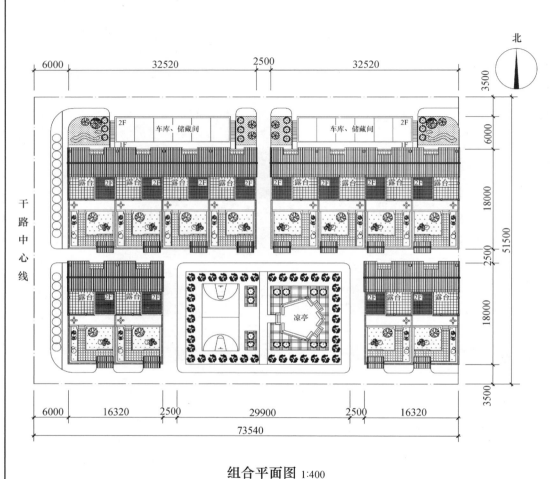

组合平面图 1:400

说明：

一、概述

该组合为院落式组合；

户占地面积 166m²；

户道路用地面积 124m²

户平均用地 290m²（不含干路）。

二、设计理念

打造独立居住空间。

三、设计原则

场地性原则：体现场地原有的内涵和特色；

功能性原则：满足生产、生活的需求；

生态原则：强调居住绿化在生态系统中的作用，强调人与自然的共生。

四、道路交通

宅间道宽度为 2.5m；

宅内仅设人员入口，车库集中设在组团北侧。

五、消防

每个组团四周道路宽度均大于 7m，满足消防车通行要求；

组团内住宅间距满足消防要求。

六、绿化景观

合理规划，明确分区，减少交通面积，避免零碎用地，营造绿化种植空间。

图 名	组合说明、组合平面图	方案	42
审核 蒲荣建 蒲荣建	校对 耿慧聪 耿慧聪 设计 赵颖慧 赵颖慧	页次	234

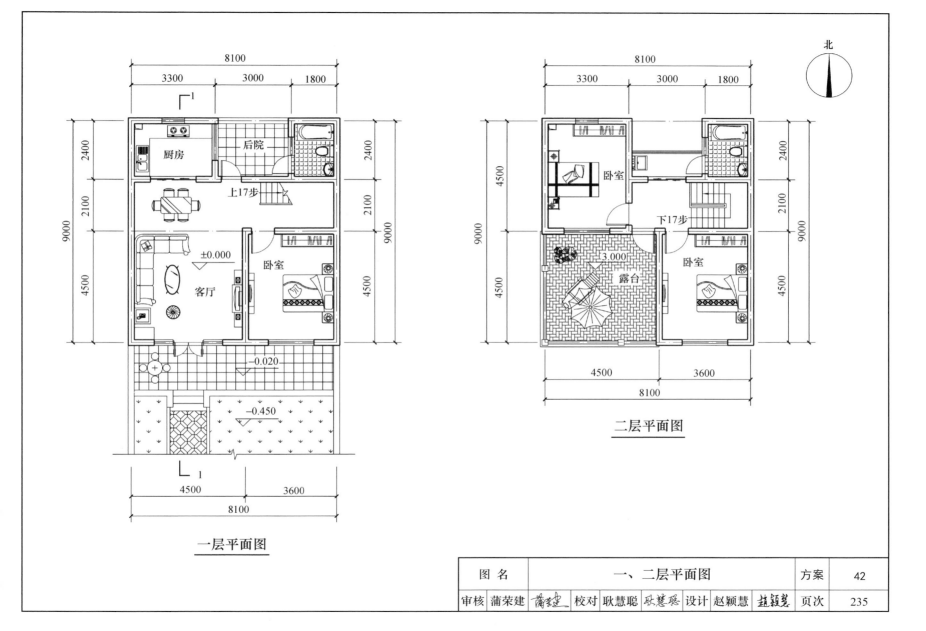

一层平面图

二层平面图

北

图 名	一、二层平面图		方案	42
审核 蒲荣建 *蒲荣建*	校对 耿慧聪 *耿慧聪*	设计 赵颖慧 *赵颖慧*	页次	235

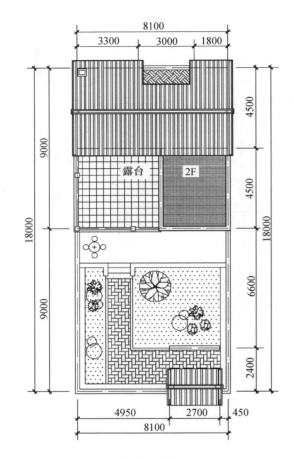

院落布置图

正立面图

院落布置说明:

1. 大门入口:车辆外放,大门后面设影壁墙,遮挡大门内外杂乱的墙面和景物,遮挡外人的视线,线路清晰,使用方便,私密性强。

2. 功能分区:院落分为两个区块,月台为活动区块,院落主要为种植绿化区块。

图 名	正立面图、院落布置图	方案	42
审核 蒲荣建 蒲荣建	校对 耿慧聪 耿慧聪 设计 赵颖慧 赵颖慧	页次	236

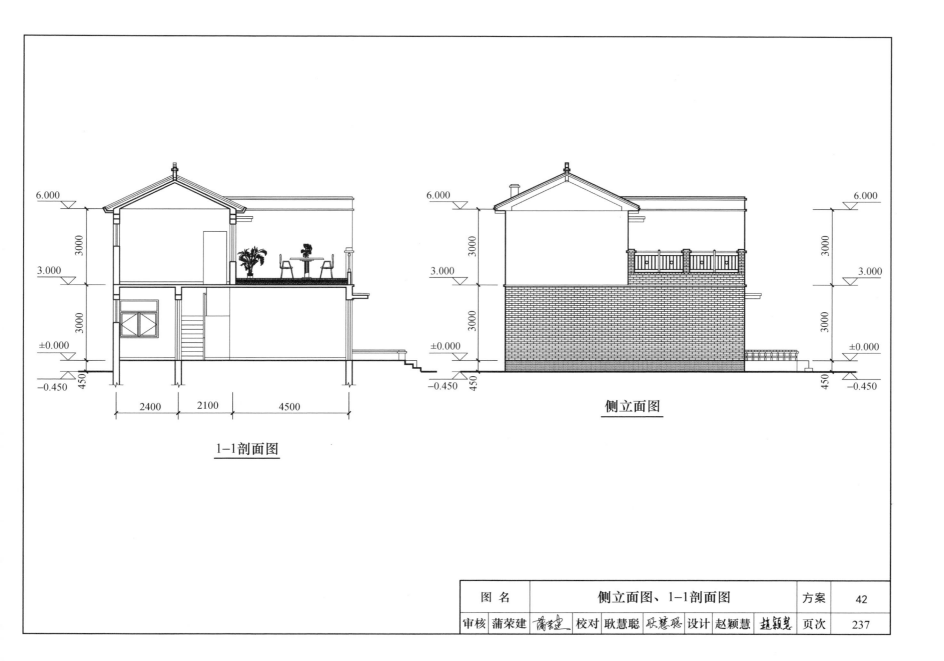

6.000

3000

3.000

3000

±0.000

450

−0.450

2400　2100　4500

1-1剖面图

6.000

3000

3.000

3000

±0.000

450

−0.450

侧立面图

6.000

3000

3.000

3000

±0.000

450

−0.450

图　名	侧立面图、1-1剖面图	方案	42
审核 蒲荣建 *蒲荣建*	校对 耿慧聪 *耿慧聪* 设计 赵颖慧 *赵颖慧*	页次	237

方案 43　外放式三室（小进深）

效果图：

技术经济指标：

各功能空间使用面积（m²）									总面积（m²）	
居室	客厅	厨房	餐厅	卫生间	楼梯间	走廊	储藏	机具库	使用面积	总建筑面积
42	18	7	12	9	11		13	18	133	159

方案说明：

概况：户型建筑面积 159m²，占地面积 166m²。

房间组成：本方案由客厅和三个卧室、两个卫生间、厨房、餐厅组成，布置紧凑、使用合理、无穿套。

其他空间：机具库，储藏间集中设计，二层设有露台，能改善居住环境，增加活动空间。

房间特点：客厅独立、完整，适合家具摆放，各居室独立布置，私密性强，厨房、餐厅综合设计，用户可以根据自己需要进行调整。

通风采光：客厅、卧室开窗都在阳面，各房间通风采光良好。

层数层高：层数 2 层，层高 3m，室内外高差 0.45m。

立面造型：屋顶采用平坡结合，坡屋顶有利于排水、隔热，平屋顶便于放太阳能设备，整体造型活泼、美观大方。

结构布置：结构合理，受力明确，屋顶采用平坡结合，减少了相交坡面，保证了工程质量，降低了造价。

图　名	说明、技术经济指标、效果图	方案	43
审核 蒲荣建 *蒲荣建*	校对 耿慧聪 *耿慧聪*	设计 赵颖慧 *赵颖慧*	页次 238

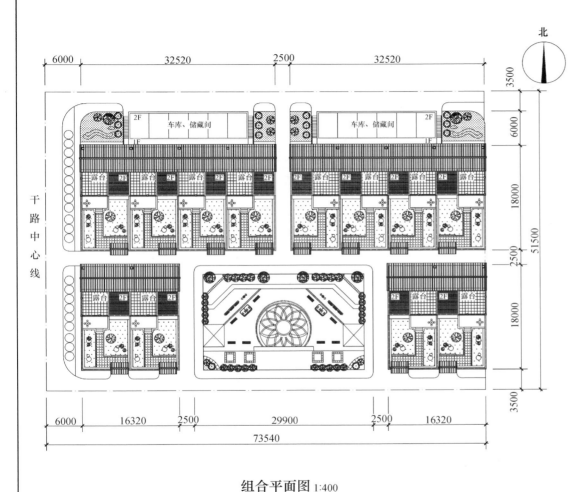

北

组合平面图 1:400

说明：

一、概述

该组合为院落式组合；

户占地面积 166m²；

户道路用地面积 124m²；

户平均用地 290m²（不含干路）。

二、设计理念

打造独立居住空间。

三、设计原则

场地性原则：体现场地原有的内涵和特色；

功能性原则：满足生产、生活的需求；

生态原则：强调居住绿化在生态系统中的

作用，强调人与自然的共生。

四、道路交通

宅间道宽度为 2.5m；

宅内仅设人员入口，车库集中设在组团

北侧。

五、消防

每个组团四周道路宽度均大于 7m，满足消

防车通行要求；

组团内住宅间距满足消防要求。

六、绿化景观

合理规划，明确分区，减少交通面积，避

免零碎用地，营造绿化种植空间。

图 名	组合说明、组合平面图	方案	43
审核 蒲荣建 蒲荣建	校对 耿慧聪 耿慧聪	设计 赵颖慧 赵颖慧	页次 239

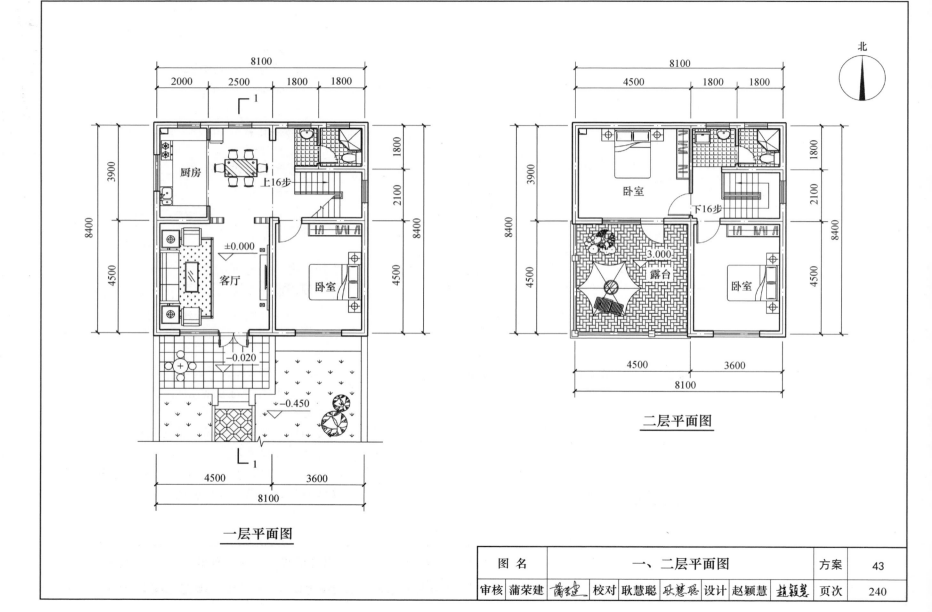

一层平面图

二层平面图

北

图 名	一、二层平面图	方案	43
审核 蒲荣建 蒲荣建	校对 耿慧聪 耿慧聪 设计 赵颖慧 赵颖慧	页次	240

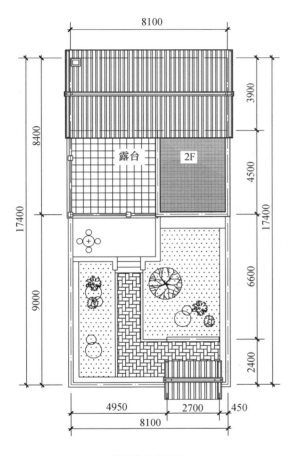

院落布置图

正立面图

院落布置说明:

1. 大门入口:车辆外放,大门后面设影壁墙,遮挡大门内外杂乱的墙面和景物,遮挡外人的视线,线路清晰,使用方便,私密性强。

2. 功能分区:院落分为两个区块,月台为活动区块,院落主要为种植绿化区块。

图 名	正立面图、院落布置图		方案	43
审核 蒲荣建 *蒲荣建*	校对 耿慧聪 *耿慧聪*	设计 赵颖慧 *赵颖慧*	页次	241

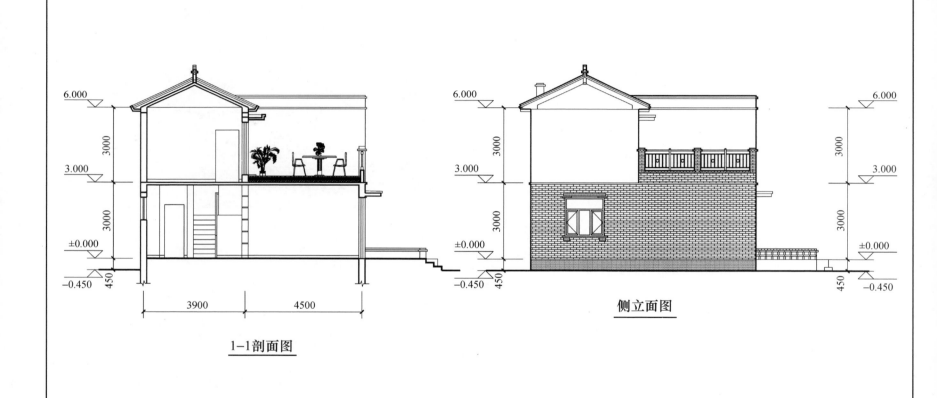

6.000

3000

3.000

3000

±0.000

−0.450

450

3900　4500

1-1剖面图

6.000

3000

3.000

3000

±0.000

−0.450

450

侧立面图

6.000

3000

3.000

3000

±0.000

−0.450

450

图　名	侧立面图、1-1剖面图	方案	43
审核 蒲荣建　蒲荣建　校对 耿慧聪 耿慧聪 设计 赵颖慧 赵颖慧		页次	242

方案 44　外放式三室（无后院）

效果图：

技术经济指标：

各功能空间使用面积（m²）									总面积（m²）	
居室	客厅	厨房	餐厅	卫生间	楼梯间	走廊	储藏	机具库	使用面积	总建筑面积
42	18	7	10	10	14		13	18	132	158

方案说明：

概况：户型建筑面积 158m²，占地面积 166m²。

房间组成：本方案由客厅和三个卧室、两个卫生间、厨房、餐厅组成，布置紧凑、使用合理、无穿套。

其他空间：机具库，储藏间集中设计，二层设有露台，能改善居住环境，增加活动空间。

房间特点：客厅独立、完整，适合家具摆放，各居室独立布置，私密性强，厨房、餐厅综合设计，用户可以根据自己需要进行调整。

通风采光：客厅、卧室开窗都在阳面，各房间通风采光良好。

层数层高：层数 2 层，层高 3m，室内外高差 0.45m。

立面造型：屋顶采用平坡结合，坡屋顶有利于排水、隔热，平屋顶便于放太阳能设备，整体造型活泼、美观大方。

结构布置：结构合理，受力明确，屋顶采用平坡结合，减少了相交坡面，保证了工程质量，降低了造价。

图 名	说明、技术经济指标、效果图	方案	44
审核 蒲荣建 *蒲荣建*	校对 耿慧聪 *耿慧聪* 设计 赵颖慧 *赵颖慧*	页次	243

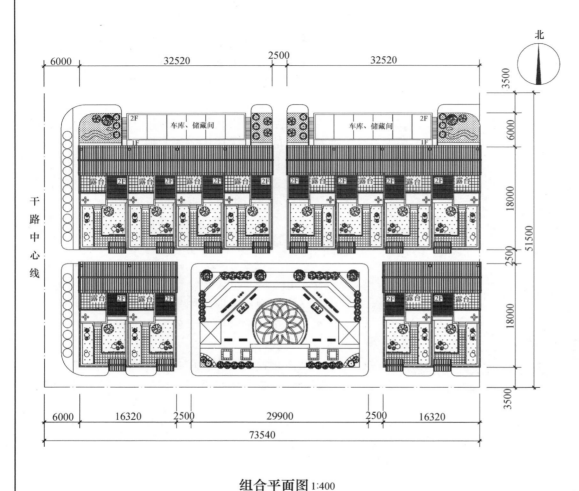

组合平面图 1:400

说明：

一、概述

该组合为院落式组合；

户占地面积 166m²；

户道路用地面积 124m²；

户平均用地 290m²（不含干路）。

二、设计理念

打造独立居住空间。

三、设计原则

场地性原则：体现场地原有的内涵和特色；

功能性原则：满足生产、生活的需求；

生态原则：强调居住绿化在生态系统中的作用，强调人与自然的共生。

四、道路交通

宅间道宽度为 2.5m；

宅内仅设人员入口，车库集中设在组团北侧。

五、消防

每个组团四周道路宽度均大于 7m，满足消防车通行要求；

组团内住宅间距满足消防要求。

六、绿化景观

合理规划，明确分区，减少交通面积，避免零碎用地，营造绿化种植空间。

图 名	组合说明、组合平面图	方案	44
审核 蒲荣建 蒲荣建	校对 耿慧聪 耿慧聪 设计 赵颖慧 赵颖慧	页次	244

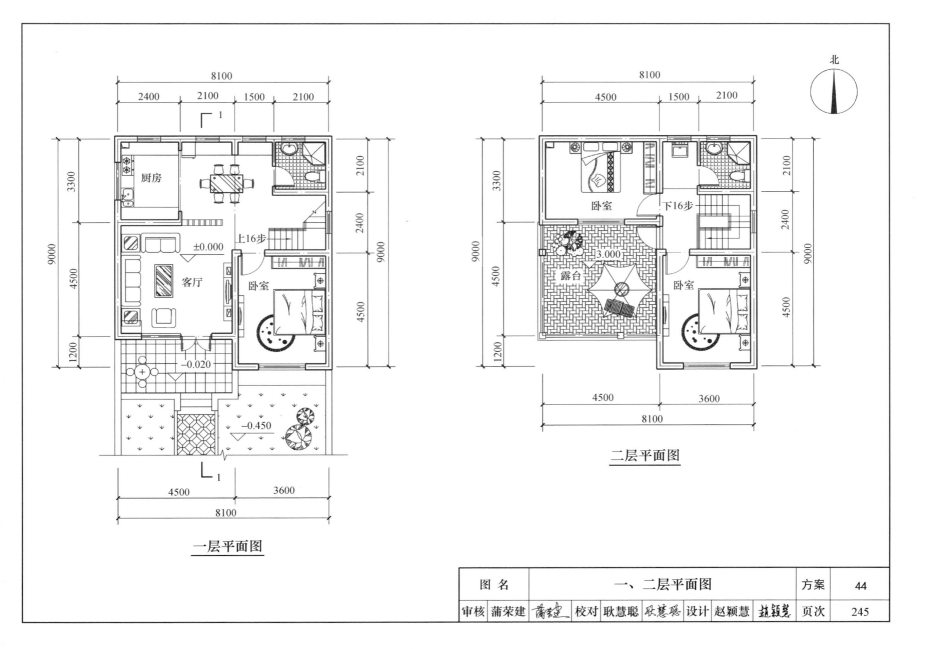

一层平面图

二层平面图

图 名	一、二层平面图		方案	44
审核 蒲荣建 _蒲荣建_	校对 耿慧聪 _耿慧聪_	设计 赵颖慧 _赵颖慧_	页次	245

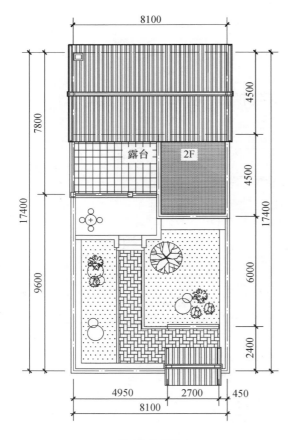

院落布置图

正立面图

院落布置说明：

1. 大门入口：车辆外放，大门后面设影壁墙，遮挡大门内外杂乱的墙面和景物,遮挡外人的视线,线路清晰,使用方便,私密性强。

2. 功能分区：院落分为两个区块，月台为活动区块，院落主要为种植绿化区块。

图 名	正立面图、院落布置图	方案	44
审核 蒲荣建 蒲荣建	校对 耿慧聪 耿慧聪 设计 赵颖慧 赵颖慧	页次	246

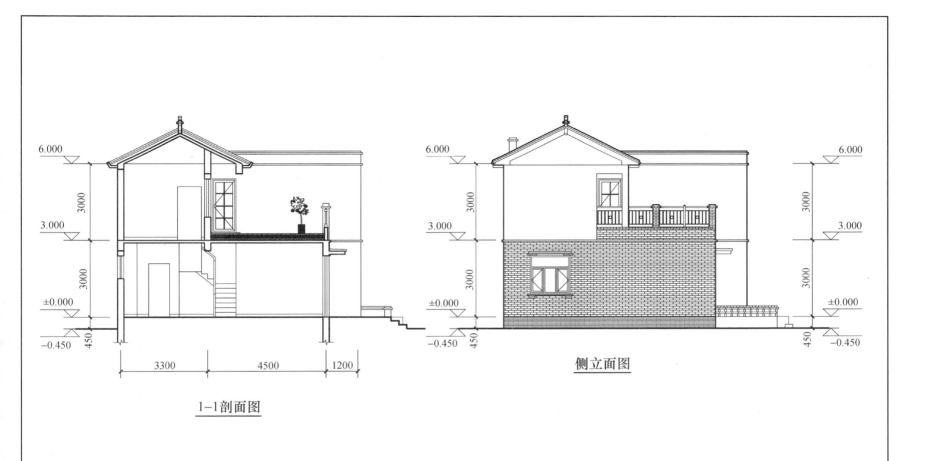

6.000

3.000

±0.000

−0.450

3000

3000

450

3300   4500   1200

1-1剖面图

6.000

3.000

±0.000

−0.450

3000

3000

450

6.000

3.000

±0.000

−0.450

3000

3000

450

侧立面图

图 名	侧立面图、1-1剖面图	方案	44
审核 蒲荣建 校对 耿慧聪 设计 赵颖慧		页次	247

方案45 外放式三室（大面宽）

效果图：

方案说明：

概况：户型建筑面积160m²，占地面积183m²。

房间组成：本方案由客厅和三个卧室、两个卫生间、厨房、餐厅组成，布置紧凑、使用合理、无穿套。

其他空间：机具库，储藏间集中设计，二层设有露台，能改善居住环境，增加活动空间。

房间特点：客厅独立、完整，适合家具摆放，各居室独立布置，私密性强，厨房、餐厅综合设计，用户可以根据自己需要进行调整。

通风采光：客厅、卧室开窗都在阳面，明厨明卫，各房间通风采光良好。

层数层高：层数2层，层高3m，室内外高差0.45m。

立面造型：屋顶采用平坡结合，坡屋顶有利于排水、隔热，平屋顶便于放太阳能设备，整体造型活泼、美观大方。

结构布置：结构合理，受力明确，屋顶采用平坡结合，减少了相交坡面，保证了工程质量，降低了造价。

技术经济指标：

各功能空间使用面积（m²）									总面积（m²）	
居室	客厅	厨房	餐厅	卫生间	楼梯间	走廊	储藏	机具库	使用面积	总建筑面积
42	18	13		8	20		13	18	132	160

图 名	说明、技术经济指标、效果图	方案	45
审核 蒲荣建	校对 耿慧聪　设计 赵颖慧	页次	248

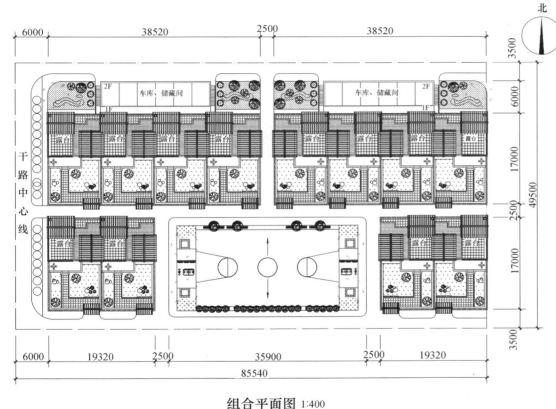

组合平面图 1:400

说明：

一、概述

该组合为院落式组合；

户占地面积 183m²；

户道路用地面积 145m²；

户平均用地 328m²（不含干路）。

二、设计理念

打造独立居住空间。

三、设计原则

场地性原则：体现场地原有的内涵和特色；

功能性原则：满足生产、生活的需求；

生态原则：强调居住绿化在生态系统中的作用，强调人与自然的共生。

四、道路交通

宅间道宽度为 2.5m；

宅内仅设人员入口，车库集中设在组团北侧。

五、消防

每个组团四周道路宽度均大于 7m，满足消防车通行要求；

组团内住宅间距满足消防要求。

六、绿化景观

合理规划，明确分区，减少交通面积，避免零碎用地，营造绿化种植空间。

图 名	组合说明、组合平面图	方案	45
审核 蒲荣建 蒲荣建	校对 耿慧聪 耿慧聪 设计 赵颖慧 赵颖慧	页次	249

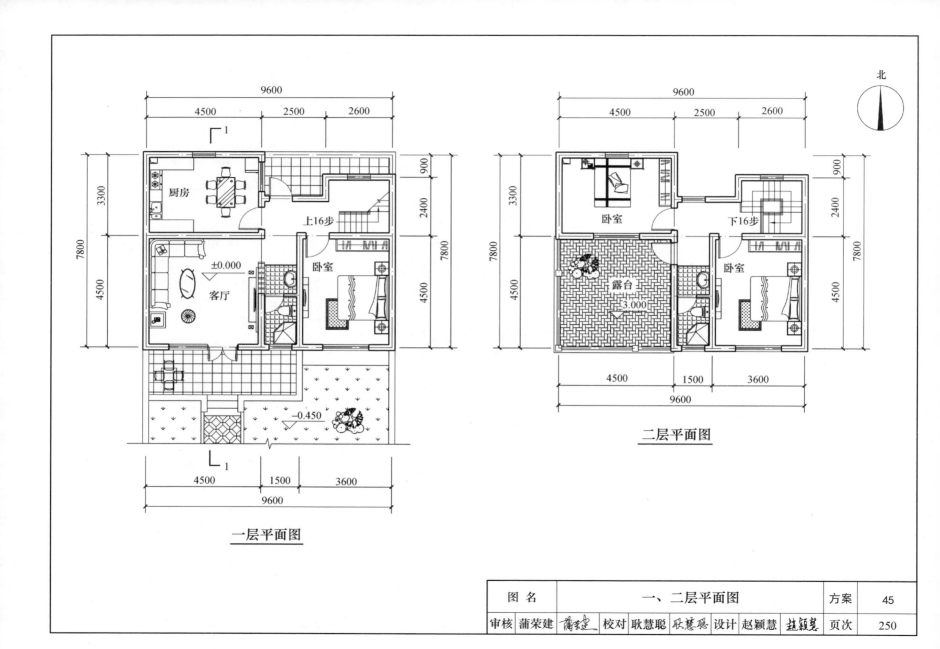

一层平面图

二层平面图

北

图 名	一、二层平面图	方案	45
审核 蒲荣建 *蒲荣建* 校对 耿慧聪 *耿慧聪* 设计 赵颖慧 *赵颖慧*		页次	250

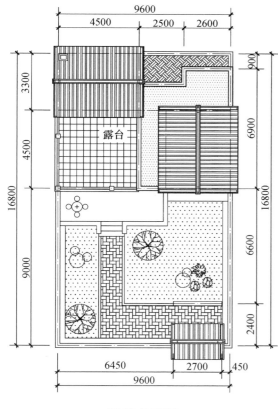

院落布置图

正立面图

院落布置说明:

　　1. 大门入口:车辆外放,大门后面设影壁墙,遮挡大门内外杂乱的墙面和景物,遮挡外人的视线,线路清晰,使用方便,私密性强。

　　2. 功能分区:院落分为两个区块,月台为活动区块,院落主要为种植绿化区块。

图　名	正立面图、院落布置图	方案	45
审核　蒲荣建	校对　耿慧聪　设计　赵颖慧	页次	251

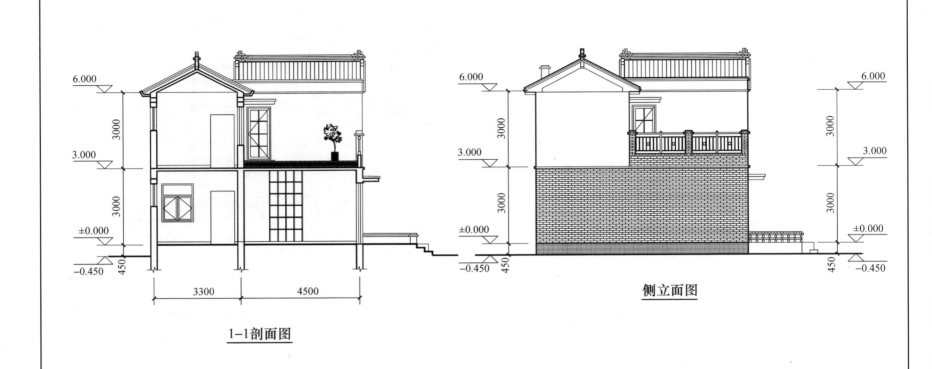

6.000

3000

3.000

3000

±0.000

450

−0.450

3300　4500

1-1剖面图

6.000

3000

3.000

3000

±0.000

450

−0.450

6.000

3000

3.000

3000

±0.000

450

−0.450

侧立面图

图 名	侧立面图、1-1剖面图		方案	45
审核 蒲荣建 *蒲荣建*	校对 耿慧聪 *耿慧聪*	设计 赵颖慧 *赵颖慧*	页次	252

第二篇　施工图设计

民居施工图一　　复合墙体

建 筑 设 计 说 明

一、项目概况

1. 该建筑为二层民居，由三室、两厅、厨房、两卫、一个露台组成（餐厅与厨房综合使用）；层高3m，室内外高差0.45m；建筑面积131m²。

2. 砌体结构；建筑物耐火等级：二级；建筑物设计使用年限：50年；抗震设防烈度：7度；屋面防水等级：Ⅱ级。

二、设计依据

1. 现行国家有关标准

1.1 《民用建筑设计统一标准》 GB 50352

1.2 《住宅建筑规范》 GB 50368

1.3 《住宅设计规范》 GB 50096

1.4 《农村防火规范》 GB 50039

1.5 《农村居住建筑节能设计标准》 GB/T 50824

1.6 《外墙外保温工程技术标准》 JGJ 144

1.7 《屋面工程技术规范》 GB 50345

1.8 《建筑玻璃应用技术规程》 JGJ 113

1.9 《建筑地面设计规范》 GB 50037

2. 国家其他现行规范

三、设计标高

1. 本工程±0.000由建设方确定。

2. 各层标高为完成面标高（建筑面标高），屋面标高为结构面标高。

3. 本工程标高以m为单位，其他尺寸以mm为单位。

四、外装修工程

1. 外墙保温采用膨胀聚苯板。

2. 本工程外装材料及颜色详见立面标注。

3. 构造柱、梁等外露面应先作除油处理后，再作相应的外墙装修。

4. 外墙线角、窗头、雨篷、挑檐均作滴水。

五、内装修工程

1. 楼地面执行现行国家标准《建筑地面设计规范》GB 50037的相关规定，工程做法见施工图。

2. 除注明者外，卫生间及有地漏房间楼地面应向地漏处找0.5％～1％坡，卫生间入口处较本层临近房间楼、地面低20mm，具体做法见建筑工程做法表。卫生间四周墙体除门洞口、剪力墙及混凝土柱外，浇C15素混凝土至楼面以上200mm，宽同墙厚。

3. 所有户内门洞口阳角处做1:2水泥砂浆包角，同门高，各边宽50mm。

4. 窗台为1:2.5水泥砂浆窗台，外涂白色乳胶漆，住宅内窗台板由用户自理。

六、门窗工程

1. 门窗采用塑钢中空玻璃门窗，所有外窗开启扇均带纱扇（门窗的具体尺寸、数量等见施工图）；型材规格、物理性能根据当地情况选用。

2. 门窗玻璃选用应遵照现行行业标准《建筑玻璃应用技术规程》JGJ 113和《建筑安全玻璃管理规定》（发改运行［2003］2116号）的有关规定。

3. 外门窗框与门窗洞口之间的缝隙应用高效保温材料填实，并用密封膏嵌缝，不得采用普通水泥砂浆补缝。

图 名				建筑设计说明		建施	1
审核	张乐	张乐	校对	耿慧聪 耿慧聪	设计 李俊町 李俊町	页次	255

4. 门窗立面均表示洞口尺寸，门窗安装前须校核洞口尺寸，加工尺寸要按照装修面厚度由承包商予以调整。

5. 门窗立樘：外门窗立樘详见节点详图，无特殊注明者均居中立樘。

七、其他部分

1. 墙体材料：墙体的基础部分采用混凝土砌块，首层为内保温复合砌体；二层为 EPS 模块复合墙体。

2. 楼梯栏杆

2.1 露台栏杆采用成品铸铁栏杆。

2.2 住宅楼梯间采用不锈钢栏杆扶手，楼梯踏步做防滑条。

2.3 梯段部位栏杆高 900mm，直段≥500mm 时栏杆高 1050mm，栏杆间净距≤110mm。

3. 油漆涂料工程

3.1 室内木门窗油漆选用中灰色，底油一道，调和漆二遍。

3.2 室内外各项露明金属件的油漆为刷防锈漆 2 道后再作调和漆两遍。

3.3 涂料：抹面胶浆、复合一层耐碱网布，满刮腻子、磨平。

4. 防水、防潮

4.1 水平防潮层采用 20 厚 1：2.5 水泥砂浆（掺 3‰防水剂），标高−0.060。

4.2 楼地面防水：凡需防水防潮的房间均做 1.5 厚聚氨酯防水层，具体做法见相关施工图纸及材料做法表。

4.3 屋面防水：本工程的屋面防水等级为 Ⅱ 级，防水层合理使用年限为 10 年。屋面排水组织见屋顶平面图中标注，雨水斗、雨水管采用 UPVC，雨水管的公称直径均为 DN100。

八、防火设计

1. 本工程耐火等级二级。

2. 外墙保温材料膨胀聚苯板燃烧性能为 B1 级。

九、建筑节能

1. 本工程外墙首层采用砌块复合墙体，聚苯板厚 130mm。

2. 保温采用的膨胀聚苯板表观密度 20kg/m³，其他性能指标需满足有关标准要求。

3. 外窗采用塑钢中空玻璃窗（4＋6A＋4）。

4. 采暖方式：低温热水地板辐射采暖。

5. 生活热水：太阳能。

十、本工程为参考图纸，当设防烈度、气候区属、材料使用、装修标准、建筑风格等与当地不符合时，可根据实际情况进行调整采用模块复合墙体，聚苯板厚 110mm，屋面保温层厚 100mm。

图 名	建筑设计说明		建施	2
审核 张乐	*张乐*	校对 耿慧聪 *耿慧聪*	设计 李俊町 *李俊町*	页次 256

建筑工程做法

一、室外工程

台阶：

20～25厚防滑石质板材踏步；

30厚1：3干硬性水泥砂浆；

素水泥浆一道；

60厚C15混凝土台阶；

300厚3：7灰土；

素土夯实。

坡道：

60厚C20混凝土，随捣随抹麻面；

300厚3：7灰土；

素土夯实。

散水：

60厚C20混凝土；

上撒1：1水泥砂子压实赶光；

150厚3：7灰土，宽出面层100；

素土夯实，向外坡4％。

二、围护工程

外墙：

清水砖墙（首层）；

外墙涂料（二层保温板面）；

面浆（或涂料）饰面；

5厚聚合物抗裂砂浆复合耐碱玻纤网格布。

勒脚：

20厚1：2.5水泥砂浆分两次抹面压实赶光。

三、屋面工程

坡屋面：

60厚屋顶面砖留缝顺砌；

60厚砖砌块留浆横砌；

改性沥青防水卷材；

30厚C20细石混凝土找平层；

聚苯板保温层100厚；

钢筋混凝土板。

平屋面：

60厚屋顶面砖留缝顺砌；

60厚砖砌块留浆横砌；

改性沥青防水卷材；

20厚1：3水泥砂浆找平层；

100厚挤塑聚苯板保温层；

轻集料混凝土找坡（最薄30）；

钢筋混凝土屋面板。

上人屋面：

50厚铺块材，干水泥擦缝；

10厚低标号砂浆隔离层；

改性沥青防水卷材；

以下部分同上。

四、楼、地面

地面1（用于工具库）：

40厚C20细石混凝土内配φ3@50钢丝网片表面撒1：1水泥砂子随打随抹光；

60厚C15混凝土垫层；

素土夯实。

地面2（用于一般房间）：

10厚地砖，干水泥擦缝；

20厚干硬性水泥砂浆结合层；

50厚C15豆石混凝土填充层；

φ3@50低碳钢丝网（埋地暖管）；

20厚聚苯乙烯泡沫塑料板材。

地面3（用于卫生间）：

10厚地砖，干水泥擦缝；

30厚干硬性水泥砂浆；

1.5厚聚氨酯防水层，四周沿墙上翻100高；

C15豆石混凝土填充层（埋地暖管）找坡不小于0.5％，最薄处50。

注：楼面做法同地面做法，基层为现浇板。

五、内墙面、踢脚、顶棚

内墙面1（砖墙）：

面浆（或涂料）饰面；

6厚1：0.5：3水泥石灰砂浆抹平；

9厚1：1：6水泥石灰砂浆打底；

内墙面2（保温板面）：

面浆（或涂料）饰面；

5厚聚合物抗裂砂浆复合耐碱玻纤网格布。

内墙面3（卫生间）：

白水泥擦缝；

5厚墙面砖，贴前墙砖充分湿润；

5厚1：2建筑胶水泥砂浆粘接层；

9厚1：2.5水泥砂浆打底。

踢脚：

5～7厚面砖；

5厚1：2建筑胶水泥砂浆粘接层；

9厚1：2.5水泥砂浆打底。

顶棚：

面浆（或涂料）饰面；

2～3厚柔韧型腻子分遍刮平；

混凝土底板面清理干净。

图 名	建筑工程做法				建施	3
审核	张乐	张乐	校对	耿慧聪 耿慧聪	设计 李俊町 李俊町	页次 257

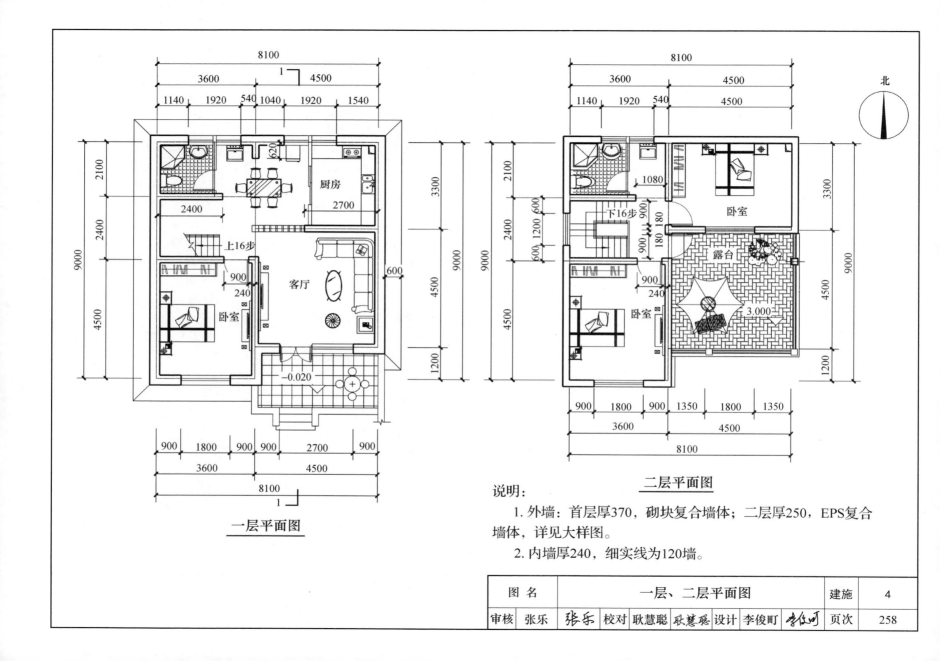

一层平面图

二层平面图

说明：

1. 外墙：首层厚370，砌块复合墙体；二层厚250，EPS复合墙体，详见大样图。

2. 内墙厚240，细实线为120墙。

北

厨房

客厅

卧室

−0.020

卧室

卧室

露台

3.000

上16步

下16步

图　名	一层、二层平面图		建施	4
审核	张乐 张乐	校对 耿慧聪 耿慧聪	设计 李俊町 李俊町	页次 258

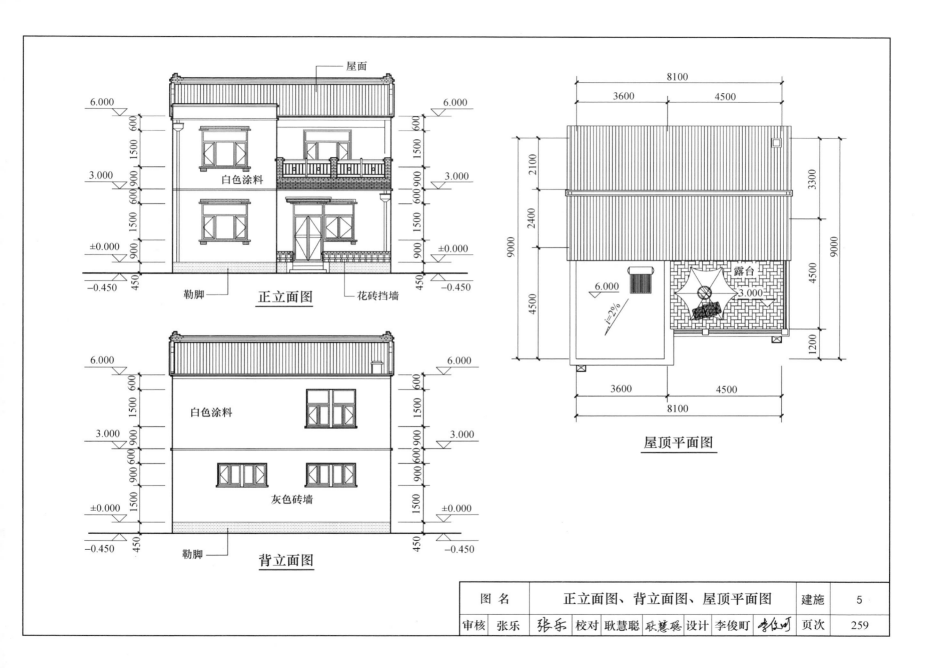

屋面

6.000

白色涂料

3.000

±0.000

−0.450

勒脚

正立面图

花砖挡墙

6.000

白色涂料

3.000

±0.000

−0.450

灰色砖墙

勒脚

背立面图

8100

3600   4500

2100

2400

3300

4500

9000   9000

6.000

i=2%

6.000

3.000

露台

4500

1200

3600   4500

8100

屋顶平面图

图 名	**正立面图、背立面图、屋顶平面图**	建施	5
审核 张乐 张乐	校对 耿慧聪 耿慧聪 设计 李俊町 李俊町	页次	259

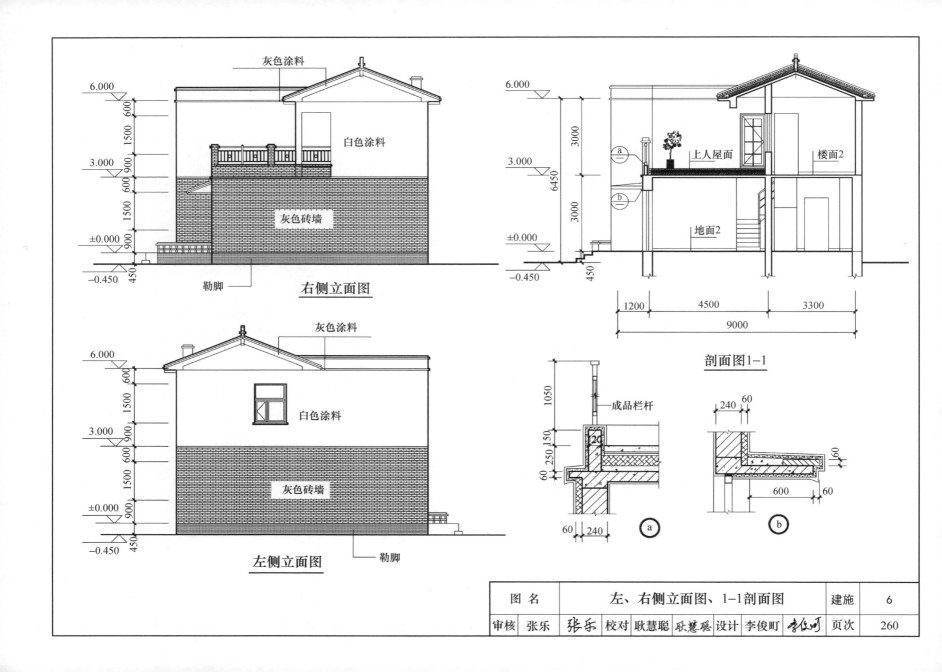

灰色涂料

白色涂料

灰色砖墙

6.000
600
1500
900
3.000
600
1500
±0.000
900
−0.450
450

勒脚

右侧立面图

6.000
3000
3.000
6450
3000
±0.000
−0.450
450

a

b

上人屋面

地面2

楼面2

1200 4500 3300
9000

剖面图1-1

灰色涂料

白色涂料

灰色砖墙

6.000
600
1500
900
3.000
600
1500
±0.000
900
−0.450
450

勒脚

左侧立面图

1050
成品栏杆
150
120
250
60

a

60 240

240 60

60

600 60

b

图 名	**左、右侧立面图、1-1剖面图**	建施	**6**
审核	张乐 张乐 校对 耿慧聪 耿慧聪 设计 李俊町 李俊町	页次	260

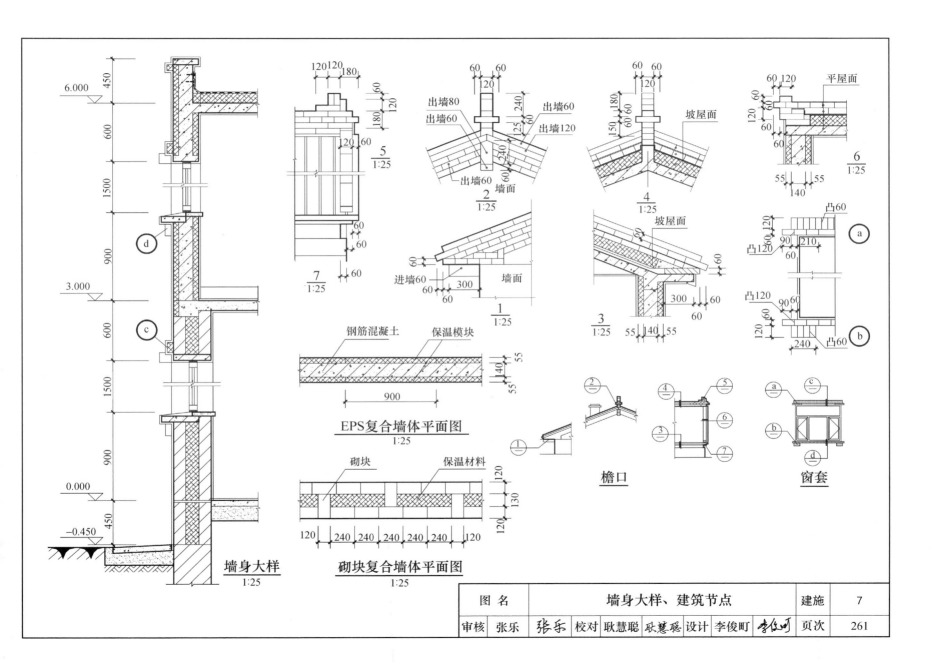

EPS复合墙体平面图
1:25

砌块复合墙体平面图
1:25

墙身大样
1:25

钢筋混凝土　保温模块

砌块　保温材料

平屋面

坡屋面

墙面

进墙60

出墙80
出墙60
出墙60
出墙120
出墙60

檐口

窗套

图　名	墙身大样、建筑节点	建施	7
审核　张乐　张乐　校对　耿慧聪　耿慧聪　设计　李俊町　李住町		页次	261

结 构 设 计 说 明

一、工程概况

1. 本工程为村镇民居工程，主体二层，混合结构。

2. 本工程的全部尺寸（除注明者外）均以 mm 为单位，标高以 m 为单位。

3. 相对标高：本工程±0.000 与当地规划部门协商确定。

4. 设计荷载：一般房间/露台/不上人屋面 2.0/2.5/0.5(kN/m²)。

5. 设防烈度：本工程按 7 度设防设计（0.15g）

6. 基础形式：条形基础，地基承载力：F_{spk}＝110kPa（冰冻线为 0.6m）。

7. 结构使用年限：50 年。

二、设计依据

1.《建筑结构可靠性设计统一标准》GB 50068

2.《建筑工程抗震设防分类标准》GB 50223

3.《建筑结构荷载规范》GB 50009

4.《建筑地基基础设计规范》GB 50007

5.《混凝土结构设计规范》GB 50010

6.《建筑抗震设计规范》GB 50011

7.《砌体结构设计规范》GB 50003

8. 其他国家相关规范

三、结构采用材料

1. 混凝土强度等级：

0.000 以下 C30、基础垫层 C15；

0.000 以上雨篷、挑沿 C30，其他 C25；

2. 墙身：首层复合砌体，砌体 MU10，混合砂浆 M5.0，二层模块墙，混凝土 140mm 厚，单排钢筋 Φ 8@200 双向。

3. 钢筋：

HPB300 钢筋强度设计值 270N/mm²，以（Φ）表示；

HRB400 钢筋强度设计值 360N/mm²，以（Φ）表示。

钢筋必须具有出厂合格证且要求复检，钢筋强度标准值应具有不小于 95％的保证率。受力预埋件的锚筋应采用 HRB400 或 HPB300 钢筋，不得采用冷加工钢筋。

4. 焊条：HPB300 采用 43×× 型焊条，HRB400 采用 E50××型焊条。

5. 油漆：凡外露钢铁件必须在除锈后涂防腐漆，面漆两道。

四、结构构造与施工

1. 最外层钢筋的混凝土保护层厚度（mm），梁柱、雨篷、挑沿 25，板 15，卫生间板为 20。

2. 首层楼梯间半高处加 2Φ8 钢筋一道。

3. 首层墙拉结钢筋、楼层圈梁、过梁见大样图、过梁表。

4. 多层砌体房屋和底部框架砌体房屋部分参照《建筑物抗震构造详图》11G329-2 施工。

5. 现浇混凝土框架、剪力墙、梁、板和混凝土板式楼梯参照《混凝土结构施工图平面整体表示方法制图规则和构造详图》16G101-1、16G101-2 施工。

6. 梁、板按跨度的 0.2‰起拱，悬臂梁按悬臂长度的 0.4‰。

7. 简支梁压满支座，内墙阳角、单肢墙处压墙 500。

8. 基础应设置在老土层上。

图 名	结构设计说明		结施	1
审核 孙建芳	校对 曹学斌	设计 赵环宇	页次	262

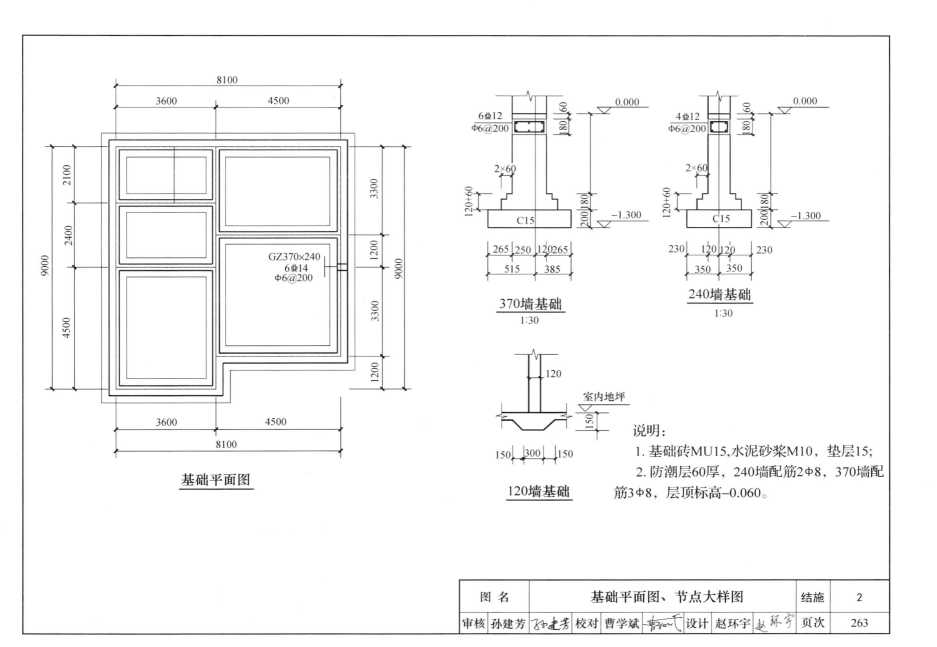

基础平面图

GZ370×240
6Φ14
Φ6@200

6Φ12
Φ6@200
2×60
C15
370墙基础
1:30

4Φ12
Φ6@200
2×60
C15
240墙基础
1:30

室内地坪
120墙基础

说明：
1. 基础砖MU15,水泥砂浆M10，垫层15；
2. 防潮层60厚，240墙配筋2Φ8，370墙配筋3Φ8，层顶标高-0.060。

图 名	基础平面图、节点大样图	结施	2
审核 孙建芳 孙建芳	校对 曹学斌 曹学斌	设计 赵环宇 赵环宇	页次 263

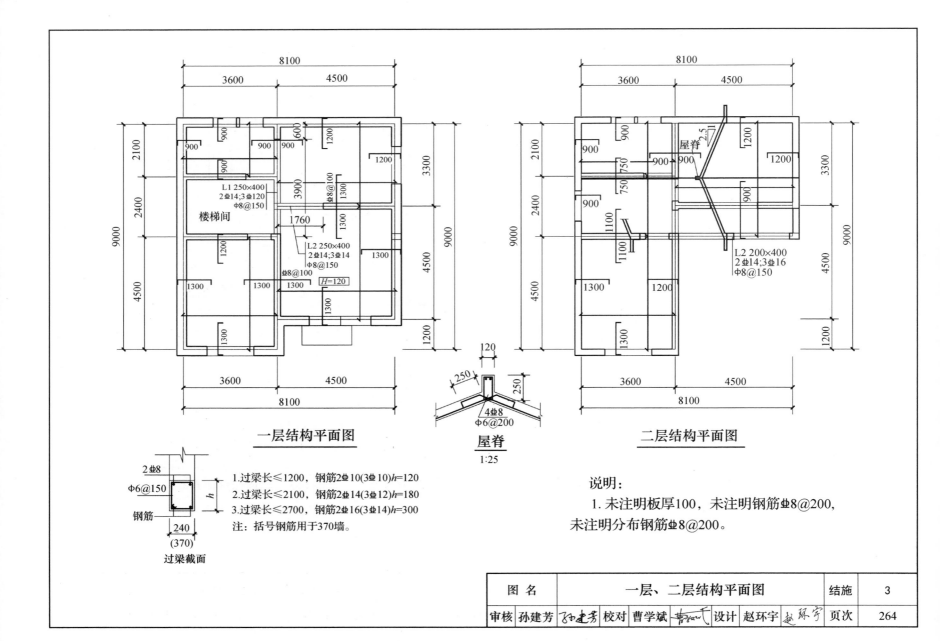

一层结构平面图

L1 250×400
2⊈14;3⊈120
Φ8@150

楼梯间

L2 250×400
2⊈14;3⊈14
Φ8@150
⊈8@100

H=120

屋脊
1:25

二层结构平面图

屋脊

L2 200×400
2⊈14;3⊈16
Φ8@150

2⊈8
Φ6@150
钢筋
240
(370)
过梁截面

4⊈8
Φ6@200

1.过梁长≤1200，钢筋2⊈10(3⊈10)h=120
2.过梁长≤2100，钢筋2⊈14(3⊈12)h=180
3.过梁长≤2700，钢筋2⊈16(3⊈14)h=300
注：括号钢筋用于370墙。

说明：

1. 未注明板厚100，未注明钢筋⊈8@200，
未注明分布钢筋⊈8@200。

图 名	一层、二层结构平面图	结施	**3**
审核 孙建芳	校对 曹学斌	设计 赵环宇	页次 **264**

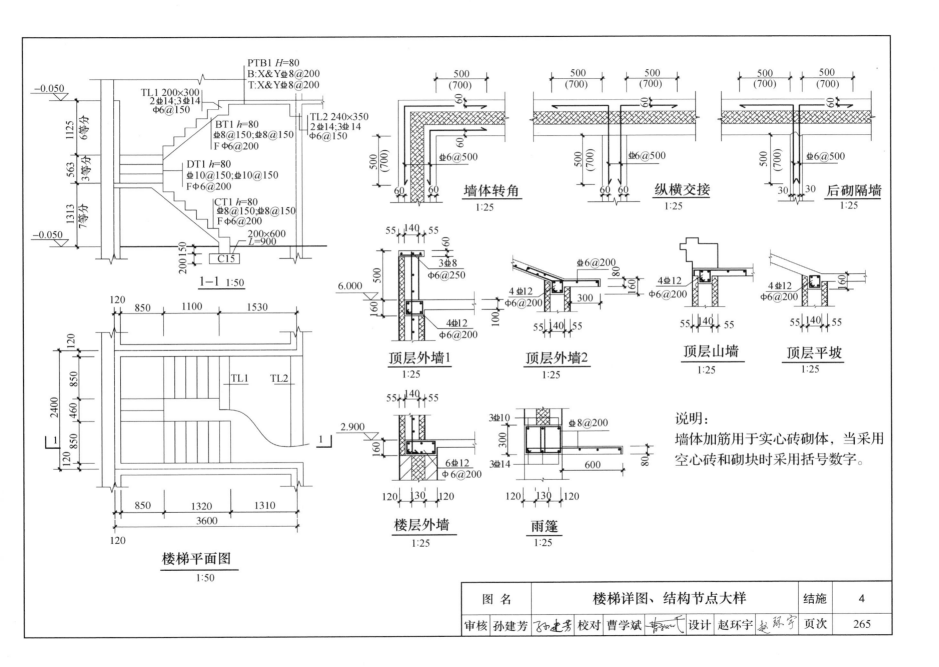

PTB1 *H*=80
B:X&Y±8@200
T:X&Y±8@200

TL1 200×300
2±14;3±14
Φ6@150

BT1 *h*=80
±8@150;±8@150
F Φ6@200

TL2 240×350
2±14;3±14
Φ6@150

DT1 *h*=80
±10@150;±10@150
F Φ6@200

CT1 *h*=80
±8@150;±8@150
F Φ6@200

200×600
L=900

C15

−0.050

−0.050

1125
563
1313

6等分
3等分
7等分

200 150

1—1 1:50

850 1100 1530

120

2400

850
460
850

120

TL1 TL2

1

1

850 1320 1310

3600

120

120

楼梯平面图
1:50

500
(700)

60

60

60

500
(700)

±6@500

60 60

墙体转角
1:25

500
(700)

500
(700)

60

500
(700)

±6@500

60 60

纵横交接
1:25

500
(700)

500
(700)

60

500
(700)

±6@500

30 30

后砌隔墙
1:25

55 140 55

60

3±8
Φ6@250

500

6.000

160

4±12
Φ6@200

顶层外墙1
1:25

±6@200

80

4±12
Φ6@200

300

160

55 140 55

顶层外墙2
1:25

4±12
Φ6@200

顶层山墙
1:25

4±12
Φ6@200

160

55 140 55

顶层平坡
1:25

55 140 55

2.900

160

6±12
Φ6@200

楼层外墙
1:25

120 130 120

3±10

±8@200

300

3±14

600

80

雨篷
1:25

120 130 120

说明:
墙体加筋用于实心砖砌体,当采用
空心砖和砌块时采用括号数字。

图 名	**楼梯详图、结构节点大样**	结施	**4**
审核 孙建芳	校对 曹学斌	设计 赵环宇	页次 **265**

给排水设计说明

一、项目概况

该建筑为二层民居，由三室、两厅、厨房、两卫、一个露台组成，层高 3m，室内外高差 0.45m；建筑面积 131m²。

二、设计依据

1. 现行国家有关标准

1.1 《建筑给水排水设计标准》GB 50015

1.2 《住宅建筑规范》GB 50368

1.3 《住宅设计规范》GB 50096

1.4 《民用建筑太阳能系统应用技术标准》GB 50364

1.5 《生活饮用水卫生标准》GB 5749

三、设计内容

本工程给排水设计包括生活给水、生活排水、生活热水系统。

四、生活给水系统

1. 本工程户内生活给水设计为下行上给式给水系统。水源为自来水，水压 0.16MPa，一户一表，水表选用 DN20 远传水表；日用水量：最高日生活用水定额按 130L/（人·d)选取，每户按 6 人计。

2. 管材：生活给水管道采用改性聚丙烯给水管（PP-R），管材为级别 1，S5 系列，设计压力 0.60MPa，热熔连接。

五、生活热水系统

1. 本工程太阳能采用每户分散式热水系统。集热板面积不小于 3.00m²，水箱设计为 200L 水箱，并设有电辅加热措施，电辅加热功率为 1.5kW，加热系统必须带有保证使用安全的装置。

2. 管材：户内生活热水管采用 PP-R 管，设计压力 0.6MPa，热熔连接。

3. 注意事项：安装在建筑上或直接构成建筑围护结构的太阳能集热器，应与防止热水渗漏及蒸汽外泄的安全保障措施；太阳能热水系统应安全可靠，内置加热必须带有保证使用安全的装置，并根据不同应地区采取防冻、防结露、防过热、防雷、抗雹、抗风、抗震等技术措施；太阳能热水系统的基座应与建筑主体结构连接牢固；支撑太阳能热水系统的钢结构支架应与建筑物接地系统可靠连接。

六、排水系统

1. 排水系统：生活排水采用污废合流、重力自流，经排水管道收集后排至室外；空调冷凝水，空调主机板附近设空调冷凝水收集管，排至地面散水处。

2. 管材：实壁 UPVC 管，承插粘接。

七、安装

1. 厨房洗池、洗脸盆、淋浴器连体式下排水坐便器安装参见《卫生设备安装》09S304。

2. 水封装置的水封深度不得小于 50mm，严禁采用活动机械活瓣替代水封，严禁采用钟式结构地漏。

八、管道设备保温及试压

1. 管道保温、防结露：位于不采暖房间的给排水管道做 50mm 厚橡塑管（B1 级难燃型）保温。

2. 管道试压：参见现行国家标准《建筑给水排水及采暖工程施工质量验收规范》GB 50242 的规定。

图 名	给排水设计说明		水施	1
审核	代志远	校对 张浩	设计 刘广金	页次 266

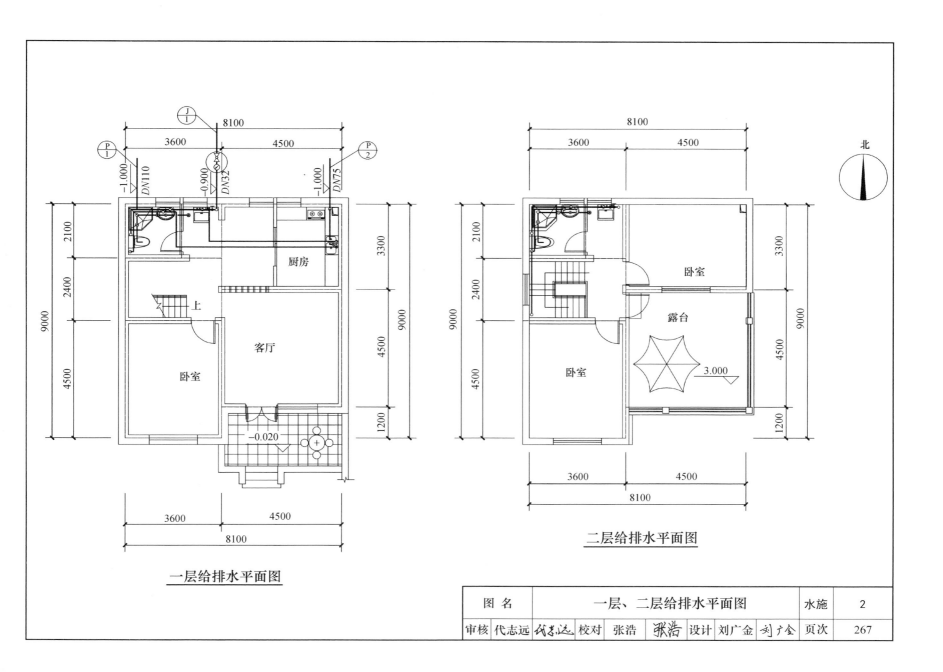

一层给排水平面图

二层给排水平面图

北

图 名	一层、二层给排水平面图	水施	2
审核 代志远 代志远 校对 张浩 张浩 设计 刘广金 刘广金		页次	267

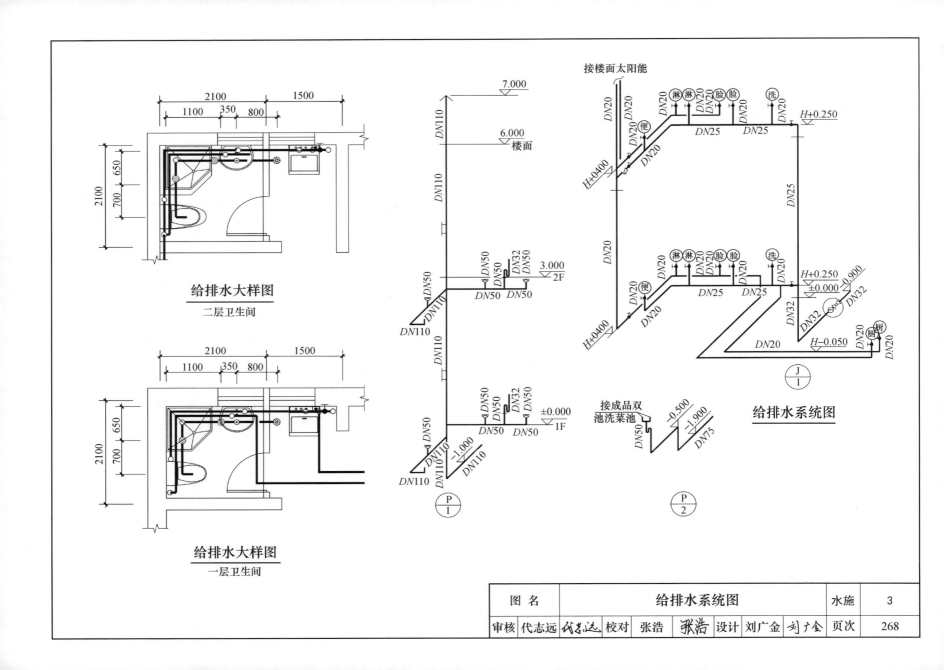

给排水大样图
二层卫生间

给排水大样图
一层卫生间

给排水系统图

接楼面太阳能

图 名	给排水系统图	水施	3
审核 代志远 校对 张浩 设计 刘广金		页次	268

供 暖 设 计 说 明

一、项目概况

该建筑为二层民居，由三室、两厅、厨房、两卫、一个露台组成，（餐厅与厨房综合使用）；层高 3m，室内外高差 0.45m；建筑面积 131m²。

二、设计依据

1. 现行国家有关标准

1.1 《民用建筑供暖通风与空气调节设计规范》GB 50736

1.2 《住宅建筑规范》GB 50368

1.3 《住宅设计规范》GB 50096

1.4 《辐射供暖供冷技术规程》JGJ 142

1.5 《严寒和寒冷地区居住建筑节能设计标准》JGJ 26

三、设计内容

本工程暖通设计包括各房间供暖设计、厨房、卫生间通风设计。

设计参数：室外供暖设计温度：－7.6℃；室内供暖设计温度：卧室、客厅、餐厅、卫生间 20℃；厨房 15℃。

四、供暖设计

1. 热源：燃气壁挂炉。

2. 管材、管件：地暖加热盘管采用 PE-RT 管，管径均为 DN20×2.0，使用条件等级为 4 级，S5 系列，P＝0.6MPa。分集水器前供暖供回水干管采用 PP-R 管，级别 4，S5 系列，P＝0.6MPa，热熔连接。

五、通风系统

1. 住宅部分各卫生间设置通风器，风量为 80～100m³/h，用户自理。

2. 住宅厨房在变压式风道处需设置抽油烟机进行排风，风量为 350m³/h，用户自理。由可开启的外窗自然进风。

3. 住宅户内采用自然通风满足室内新风要求。

六、系统安装

1. 地板辐射供暖设计及安装说明、分集水器安装、地暖盘管地面及管道铺设做法详见《地面辐射供暖系统施工安装》12K404。

2. 在加热管的铺设区内，严禁穿凿，钻孔或进行射钉作业。

3. 埋地管道不应有接头。

4. 户式燃气炉应采用全封闭式燃烧、平衡式强制排烟型。

七、水压试验及冲洗

1. 加热盘管在浇捣混凝土填充层之前和混凝土填充层养护期满之后，应分别进行系统水压试验。水压试验应以每组分水器，集水器为单位，逐回路进行。加热盘管试验压力为 0.60MPa，试验压力稳压 1h，压力降不大于 0.05MPa，且不渗不漏。

2. 系统试压合格后，应对系统进行冲洗并清扫过滤器及除污器，直至排出水不含泥沙、铁屑等杂质，且水色不浑浊为合格。

图 名	暖通设计说明				暖施	1
审核	代志远	校对	张浩	设计	刘广金	页次 269

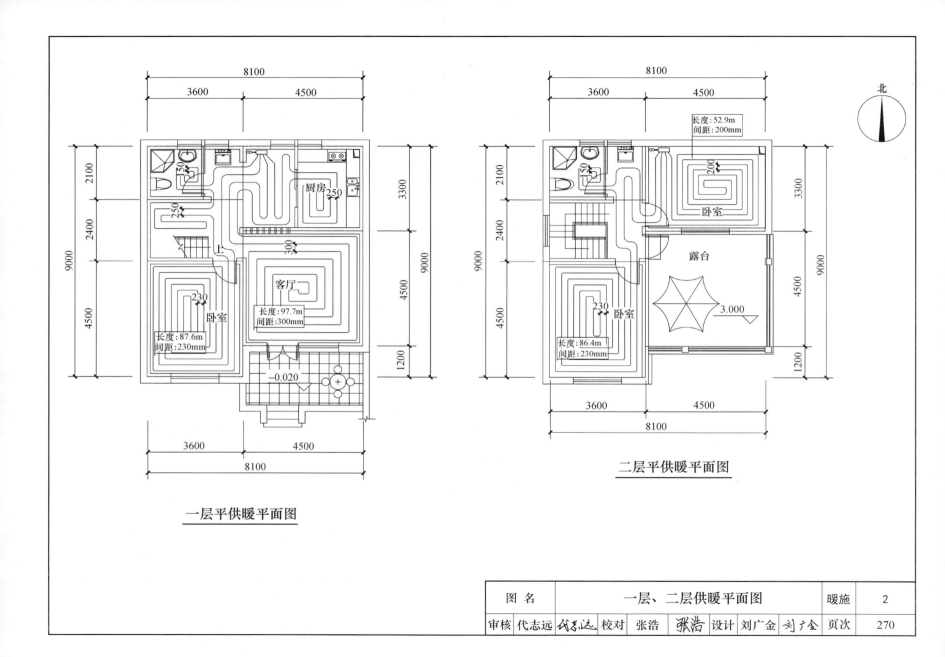

一层平供暖平面图

二层平供暖平面图

图 名	一层、二层供暖平面图		暖施	2
审核 代志远	校对 张浩	设计 刘广金	页次	270

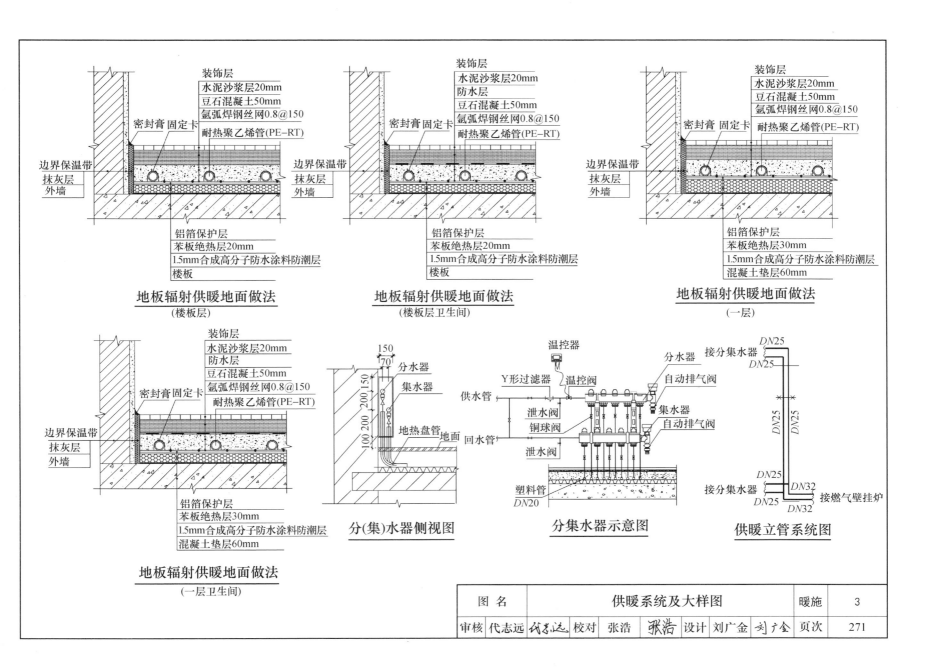

地板辐射供暖地面做法
(楼板层)

装饰层
水泥沙浆层20mm
豆石混凝土50mm
氩弧焊钢丝网0.8@150
耐热聚乙烯管(PE-RT)

密封膏 固定卡

边界保温带
抹灰层
外墙

铝箔保护层
苯板绝热层20mm
1.5mm合成高分子防水涂料防潮层
楼板

地板辐射供暖地面做法
(楼板层卫生间)

装饰层
水泥沙浆层20mm
防水层
豆石混凝土50mm
氩弧焊钢丝网0.8@150
耐热聚乙烯管(PE-RT)

密封膏 固定卡

边界保温带
抹灰层
外墙

铝箔保护层
苯板绝热层20mm
1.5mm合成高分子防水涂料防潮层
楼板

地板辐射供暖地面做法
(一层)

装饰层
水泥沙浆层20mm
豆石混凝土50mm
氩弧焊钢丝网0.8@150
耐热聚乙烯管(PE-RT)

密封膏 固定卡

边界保温带
抹灰层
外墙

铝箔保护层
苯板绝热层30mm
1.5mm合成高分子防水涂料防潮层
混凝土垫层60mm

地板辐射供暖地面做法
(一层卫生间)

装饰层
水泥沙浆层20mm
防水层
豆石混凝土50mm
氩弧焊钢丝网0.8@150
耐热聚乙烯管(PE-RT)

密封膏 固定卡

边界保温带
抹灰层
外墙

铝箔保护层
苯板绝热层30mm
1.5mm合成高分子防水涂料防潮层
混凝土垫层60mm

分(集)水器侧视图

分水器
集水器
地热盘管
地面
塑料管
DN20

分集水器示意图

温控器
Y形过滤器 温控阀
供水管
回水管
泄水阀
铜球阀
泄水阀
分水器
接分集水器
自动排气阀
集水器
自动排气阀

供暖立管系统图

DN25
DN25
DN25
DN25
接分集水器
DN25
DN32
DN25
DN32
接燃气壁挂炉

图 名	供暖系统及大样图	暖施	3
审核 代志远 代志远 校对 张浩 张浩 设计 刘广金 刘广金		页次	271

电 气 设 计 说 明

一、项目概况

1. 该建筑为二层民居,由三室、两厅、厨房、两卫、一个露台组成,层高 3m,室内外高差 0.45m;建筑面积 131m²。

2. 混合结构;建筑物耐火等级:二级;建筑物合理使用年限:50 年;抗震设防烈度:7 度;屋面防水等级:Ⅱ级。

二、设计依据

1. 现行国家有关建筑标准

1.1 《民用建筑设计统一标准》GB 50352

1.2 《住宅建筑规范》GB 50368

1.3 《住宅设计规范》GB 50096

1.4 《农村防火规范》GB 50039

1.5 《农村居住建筑节能设计标准》GB/T 50824

1.6 《农村民居雷电防护工程技术规范》GB 50952

1.7 《建筑照明设计标准》GB 50034

1.8 《低压配电设计规范》GB 50054

2. 其他国家相关规范

三、低压配电系统

1. 负荷等级:工程照明、插座按三级负荷供电,电缆埋地引入。

2. 计量:室外电表箱处设置计量表,每户按 8kW 设计。

四、照明及节能

1. 灯具、光源均选用高效节能 LED 光源和高效灯具。

2. 按现行国家标准《建筑照明设计标准》GB 50034 的有关规定,房间照明功率密度<5W/m²。

3. 楼梯间采用节能自熄开关控制,庭院及露台采用壁装太阳能 LED 灯。

五、线路敷设

1. 从配电箱引出的配电线路均采用 BV-0.45/0.75kV 型铜芯导线,2 根导线穿 JDG16 管,3 根穿 JDG20 管,4～7 根穿 JDG25 管。

2. 电缆进户穿焊接钢管保护,进户电力电缆采用铠装电缆。

3. 要求:PE 接地线采用绿/黄双色线,以便日后检修与零线区别。

六、防火要求

1. 无自然通风的厨房应设可燃气体探测器,并联动排风机。

2. 导线与导线,导线与设备的连接应牢固可靠。

3. 当配线敷设在吊顶内时,应穿金属管、阻燃管保护。

4. 开关插座和照明灯具靠近可燃物时,应采取隔热散热等防火措施。

七、防雷接地

1. 本工程建筑高度小于 10m,达不到现行国家标准《农村民居雷电防护工程技术规范》GB 50952 要求,不需防雷。

2. 本建筑采用总等电位联结,所有进户金属管道应在进户处与接地系统作可靠电气连接,实施总等电位连接。

3. 卫生间内设局部等电位联结箱,LEB 盒与卫生间楼板主筋可靠焊接,等电位接地盒分别与浴盆,金属管道及金属件等连接。

八、弱电系统

1. 弱电电缆由室外埋地引入各户 RDD 户用弱电信息箱。

2. 弱电线路均予埋管线,暗敷。

3. 弱电线路进户处均设信号浪涌保护器,由专业队完成。

图 名		电气设计说明					电施	1
审核			校对	周建敏 周建敏	设计	詹新 詹新	页次	272

序号	图例	名 称	型号及规格	备 注
1	▬▬	照明配电箱		安装方式详见系统图
2	⊛	餐厅花灯 客厅花灯	LED光源	吸顶安装
3	◎	带罩厨房灯	LED光源	吸顶安装 TP54
4	⊗	带罩厕灯	LED光源	吸顶安装 TP54
5	⊗	普通灯	LED光源	吸顶安装
6	▬	带罩门厅灯	LED光源	吸顶安装 TP54
7	⊗	楼梯壁灯	LED光源	壁装H=2.5m
8	◐	露台壁灯	LED光源	壁装H=2.5m TP67
9	⊡	排风扇	预留接线盒	吸顶安装
10	⚲	声控感应开关	250V 6A	下皮距地1.3m,暗装
11	⚲⚲	单联、双联单控开关	250V 6A	下皮距地1.3m,暗装
12	⚲	单联双控开关	250V 6A	下皮距地1.3m,暗装
13	▼	安全型二三孔插座	250V 10A	下皮距地0.5m,暗装
14	▼K	带开关安全型空调三极插座	250V 16A	下皮距地2.2m,暗装
15	▼H,L	带开关安全型空调三极插座	250V 16A(H,L上下各一)	下皮距地2.2m,暗装 下皮距地0.5m,暗装
16	▼YJ	安全型抽油烟机插座	防护等级IP54 250V 10A	下皮距地2.0m,暗装
19	▼	安全型二三极厨房插座	防护等级IP54 250V 10A	下皮距地1.2m,暗装
18	▼BX	带开关安全型冰箱插座	防护等级IP54 250V 10A	下皮距地0.5m,暗装
20	▼ZT	安全型智能马桶盖插座	防护等级IP54 250V 10A	下皮距地0.5m,暗装
21	▼DY	安全型热水器插座	防护等级IP54 250V 16A	下皮距地2.3m,暗装
22	▼XY	安全型洗衣机插座	防护等级IP54 250V 16A	下皮距地1.2m,暗装
23	⊡	等电位联结端子盒	BXHXC:160×80×80	下皮距地0.3m,暗装
24	⊣TP	语音插座	供应商提供	下皮距地0.3m,暗装
25	⊣TV	电视插座	供应商提供	下皮距地0.3m,暗装
26	⊣TO	数据插座	供应商提供	下皮距地0.3m,暗装
27	⊟	家居配线箱	参考尺寸:300×200×110	下皮距地0.5m,暗装
28	⊙	预留车库门接线盒		下皮距地2.2m,暗装

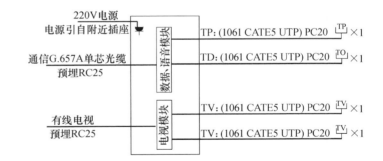

家居弱电箱RDD系统图

注：每户RDD箱具体出线以平面图为准。

图 名		电气系统图				电施	2
审核		校对 周建敏		设计 詹新		页次	273

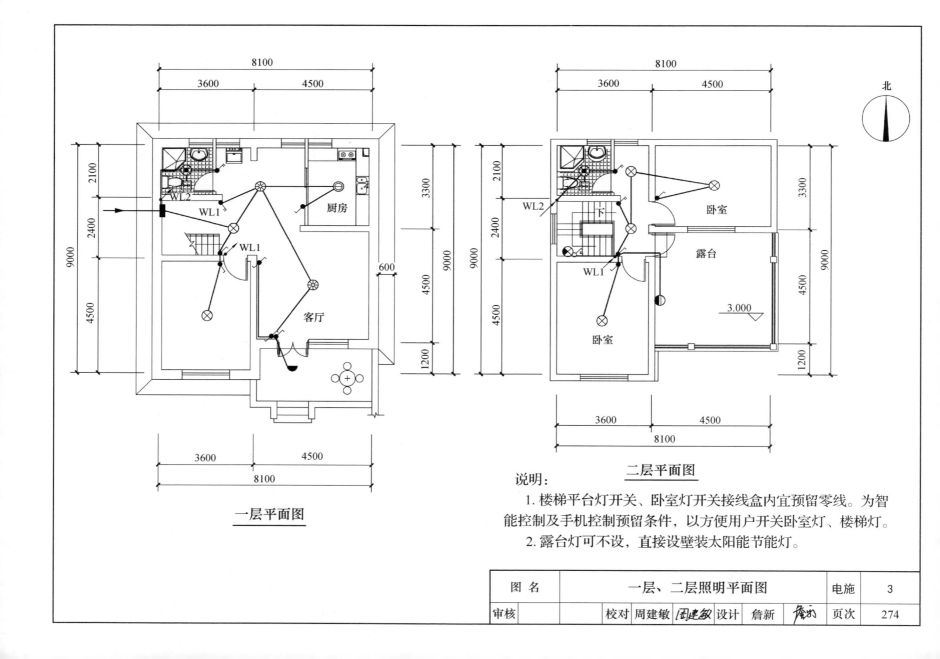

一层平面图

二层平面图

北

说明：
1. 楼梯平台灯开关、卧室灯开关接线盒内宜预留零线。为智能控制及手机控制预留条件，以方便用户开关卧室灯、楼梯灯。
2. 露台灯可不设，直接设壁装太阳能节能灯。

图 名			一层、二层照明平面图		电施	3
审核		校对 周建敏 周建敏	设计 詹新 詹新		页次	274

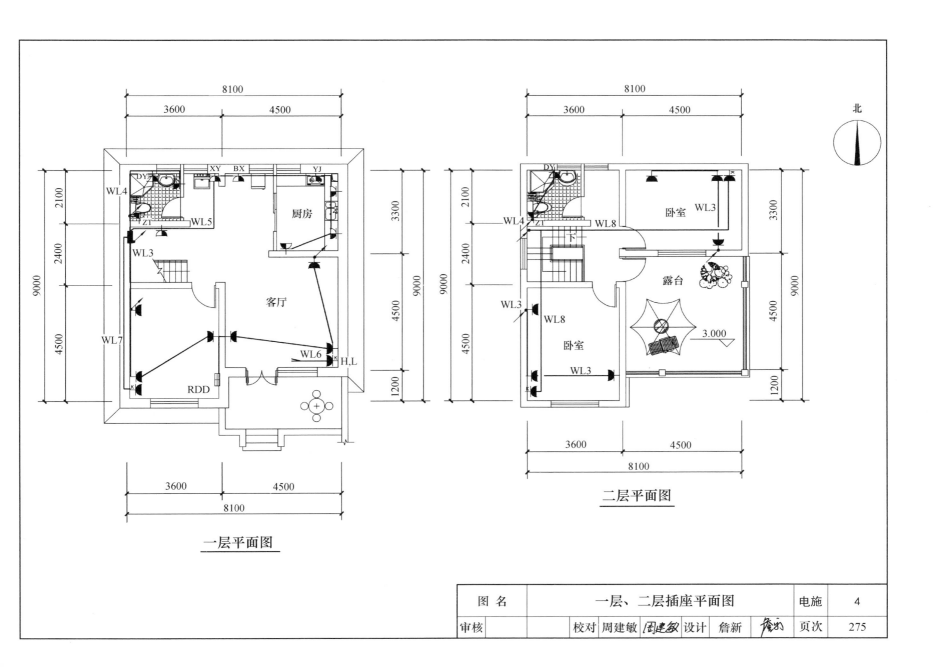

一层平面图

二层平面图

北

图 名	一层、二层插座平面图	电施	4
审核	校对 周建敏 周建敏 设计 詹新	页次	275

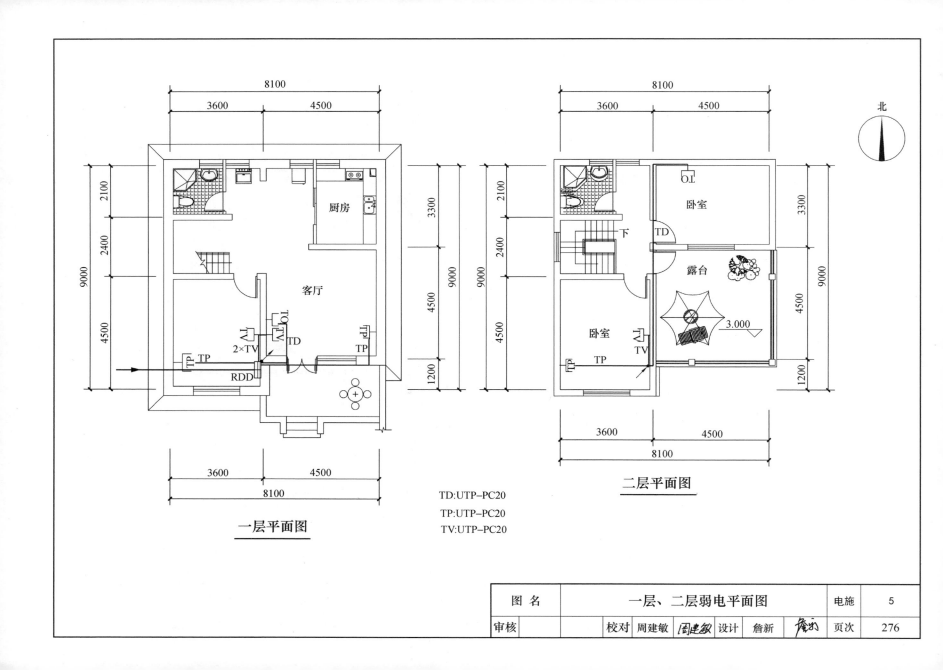

一层平面图

二层平面图

北

TD:UTP–PC20
TP:UTP–PC20
TV:UTP–PC20

客厅

厨房

卧室

卧室

露台

3.000

2×TV

RDD

TP

TP

TP

TP

TP

TD

TD

TV

TV

TO

TO

TO

下

图 名	一层、二层弱电平面图	电施	5
审核	校对 周建敏 设计 詹新	页次	276

土建工程主要材料明细表

序号	名　　　称	规格型号	单位	数量	序号	名　　　称	规格型号	单位	数量
1	钢筋 Φ10 以内	一级	t	0.4375	23	外墙涂料		kg	65.7250
2	钢筋 Φ10 以内	三级	t	1.4484	24	石油沥青 30♯		t	0.0299
3	钢筋 Φ20 以内	三级	t	0.9682	25	SBS 改性沥青防水卷材 4mm		m²	125.0955
4	水泥 32.5		t	2.4456	26	珍珠岩粉		m³	4.0537
5	白水泥		kg	23.1359	27	炉渣		m³	0.0011
6	预拌混凝土 C15		m³	6.5438	28	100 厚挤塑聚苯板		m²	35.9840
7	预拌混凝土 C20		m³	3.3218	29	100 厚聚苯板		m²	64.0640
8	预拌混凝土 C25		m³	36.6573	30	耐碱涂塑玻纤网格布 5×5		m²	257.1400
9	预拌混凝土 C30		m³	9.7683	31	聚苯板 厚130mm 表观密度 20kg/m³		m²	97.5450
10	生石灰		t	4.3726	32	聚苯板 厚110mm 表观密度 20kg/m³		m²	207.9000
11	中砂		t	8.7312	33	聚苯板 55mm		m²	125.4750
12	标准砖 240×115×53		千块	17.7518	34	瓷砖 300×600		m²	48.2760
13	水泥砖 240×115×53		千块	13.1448	35	干混砌筑砂浆 DMM5		t	6.6231
14	水泥瓦 385×235×14		千块	0.9918	36	干混砌筑砂浆 DMM10		t	8.0595
15	水泥脊瓦		千块	0.0172	37	干混抹灰砂浆 DPM15		t	8.5582
16	陶瓷地面砖 200×200		m²	35.9840	38	干混抹灰砂浆 DPM20		t	4.4031
17	陶瓷地砖		m²	21.0971	39	干混地面砂浆 DSM15		t	6.5860
18	陶瓷地面砖 300×300		m²	8.0080	40	干混地面砂浆 DSM20		t	0.6557
19	陶瓷地面砖 800×800		m²	96.6600	41	干混地面砂浆 DSM25		t	0.0834
20	不锈钢栏杆		m	13.7530	42	聚苯乙烯板（阻燃型）20 厚		m²	104.868
21	聚合物粘结砂浆		kg	2574.6600					
22	聚合物抗裂砂浆		kg	1246.14					

图　名	土建工程主要材料明细表	预算	1
审核 尹景春 *尹景春* 校对 徐佳韬 *徐佳韬* 编制 姚桂芬 *姚桂芬*		页次	277

给排水工程主要材料明细表

序号	名　　　称	规格型号	单位	数量
1	洗脸盆		组	2
2	坐便器		组	2
3	淋浴器		组	2
4	洗涤盆		组	1
5	水表 $DN32$		组	1
6	截止阀 $DN32$		个	1
7	止回阀 $DN32$		个	1
8	止回阀 $DN20$		个	1
9	截止阀 $DN25$		个	2
10	截止阀 $DN20$		个	3
11	给水 PPR 管 $DN32$		m	3.15
12	给水 PPR 管 $DN25$		m	9.6
13	给水 PPR 管 $DN20$		m	46
14	排水管 $DN50$		m	4
15	排水管 $DN75$		m	4.8
16	排水管 $DN110$		m	12.4
17	地漏 $DN50$		个	4
18	洗衣机地漏 $DN50$		个	2

采暖工程主要材料明细表

序号	名　　　称	规格型号	单位	数量
1	燃气壁挂炉		台	1
2	分集水器（2 路）		台	2
3	Y 形过滤器 $DN32$		个	2
4	温控阀 $DN32$		个	2
5	泄水阀 $DN32$		个	4
6	截止阀 $DN32$		个	6
7	铜球阀 $DN20$		个	8
8	自动排气阀 $DN20$		个	2
9	地暖管 $DN20×2.0$ PE-RT	S5	m	324.6
10	PP-R 管 $DN32$	S5	m	5
11	PP-R 管 $DN25$	S5	m	8.4

图 名	给排水、采暖工程主要材料明细表	预算	2
审核 尹景春 *尹景春* 校对 徐佳韬 *徐佳韬* 编制 姚桂芬 *姚桂芬*		页次	278

电气工程主要材料明细表

序号	名　称	规格型号	单位	数量	序号	名　称	规格型号	单位	数量
1	照明配电箱		台	1	23	等电位联结端子盒		个	2
2	餐厅花灯 客厅花灯		套	2	24	语音插座		个	2
3	带罩厨房灯		套	1	25	电视插座		个	5
4	带罩厕灯		套	2	26	数据插座		个	2
5	普通灯		套	6	27	家居配线箱		台	1
6	带罩门厅灯		套	1	28	预留车库门接线盒		个	1
7	楼梯壁灯		套	1	29	PC20		m	78.8
8	露台壁灯		套	1	30	PC25		m	165.7
9	排风扇		套	2	31	RC32		m	4.8
10	声控感应开关		个	1	32	BV2.5mm²		m	236.4
11	单联单控开关		个	7	33	BV4mm²		m	497.1
12	双联单控开关		个	4	34	YJY22-3×16		m	4.8
13	单联双控开关		个	2	35	PC20		m	69.3
14	安全型二三孔插座		个	13	36	RC25		m	13.6
15	带开关安全型空调三极插座		个	3	37	CATE5 UTP		m	69.3
16	带开关安全型空调三极插座		个	2					
17	安全型抽油烟机插座		个	1					
18	安全型二三极厨房插座		个	5					
19	带开关安全型冰箱插座		个	1					
20	安全型智能马桶盖插座		个	2					
21	安全型热水器插座		个	2					
22	安全型洗衣机插座		个	1					

图　名	电气工程主要材料明细表	预算	3
审核 尹景春 尹景春	校对 徐佳韬 徐佳韬	设计 姚桂芬 姚桂芬	页次 279

民居施工图二　砌体墙体

建 筑 设 计 说 明

一、项目概况

1. 该建筑为二层民居，由三室、两厅、书房、厨房、两卫、车库、露台组成，（餐厅与厨房综合使用）；层高 3m，室内外高差 0.45m；建筑面积 165m²。

2. 砌体结构；建筑物耐火等级：二级；建筑物设计使用年限：50 年；抗震设防烈度：7 度；屋面防水等级：Ⅱ 级。

二、设计依据

1. 现行国家有关标准

1.1 《民用建筑设计统一标准》	GB 50352
1.2 《住宅建筑规范》	GB 50368
1.3 《住宅设计规范》	GB 50096
1.4 《农村防火规范》	GB 50039
1.5 《农村居住建筑节能设计标准》	GB/T 50824
1.6 《外墙外保温工程技术标准》	JGJ 144
1.7 《屋面工程技术规范》	GB 50345
1.8 《建筑玻璃应用技术规程》	JGJ 113
1.9 《建筑地面设计规范》	GB 50037

2. 国家其他现行规范

三、设计标高

1. 本工程±0.000 由建设方确定。

2. 各层标高为完成面标高（建筑面标高），屋面标高为结构面标高

3. 本工程标高以 m 为单位，其他尺寸以 mm 为单位。

四、外装修工程

1. 外墙保温采用膨胀聚苯板。

2. 本工程外装材料及颜色详见立面标注。

3. 构造柱、梁等外露面应先作除油处理后，再作相应的外墙装修。

4. 外墙线角、窗头、雨篷、挑檐均作滴水。

五、内装修工程

1. 楼地面执行现行国家标准《建筑地面设计规范》GB 50037 的相关规定，工程做法见施工图。

2. 除注明者外，卫生间及有地漏房间楼地面应向地漏处找 0.5‰～1‰ 坡，卫生间入口处较本层临近房间楼、地面低 20mm，具体做法见建筑工程做法表。卫生间四周墙体除门洞口、剪力墙及混凝土柱外，浇 C15 素混凝土至楼面以上 200mm，宽同墙厚。

3. 所有户内门洞口阳角处做 1:2 水泥砂浆包角，同门高，各边宽 50mm。

4. 高窗窗台为 1:2.5 水泥砂浆窗台，外涂白色乳胶漆，住宅内窗台板由用户自理。

六、门窗工程

1. 门窗采用塑钢中空玻璃门窗，所有外窗开启扇均带纱扇（门窗的具体尺寸、数量等见施工图）；型材规格、物理性能根据当地情况选用。

2. 门窗玻璃选用应遵照现行行业标准《建筑玻璃应用技术规程》JGJ 113 和《建筑安全玻璃管理规定》（发改运行［2003］2116 号）的有关规定。

3. 外门窗框与门窗洞口之间的缝隙应用高效保温材料填实，并用密封膏嵌缝，不得采用普通水泥砂浆补缝。

图 名		建筑设计说明				建施	1
审核	张乐	张乐	校对	李俊町	李俊町	设计	耿慧聪	耿慧聪	页次	281

4. 门窗立面均表示洞口尺寸，门窗安装前须校核洞口尺寸，加工尺寸要按照装修面厚度由承包商予以调整。

5. 门窗立樘：外门窗立樘详见节点详图，无特殊注明者均居中立樘。

七、其他部分

1. 墙体材料：墙体采用砌体，后砌隔墙采用轻质砌块，后砌隔墙120mm厚。

2. 楼梯栏杆

2.1 露台栏杆采用成品铸铁栏杆。

2.2 住宅楼梯间采用不锈钢栏杆扶手，楼梯踏步做防滑条。

2.3 梯段部位栏杆高900mm，直段≥500mm时栏杆高1050mm，栏杆间净距≤110mm。

3. 油漆涂料工程

3.1 室内木门窗油漆选用中灰色，底油一道，调和漆二遍。

3.2 室内外各项露明金属件的油漆为刷防锈漆2道后再作调和漆两遍。

3.3 涂料：抹面胶浆、复合一层耐碱网布，满刮腻子、磨平。

4. 防水、防潮

4.1 水平防潮层采用20厚1：2.5水泥砂浆（掺3％防水剂），标高－0.060。

4.2 楼地面防水。凡需防水防潮的房间均做1.5厚聚氨酯防水层，具体做法见相关施工图纸及材料做法表。

4.3 屋面防水：本工程的屋面防水等级为Ⅱ级，防水层合理使用年限为10年。屋面排水组织见屋顶平面图中标注，雨水斗、雨水管采用UPVC，雨水管的公称直径均为DN100。

八、防火设计

1. 本工程耐火等级二级。

2. 外墙保温材料膨胀聚苯板燃烧性能为B1级。

九、建筑节能

1. 本工程墙体采用砌块混合结构，外墙采用聚苯板保温层厚130mm，屋面采用聚苯板保温层厚100mm。

2. 保温采用的膨胀聚苯板表观密度20kg/m³，其他性能指标需满足有关标准要求。

3. 外窗采用塑钢中空玻璃窗（4＋6A＋4）。

4. 采暖方式：低温热水地板辐射采暖。

5. 生活热水：太阳能。

十、本工程为参考图纸，当设防烈度、气候区属、材料使用、装修标准、建筑风格等与当地不符合时可根据实际情况进行调整。

图 名	建筑设计说明					建施	2
审核	张乐	张乐	校对	李俊町	李俊町	设计	耿慧聪	耿慧聪	页次	282

建 筑 工 程 做 法

一、室外工程

台阶：

20～25 厚防滑石质板材踏步；

30 厚 1：3 干硬性水泥砂浆；

素水泥浆一道；

60 厚 C15 混凝土台阶；

300 厚 3：7 灰土；

素土夯实。

坡道：

60 厚 C20 混凝土，随捣随抹麻面；

300 厚 3：7 灰土；

素土夯实。

散水：

60 厚 C20 混凝土；

上撒 1：1 水泥砂子压实赶光；

150 厚 3：7 灰土，宽出面层 100；

素土夯实，向外坡 4％。

二、围护工程

外墙面（保温板）：

面浆（或涂料）饰面；

5 厚聚合物抗裂砂浆复合耐碱玻纤网格布。

勒脚：

20 厚 1：2.5 水泥砂浆分二次抹面压实赶光。

三、屋面工程

坡屋面：

60 厚屋顶面砖留缝顺砌；

60 厚砖砌块留浆横砌；

改性沥青防水卷材；

30 厚 C20 细石混凝土找平层；

聚苯板保温层 100 厚；

钢筋混凝土板。

平屋面：

60 厚屋顶面砖留缝顺砌；

60 厚砖砌块留浆横砌；

改性沥青防水卷材；

20 厚 1：3 水泥砂浆找平层；

100 厚挤塑聚苯板保温层；

轻集料混凝土找坡（最薄 30）；

钢筋混凝土屋面板。

上人屋面：

50 厚铺块材，干水泥擦缝；

10 厚低标号砂浆隔离层；

改性沥青防水卷材；

以下部分同上。

四、楼、地面

地面 1（用于工具库）：

40 厚 C20 细石混凝土内配 $\phi3@50$ 钢丝网片表面撒 1：1 水泥砂子随打随抹光；

60 厚 C15 混凝土垫层；

素土夯实。

地面 2（用于一般房间）：

10 厚地砖，干水泥擦缝；

20 厚干硬性水泥砂浆结合层；

50 厚 C15 豆石混凝土填充层；

$\phi3@50$ 低碳钢丝网（埋地暖管）；

20 厚聚苯乙烯泡沫塑料板材。

地面 3（用于卫生间）：

10 厚地砖，干水泥擦缝；

30 厚干硬性水泥砂浆；

1.5 厚聚氨酯防水层，四周沿墙上翻 100 高；

C15 豆石混凝土填充层（埋地暖管）找坡不小于 0.5％，最薄处 50。

注：楼面做法同地面做法，基层为现浇板。

五、内墙面、踢脚、顶棚

内墙面 1（砖墙）：

面浆（或涂料）饰面；

6 厚 1：0.5：3 水泥石灰砂浆抹平；

9 厚 1：1：6 水泥石灰砂浆打底。

墙面 2（卫生间）：

白水泥擦缝；

5 厚墙面砖，贴前墙砖充分湿润；

5 厚 1：2 建筑胶水泥砂浆粘接层；

9 厚 1：2.5 水泥砂浆打底。

踢脚：

5～7 厚面砖；

5 厚 1：2 建筑胶水泥砂浆粘接层；

9 厚 1：2.5 水泥砂浆打底。

顶棚：

面浆（或涂料）饰面；

2～3 厚柔韧型腻子分遍刮平；

混凝土底板面清理干净。

图 名				建筑工程做法				建施	3
审核	张乐	張乐	校对	李俊町	李俊町	设计	耿慧聪	耿慧聪	页次
									283

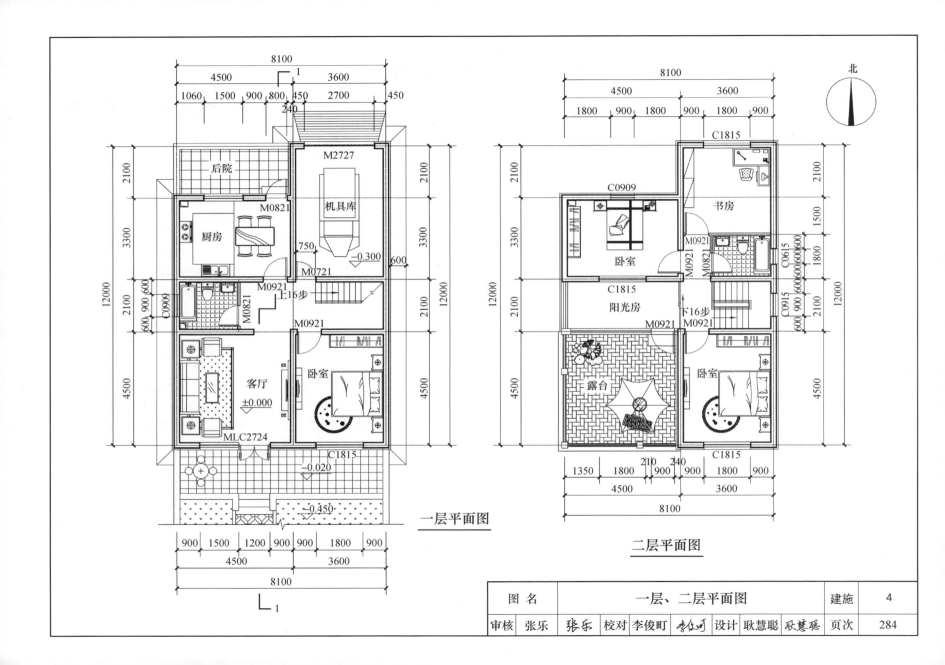

一层平面图

二层平面图

北

后院
厨房
机具库 M2727
M0821
M0721
−0.300
上16步
M0921
M0821
M0921
客厅
±0.000
卧室
MLC2724
C1815
−0.020
−0.450
C0909

C1815
C0909
书房
卧室
阳光房
下16步
M0921
M0821
M0921
M0921
露台
卧室
C1815
C0615
C0915

图　名	一层、二层平面图	建施	4
审核 张乐　张乐	校对 李俊町　李俊町　设计 耿慧聪　耿慧聪	页次	284

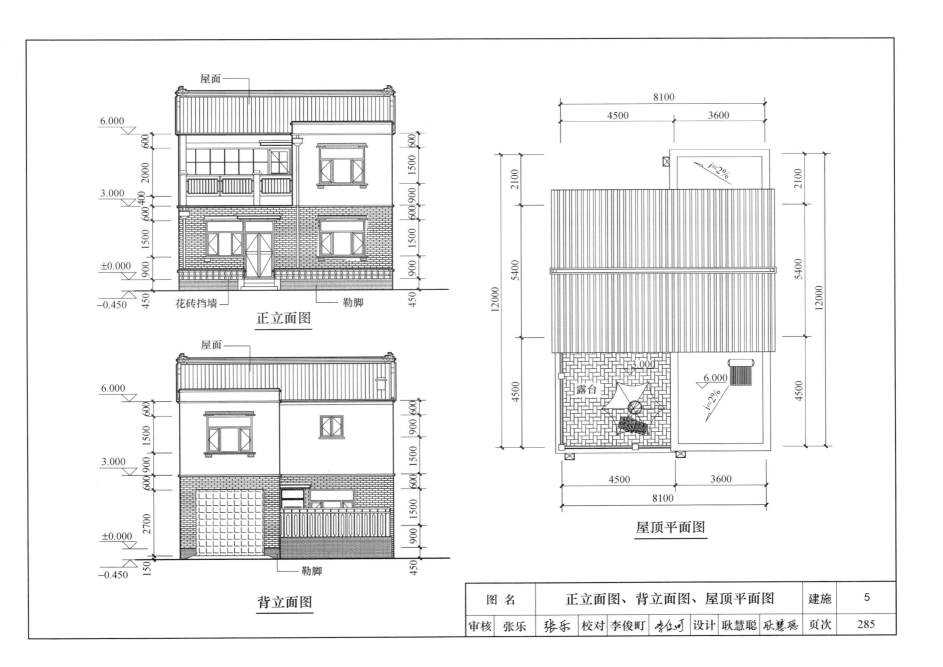

正立面图

屋面

花砖挡墙   勒脚

背立面图

屋面

勒脚

屋顶平面图

露台

图 名	正立面图、背立面图、屋顶平面图	建施	5
审核 张乐 张乐	校对 李俊町 李任町 设计 耿慧聪 耿慧聪	页次	285

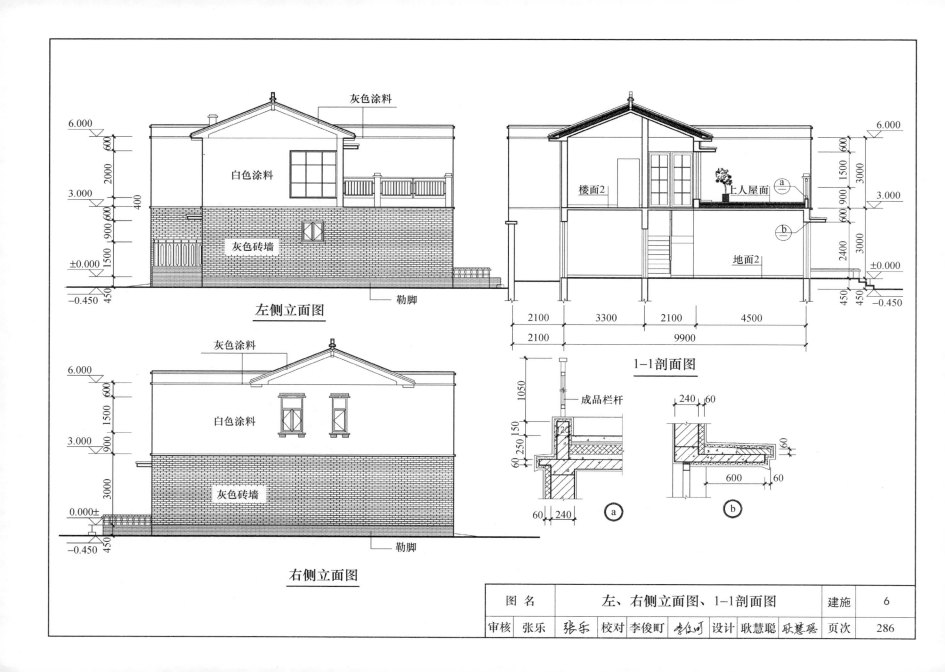

灰色涂料

6.000

600

2000

白色涂料

3.000

400

600

灰色砖墙

±0.000

900

1500

−0.450

450

勒脚

左侧立面图

灰色涂料

6.000

600

1500

白色涂料

3.000

900

灰色砖墙

0.000±

3000

−0.450

450

勒脚

右侧立面图

灰色涂料

6.000

600

600

1500

楼面2

900

600

上人屋面

ⓐ

600

3000

3.000

地面2

2400

3000

ⓑ

±0.000

450 450

−0.450

2100 3300 2100 4500

2100 9900

1−1剖面图

1050

成品栏杆

150

60 250

120

60

60 240

ⓐ

240 60

60

600 60

ⓑ

图 名	左、右侧立面图、1−1剖面图	建施	6
审核 张乐 张乐	校对 李俊町 李俊町 设计 耿慧聪 耿慧聪	页次	286

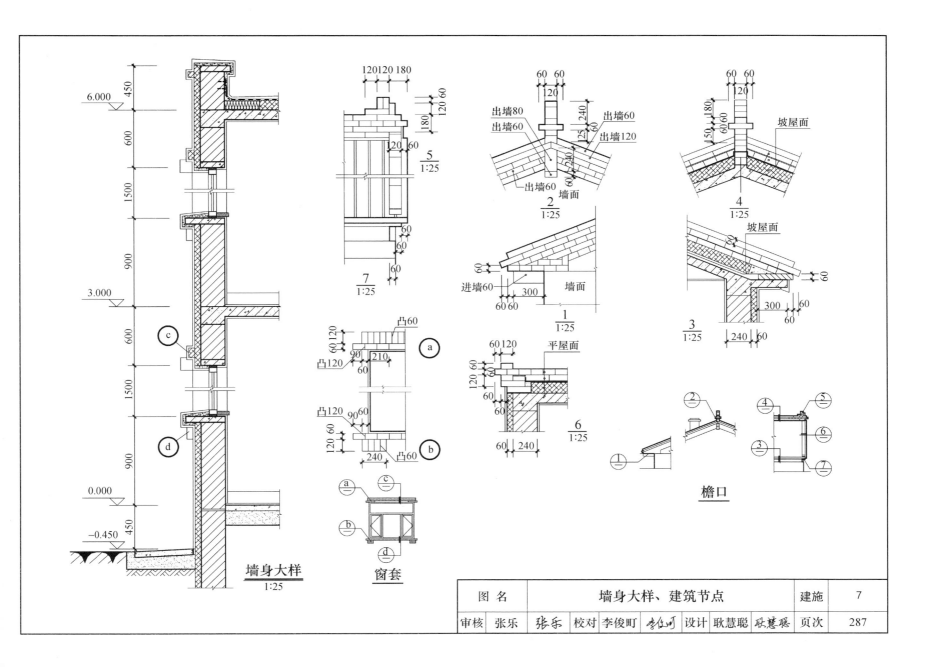

墙身大样
1:25

窗套

5
1:25

7
1:25

2
1:25

1
1:25

4
1:25

3
1:25

6
1:25

檐口

图　名	墙身大样、建筑节点	建施	7
审核 张乐　张乐　校对 李俊町　李俊町　设计 耿慧聪　耿慧聪		页次	287

结 构 设 计 说 明

一、工程概况：

1. 本工程为村镇民居工程，主体二层，混合结构。

2. 本工程的全部尺寸（除注明者外）均以 mm 为单位，标高以 m 为单位。

3. 相对标高：本工程±0.000 与当地规划部门协商确定。

4. 设计荷载：一般房间/露台/不上人屋面 2.0/2.5/0.5（kN/m²）。

5. 设防烈度：本工程按 7 度设防设计（0.15g）。

6. 基础形式：条形基础 地基承载力：$F_{spk}=110kPa$（冰冻线为 0.6m）。

7. 结构使用年限：50 年。

二、设计依据

1. 《建筑结构可靠性设计统一标准》 GB 50068

2. 《建筑工程抗震设防分类标准》 GB 50223

3. 《建筑结构荷载规范》 GB 50009

4. 《建筑地基基础设计规范》 GB 50007

5. 《混凝土结构设计规范》 GB 50010

6. 《建筑抗震设计规范》 GB 50011

7. 《砌体结构设计规范》 GB 50003

8. 其他国家相关规范

三、结构采用材料

1. 混凝土强度等级：

0.000 以下 C30、基础垫层 C15；

0.000 以上雨篷、挑檐 C30，其他 C25；

2. 墙身：砌体 MU10，混合砂浆 M5.0。

3. 钢筋：

HPB300 钢筋强度设计值 270N/mm²，以（Φ）表示；

HRB400 钢筋强度设计值 360N/mm²，以（Φ）表示。

钢筋必须具有出厂合格证且要求复检，钢筋强度标准值应具有不小于 95％的保证率。受力预埋件的锚筋应采用 HRB400 或 HPB300 钢筋，不得采用冷加工钢筋。

4. 焊条：HPB300 采用 43xx 型焊条，HRB400 采用 E50xx 型焊条。

5. 油漆：凡外露钢铁件必须在除锈后涂防腐漆，面漆两道。

四、结构构造与施工

1. 最外层钢筋的混凝土保护层厚度（mm），梁柱、雨篷、挑檐 25、板 15、卫生间板为 20。

2. 首层楼梯间半高处加 2φ8 钢筋一道。

3. 首层墙拉结钢筋、楼层圈梁、过梁见大样图，构造柱采用先砌墙后浇柱。

4. 多层砌体房屋和底部框架砌体房屋部分参照《建筑物抗震构造详图》11G329-2 施工。

5. 现浇混凝土框架、剪力墙、梁、板和混凝土板式楼梯参照《混凝土结构施工图平面整体表示方法制图规则和构造详图》16G101-1、16G101-2 施工。

6. 梁、板按跨度的 0.2‰起拱．悬臂梁按悬臂长度的 0.4‰。

7. 简支梁压满支座，内墙阳角、单肢墙处压墙 500。

8. 基础应设置在老土层上。

图 名	结构设计说明		结施	1
审核 黄瑞芳 *黄瑞芳*	校对 曹学斌 *曹学斌*	设计 孙建芳 *孙建芳*	页次	288

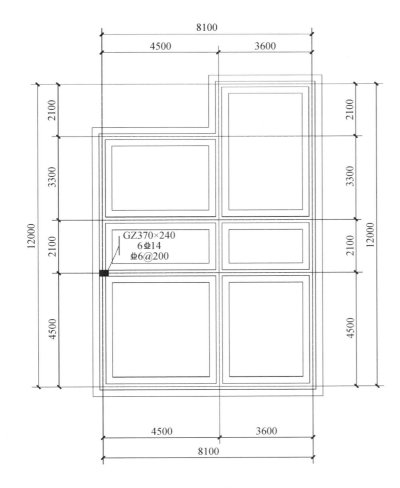

基础平面图

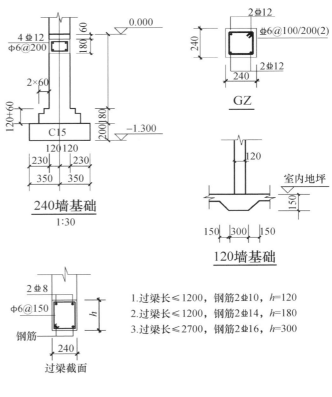

240墙基础
1:30

GZ

120墙基础

1.过梁长≤1200，钢筋2ϕ10，h=120
2.过梁长≤1200，钢筋2ϕ14，h=180
3.过梁长≤2700，钢筋2ϕ16，h=300

过梁截面

说明：
1. 基础砖MU15，水泥砂浆M10，垫层C15；
2. 防潮层60厚，240墙配筋2ϕ8，层顶标高−0.060。

图 名	基础平面、节点大样图	结施	2
审核 黄瑞芳 黄瑞芳	校对 曹学斌	设计 孙建芳	页次 289

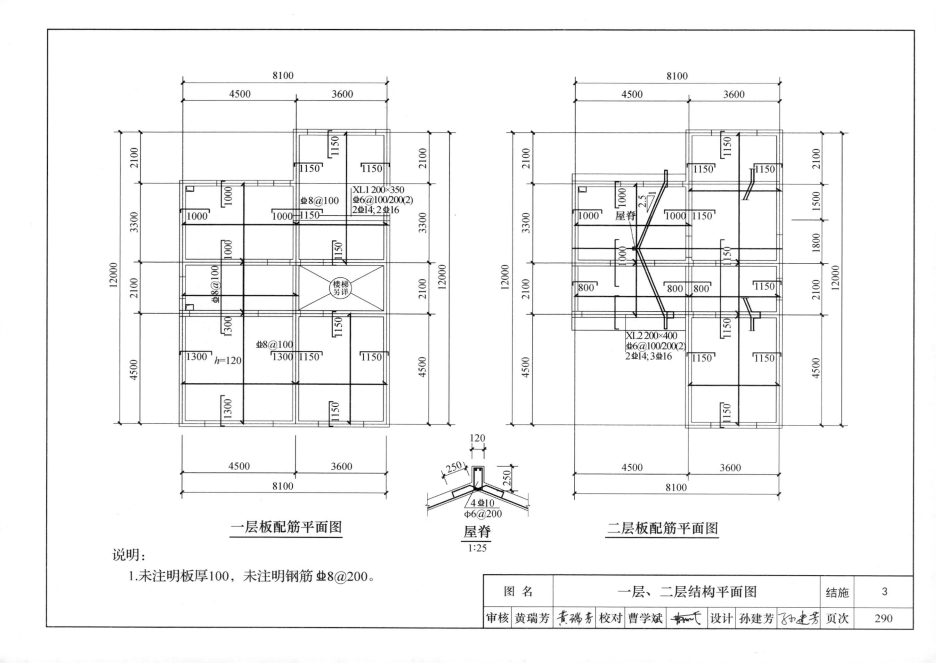

一层板配筋平面图

屋脊
1:25

二层板配筋平面图

说明：
1.未注明板厚100，未注明钢筋 ⊈8@200。

图 名	一层、二层结构平面图	结施	3
审核 黄瑞芳 黄瑞芳	校对 曹学斌	设计 孙建芳	页次 290

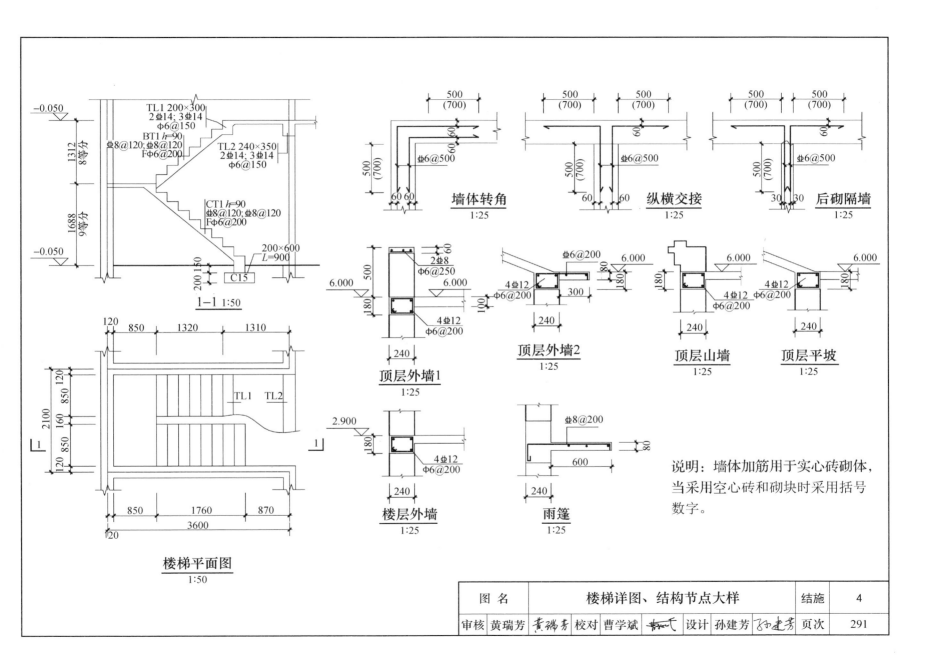

-0.050

TL1 200×300
2Φ14; 3Φ14
Φ6@150
BT1 *h*=90
Φ8@120; Φ8@120
FΦ6@200

TL2 240×350
2Φ14; 3Φ14
Φ6@150

1312
8等分

1688
9等分

CT1 *h*=90
Φ8@120; Φ8@120
FΦ6@200

200×600
L=900

-0.050

200 150

C15

1−1 1:50

120
850 1320 1310

120
850
160
850
120

2100

850 1760 870
3600
120

TL1 TL2

1

1

楼梯平面图
1:50

500
(700)

500
(700)

60
60

Φ6@500

60
60

60
60

墙体转角
1:25

500
(700)

500
(700)

60

Φ6@500

60 60

纵横交接
1:25

500
(700)

500
(700)

60

Φ6@500

30 30

后砌隔墙
1:25

500

6.000

180

2Φ8
Φ6@250

6.000

4Φ12
Φ6@200

240

顶层外墙1
1:25

Φ6@200

6.000

180

4Φ12
Φ6@200

300

100

240

顶层外墙2
1:25

6.000

180

4Φ12
Φ6@200

240

顶层山墙
1:25

6.000

180

4Φ12
Φ6@200

240

顶层平坡
1:25

2.900

180

4Φ12
Φ6@200

240

楼层外墙
1:25

Φ8@200

600

80

240

雨篷
1:25

说明：墙体加筋用于实心砖砌体，
当采用空心砖和砌块时采用括号
数字。

图 名	**楼梯详图、结构节点大样**	结施	4
审核 黄瑞芳 黄瑞芳	校对 曹学斌	设计 孙建芳	页次 291

给排水设计说明

一、项目概况

该建筑为二层民居，由三室、两厅、书房、厨房、两卫、车库、露台组成，层高3m，室内外高差0.45m；建筑面积165m²。

二、设计依据

1. 现行国家有关标准

1.1 《建筑给水排水设计标准》 GB 50015

1.2 《住宅建筑规范》 GB 50368

1.3 《住宅设计规范》 GB 50096

1.4 《民用建筑太阳能系统应用技术标准》 GB 50364

1.5 《生活饮用水卫生标准》 GB 5749

三、设计内容

本工程给排水设计包括生活给水、生活排水、生活热水系统。

四、生活给水系统

1. 本工程户内生活给水设计为下行上给式给水系统。水源为自来水，水压0.16MPa，一户一表，水表选用DN20远传水表；日用水量：最高日生活用水定额按130L/（人·d）选取，每户按6人计。

2. 管材：生活给水管道采用改性聚丙烯给水管（PP-R），管材为级别1，S5系列，设计压力0.60MPa，热熔连接。

五、生活热水系统

1. 本工程太阳能采用每户分散式热水系统。集热板面积不小于3.00m²，水箱设计为200L水箱，并设有电辅加热措施，电辅加热功率为1.5kW，加热系统必须带有保证使用安全的装置。

2. 管材：户内生活热水管采用PP-R管，设计压力0.6MPa，热熔连接。

3. 注意事项：安装在建筑上或直接构成建筑围护结构的太阳能集热器，应与防止热水渗漏及蒸汽外泄的安全保障措施；太阳能热水系统应安全可靠，内置加热必须带有保证使用安全的装置，并根据不同应地区采取防冻、防结露、防过热、防雷、抗雹、抗风、抗震等技术措施；太阳能热水系统的基座应与建筑主体结构连接牢固；支撑太阳能热水系统的钢结构支架应与建筑物接地系统可靠连接。

六、排水系统

1. 排水系统：生活排水采用污废合流，重力自流，经排水管道收集后排至室外；空调冷凝水，空调主机板附近设空调冷凝水收集管，排至地面散水处。

2. 管材：实壁UPVC管，承插粘接。

七、安装

1. 厨房洗池、洗脸盆、淋浴器、连体式下排水坐便器安装参见《卫生设备安装》09S304。

2. 水封装置的水封深度不得小于50mm，严禁采用活动机械活瓣替代水封，严禁采用钟式结构地漏。

八、管道设备保温及试压：

1. 管道保温、防结露：位于不采暖房间的给排水管道做50mm厚橡塑管（B1级难燃型）保温。

2. 管道试压：参见现行国家标准《建筑给水排水及采暖工程施工质量验收规范》GB 50242的规定。

图 名	给排水设计说明		水施	1
审核 代志远 代志远	校对 张浩 张浩	设计 刘广金 刘广金	页次	292

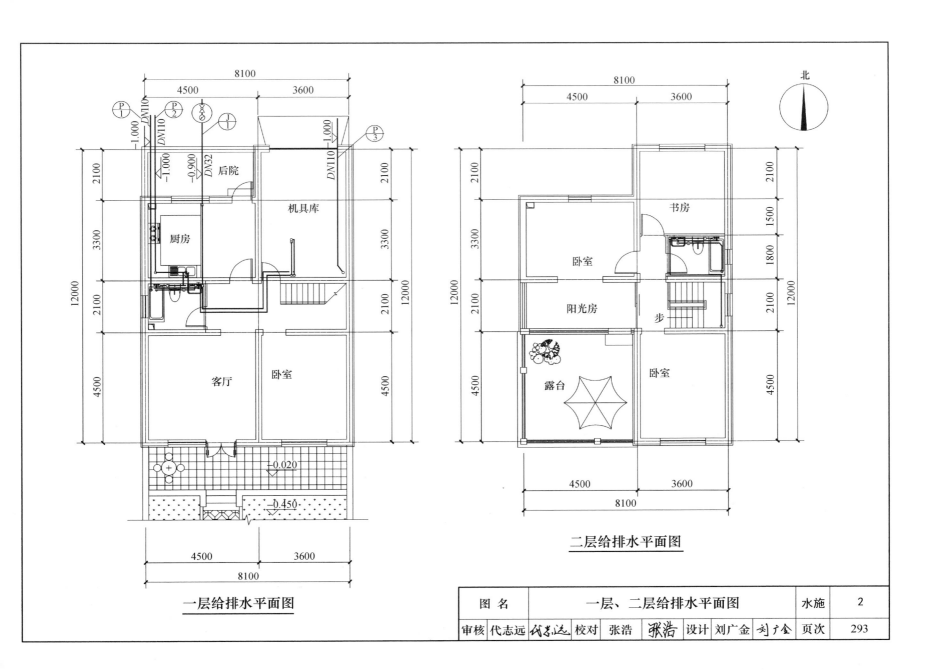

一层给排水平面图

二层给排水平面图

图 名	一层、二层给排水平面图	水施	2
审核 代志远 代志远 校对 张浩 张浩		设计 刘广金 刘广金 页次	293

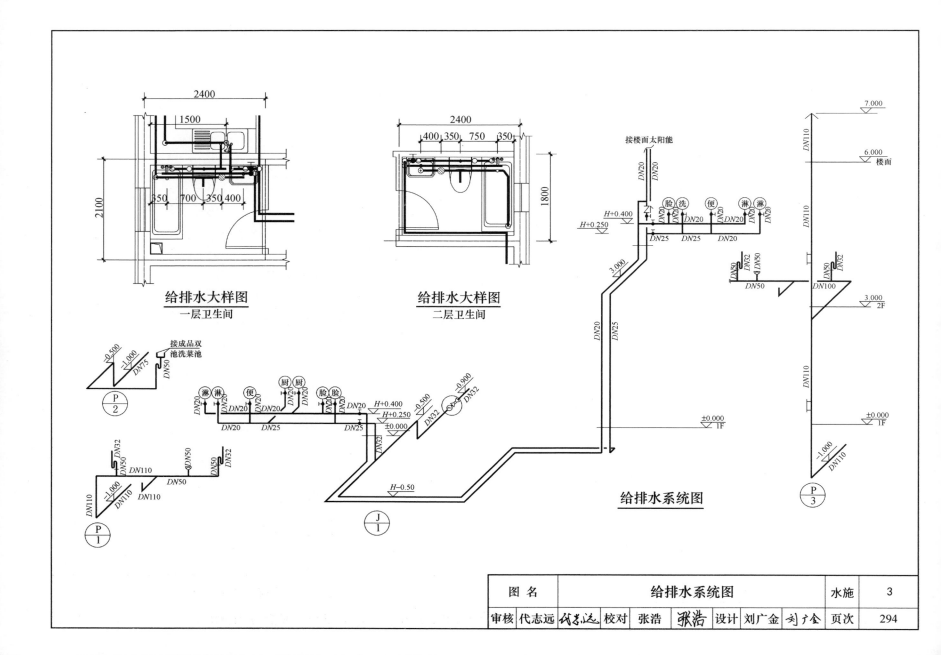

给排水大样图
一层卫生间

给排水大样图
二层卫生间

给排水系统图

接楼面太阳能

接成品双
池洗菜池

图 名	给排水系统图	水施	3
审核 代志远 代志远	校对 张浩 张浩	设计 刘广金 刘广金	页次 294

供 暖 设 计 说 明

一、项目概况

该建筑为二层民居，由三室、两厅、书房、厨房、两卫、车库、露台组成，（餐厅与厨房综合使用）；层高 3m，室内外高差 0.45m；建筑面积 165m²。

二、设计依据

1. 现行国家有关标准

1.1 《民用建筑供暖通风与空气调节设计规范》GB 50736

1.2 《住宅建筑规范》 GB 50368

1.3 《住宅设计规范》 GB 50096

1.4 《辐射供暖供冷技术规程》 JGJ 142

1.5 《严寒和寒冷地区居住建筑节能设计标准》JGJ 26

三、设计内容

本工程暖通设计包括各房间供暖设计、厨房、卫生间通风设计。

设计参数：室外供暖设计温度：−7.6℃；室内供暖设计温度：卧室、客厅、餐厅、卫生间 20℃；厨房 15℃。

四、供暖设计

1. 热源：燃气壁挂炉。

2. 管材、管件：地暖加热盘管采用 PE-RT 管，管径均为 DN20×2.0，使用条件等级为 4 级，S5 系列，$P=0.6MPa$。分集水器前供暖供回水干管采用 PP-R 管，级别 4，S5 系列，$P=0.6MPa$，热熔连接。

五、通风系统

1. 住宅部分各卫生间设置通风器，风量为 80～100m³/h，用户自理。

2. 住宅厨房在变压式风道处需设置抽油烟机进行排风，风量为 350m³/h，用户自理。由可开启的外窗自然进风。

3. 住宅户内采用自然通风满足室内新风要求。

六、系统安装

1. 地板辐射供暖设计及安装说明、分集水器安装、地暖盘管地面及管道铺设做法详见《地面辐射供暖系统施工安装》12K404。

2. 在加热管的铺设区内，严禁穿凿，钻孔或进行射钉作业。

3. 埋地管道不应有接头。

4. 户式燃气炉应采用全封闭式燃烧、平衡式强制排烟型。

七、水压试验及冲洗

1. 加热盘管在浇捣混凝土填充层之前和混凝土填充层养护期满之后，应分别进行系统水压试验。水压试验应以每组分水器，集水器为单位，逐回路进行。加热盘管试验压力为 0.60MPa，试验压力稳压 1h，压力降不大于 0.05MPa，且不渗不漏。

2. 系统试压合格后，应对系统进行冲洗并清扫过滤器及除污器，直至排出水不含泥沙、铁屑等杂质，且水色不浑浊为合格。

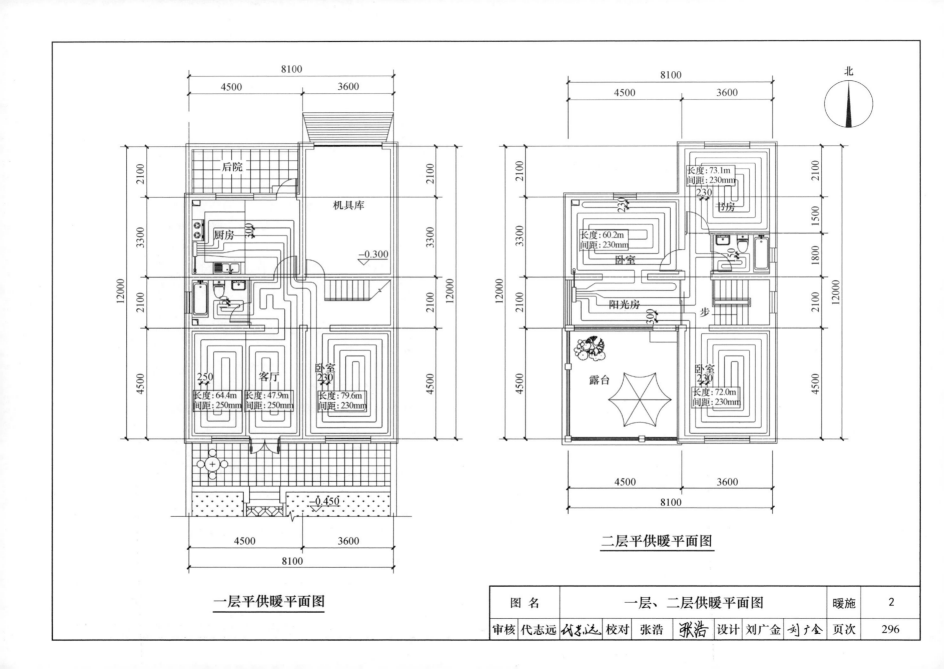

一层平供暖平面图

二层平供暖平面图

图 名	一层、二层供暖平面图	暖施	2
审核 代志远 *代志远*	校对 张浩 *张浩*	设计 刘广金 *刘广金*	页次 296

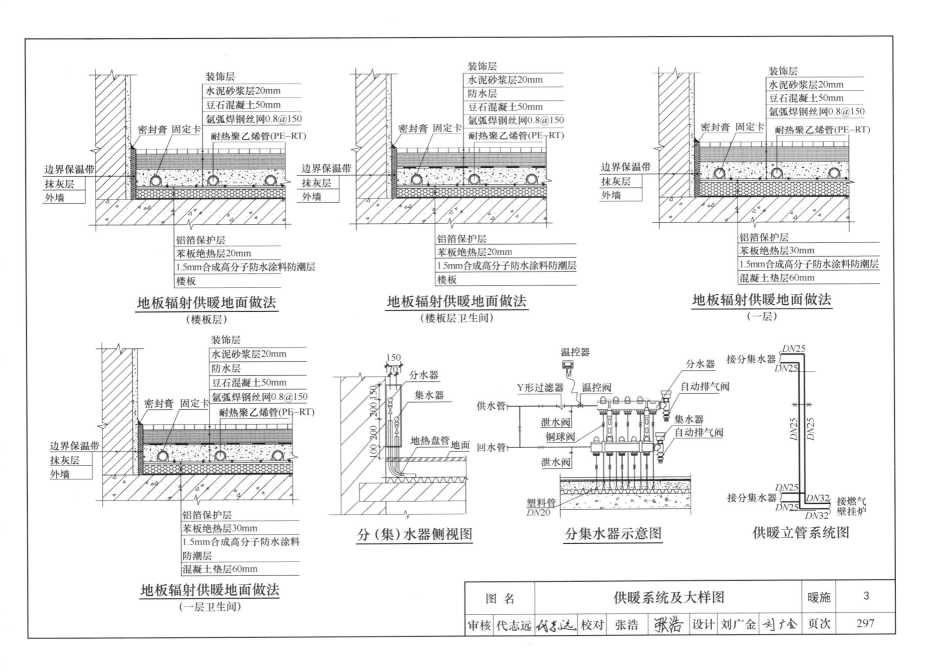

装饰层
水泥砂浆层20mm
豆石混凝土50mm
氩弧焊钢丝网0.8@150
耐热聚乙烯管(PE-RT)

密封膏　固定卡

边界保温带
抹灰层
外墙

铝箔保护层
苯板绝热层20mm
1.5mm合成高分子防水涂料防潮层
楼板

地板辐射供暖地面做法
（楼板层）

装饰层
水泥砂浆层20mm
防水层
豆石混凝土50mm
氩弧焊钢丝网0.8@150
耐热聚乙烯管(PE-RT)

密封膏　固定卡

边界保温带
抹灰层
外墙

铝箔保护层
苯板绝热层20mm
1.5mm合成高分子防水涂料防潮层
楼板

地板辐射供暖地面做法
（楼板层卫生间）

装饰层
水泥砂浆层20mm
豆石混凝土50mm
氩弧焊钢丝网0.8@150
耐热聚乙烯管(PE-RT)

密封膏　固定卡

边界保温带
抹灰层
外墙

铝箔保护层
苯板绝热层30mm
1.5mm合成高分子防水涂料防潮层
混凝土垫层60mm

地板辐射供暖地面做法
（一层）

装饰层
水泥砂浆层20mm
防水层
豆石混凝土50mm
氩弧焊钢丝网0.8@150
耐热聚乙烯管(PE-RT)

密封膏　固定卡

边界保温带
抹灰层
外墙

铝箔保护层
苯板绝热层30mm
1.5mm合成高分子防水涂料
防潮层
混凝土垫层60mm

地板辐射供暖地面做法
（一层卫生间）

150
70

分水器
集水器

地热盘管
地面

塑料管
DN20

分（集）水器侧视图

温控器
分水器
Y形过滤器　温控阀　自动排气阀
供水管
集水器
回水管　铜球阀　自动排气阀
泄水阀
泄水阀

分集水器示意图

DN25
接分集水器
DN25
DN25　DN25
DN25
接分集水器
DN25　DN32　接燃气壁挂炉
DN25　DN32

供暖立管系统图

图 名	供暖系统及大样图	暖施	3
审核 代志远 代志远	校对 张浩 张浩	设计 刘广金 刘广金	页次 297

电 气 设 计 说 明

一、项目概况

1. 该建筑为二层民居，由三室、两厅、书房、厨房、两卫、车库、露台组成，（餐厅与厨房综合使用）；层高 3m，室内外高差 0.45m；建筑面积 165m²。

2. 砌体结构结构；建筑物耐火等级：二级；建筑物合理使用年限：50 年；抗震设防烈度：7 度；屋面防水等级：Ⅱ级。

二、设计依据

1. 现行国家有关标准

1.1 《民用建筑设计统一标准》　　　　GB 50352

1.2 《住宅建筑规范》　　　　　　　　GB 50368

1.3 《住宅设计规范》　　　　　　　　GB 50096

1.4 《农村防火规范》　　　　　　　　GB 50039

1.5 《农村居住建筑节能设计标准》　　GB/T 50824

1.6 《农村民居雷电防护工程技术规范》GB 50952

1.7 《建筑照明设计标准》　　　　　　GB 50034

1.8 《低压配电设计规范》　　　　　　GB 50054

2. 其他国家相关规范

三、低压配电系统

1. 负荷等级：工程照明、插座按三级负荷供电。电缆埋地引入。

2. 计量：室外电表箱处设置计量表。每户按 8kW 设计。

四、照明及节能

1. 灯具、光源均选用高效节能 LED 光源和高效灯具。

2. 按现行国家标准《建筑照明设计标准》GB 50034 的有关规定，房间照明功率密度＜5W/m²。

3. 楼梯间采用节能自熄开关控制。庭院及露台采用壁装太阳能 LED 灯。

五、线路敷设

1. 从配电箱引出的配电线路均采用 BV－0.45/0.75kV 型铜芯导线，2 根导线穿 JDG16 管，3 根穿 JDG20 管，4～7 根穿 JDG25 管。

2. 电缆进户穿焊接钢管保护。进户电力电缆采用铠装电缆。

3. 要求：PE 接地线采用绿/黄双色线，以便日后检修与零线区别。

六、防火要求

1. 无自然通风的厨房应设可燃气体探测器，并联动排风机。

2. 导线与导线，导线与设备的连接应牢固可靠。

3. 当配线敷设在吊顶内时，应穿金属管、阻燃管保护。

4. 开关插座和照明灯具靠近可燃物时，应采取隔热散热等防火措施。

七、防雷接地

1. 本工程建筑高度小于 10m，达不到现行国家标准《农村居民雷电防护工程技术规范》GB 50952 要求，不需防雷。

2. 本建筑采用总等电位联结，所有进户金属管道应在进户处与接地系统作可靠电气连接，实施总等电位连接。

3. 卫生间内设局部等电位联结箱。LEB 盒与卫生间楼板主筋可靠焊接。等电位接地盒分别与浴盆，金属管道及金属件等连接。

八、弱电系统

1. 弱电电缆由室外埋地引入各户 RDD 户用弱电信息箱。

2. 弱电线路均予埋管线，暗敷。

3. 弱电线路进户处均设信号浪涌保护器，由专业队完成。

图 名				电气设计说明			电施	1
审核		校对	周建敏	周建敏	设计	詹新	页次	298

序号	图 例	名 称	型号及规格	备 注
1	▬▬	照明配电箱		安装方式详见系统图
2	⊛	餐厅花灯 客厅花灯	LED光源	吸顶安装
3	◉	带罩厨房灯	LED光源	吸顶安装 TP54
4	⊗	带罩厕灯	LED光源	吸顶安装 TP54
5	⊗	普通灯	LED光源	吸顶安装
6	◠	带罩门厅灯	LED光源	吸顶安装 TP54
7	⊗	楼梯壁灯	LED光源	壁装H=2.5m
8	◐	露台壁灯	LED光源	壁装H=2.5m TP67
9	⊟	排风扇	预留接线盒	吸顶安装
10	⟋	声控感应开关	250V 6A	下皮距地1.3m,暗装
11	⟋	单联、双联单控开关	250V 6A	下皮距地1.3m,暗装
12	⟋	单联双控开关	250V 6A	下皮距地1.3m,暗装
13	▼	安全型二三孔插座	250V 10A	下皮距地0.5m,暗装
14	▼K	带开关安全型空调三极插座	250V 16A	下皮距地2.2m,暗装
15	▼K H,L	带开关安全型空调三极插座	250V 16A(H,L上下各一)	下皮距地2.2m,暗装 下皮距地0.5m,暗装
16	▼YJ	安全型抽油烟机插座	防护等级IP54 250V 10A	下皮距地2.2m,暗装
19	▼	安全型二三极厨房插座	防护等级IP54 250V 10A	下皮距地1.2m,暗装
18	▼BX	带开关安全型冰箱插座	防护等级IP54 250V 10A	下皮距地0.5m,暗装
20	▼ZT	安全型智能马桶盖插座	防护等级IP54 250V 10A	下皮距地0.5m,暗装
21	▼DY	安全型热水器插座	防护等级IP54 250V 16A	下皮距地2.3m,暗装
22	▼XY	安全型洗衣机插座	防护等级IP54 250V 16A	下皮距地1.2m,暗装
23	⊡	等电位联结端子盒	BXHXC:160×80×80	下皮距地0.3m,暗装
24	─TP	语音插座	供应商提供	下皮距地0.3m,暗装
25	─TV	电视插座	供应商提供	下皮距地0.3m,暗装
26	─TO	数据插座	供应商提供	下皮距地0.3m,暗装
27	▱	家居配线箱	参考尺寸：300×200×110	下皮距地0.5m,暗装
28	⊙	预留车库门接线盒		下皮距地2.2m,暗装

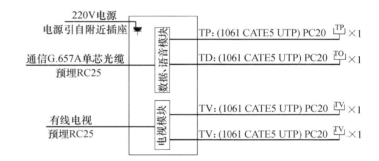

家居弱电箱RDD系统图

注：每户RDD箱具体出线以平面图为准。

图 名	电气系统图	电施	2
审核	校对 周建敏 周建敏 设计 詹新	页次	299

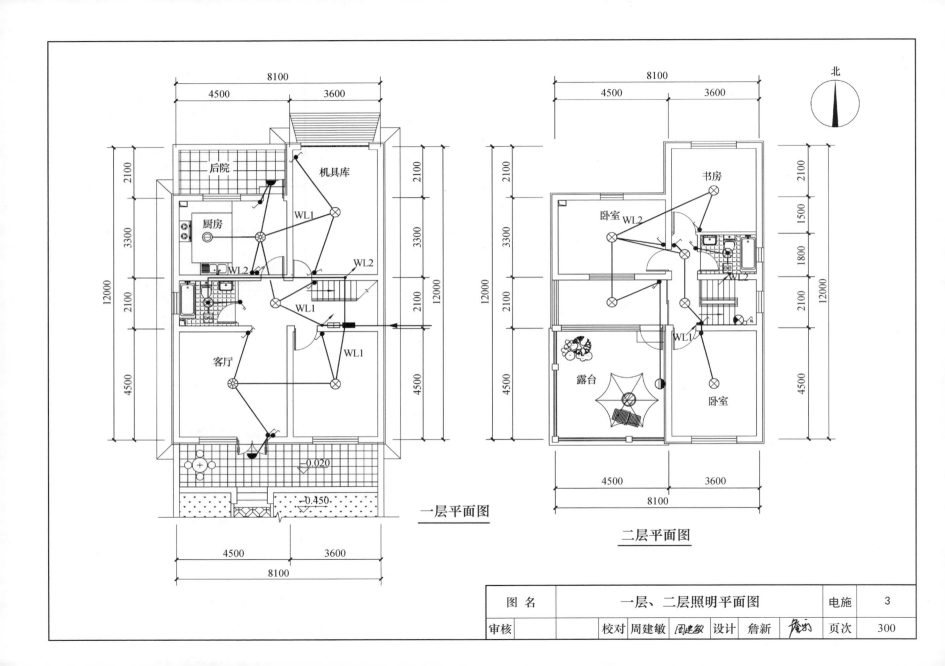

一层平面图

二层平面图

北

图 名	一层、二层照明平面图	电施	3
审核	校对 周建敏 周建敏 设计 詹新 唐弘	页次	300

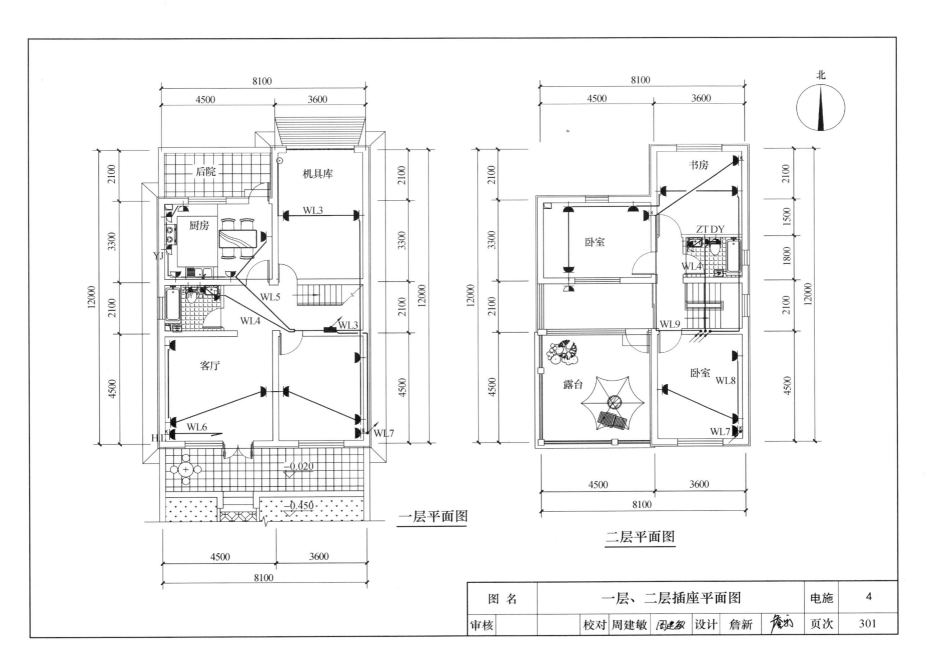

一层平面图

二层平面图

图 名	一层、二层插座平面图		电施	4
审核		校对 周建敏 周建敏 设计 詹新 詹新	页次	301

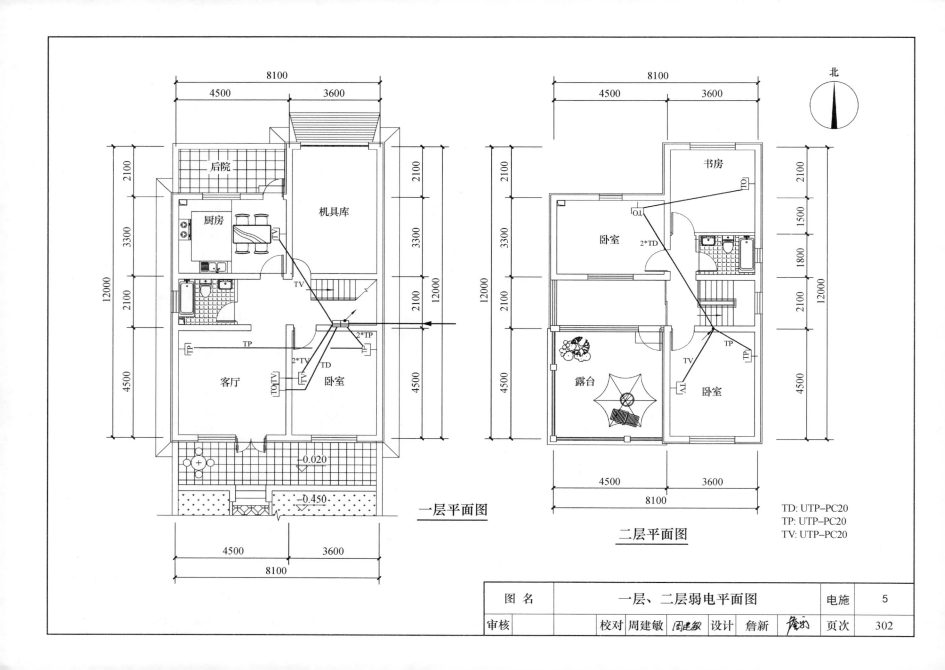

一层平面图

二层平面图

北

TD: UTP–PC20
TP: UTP–PC20
TV: UTP–PC20

图 名	一层、二层弱电平面图		电施	5
审核		校对 周建敏 周建敏 设计 詹新 詹新	页次	302

土建工程主要材料明细表

序号	名 称	规格型号	单位	数量	序号	名 称	规格型号	单位	数量
1	钢筋 φ10 以内	一级	t	0.3611	23	聚苯板 厚 100		m²	52.9537
2	钢筋 φ10 以内	三级	t	1.6963	24	聚苯板 厚 60		m²	252.188
3	钢筋 φ20 以内	三级	t	1.5246	25	挤塑板 厚 100		m²	40.7961
4	水泥 32.5		t	1.052	26	不锈钢管栏杆		m	13.15
5	白水泥		kg	48.3238	27	瓷砖 300×600		m²	52.9567
6	生石灰		t	0.9789	28	花岗岩板（综合）		m²	0.4801
7	中砂		t	0.5823	29	预拌混凝土 C15		m³	16.5615
8	标准砖 240×115×53		千块	41.5636	30	预拌混凝土 C20		m³	3.7503
9	加气混凝土砌块		m³	1.9109	31	预拌混凝土 C25		m³	29.6873
10	水泥瓦 385×235×14		千块	0.8415	32	预拌混凝土 C30		m³	4.1413
11	水泥脊瓦		千块	0.0146	33	干混砌筑砂浆 DMM5		t	26.9645
12	面砖 200×200		m²	128.9278	34	干混砌筑砂浆 DMM10		t	7.2746
13	陶瓷地砖		m²	14.9277	35	干混抹灰砂浆 DPM15		t	18.2192
14	陶瓷地砖		m²	9.0431	36	干混抹灰砂浆 DPM20		t	2.1373
15	陶瓷地面砖 300×300		m²	8.0839	37	干混地面砂浆 DSM15		t	8.7465
16	陶瓷地面砖 800×800		m²	114.5124	38	干混地面砂浆 DSM25		t	0.0853
17	聚合物粘结砂浆		kg	1320.9845	39	干混防水砂浆 DWM20		t	0.6436
18	聚合物抗裂砂浆		kg	1513.1277	40	聚苯乙烯板（阻燃型）20 厚		m²	115.9603
19	外墙涂料		kg	73.3513					
20	石油沥青 30#		t	0.0216					
21	SBS 改性沥青防水卷材 4mm		m²	121.14556					
22	炉渣		m³	1.5098					

图 名	土建工程主要材料明细表	预算	1
审核 姚桂芬 _姚桂芬_ 校对 尹景春 _尹景春_ 编制 徐佳韬 _徐佳韬_		页次	303

给排水工程主要材料明细表

序号	名 称	规格型号	单位	数量
1	洗脸盆		组	2
2	坐便器		组	2
3	淋浴器		组	2
4	洗涤盆		组	1
5	水表 DN32		组	1
6	截止阀 DN32		个	1
7	止回阀 DN20		个	1
8	截止阀 DN25		个	2
9	截止阀 DN20		个	2
10	给水 PPR 管 DN32		m	13.69
11	给水 PPR 管 DN25		m	8.3
12	给水 PPR 管 DN20		m	33.87
13	排水管 DN50		m	1.6
14	排水管 DN75		m	8.4
15	排水管 DN100		m	27.5
16	地漏 DN50		个	2
17	洗脸盆		组	2

采暖工程主要材料明细表

序号	名 称	规格型号	单位	数量
1	燃气壁挂炉		台	1
2	分集水器（3 路）		台	2
3	Y 形过滤器 DN32		个	2
4	温控阀 DN32		个	2
5	泄水阀 DN32		个	4
6	截止阀 DN32		个	6
7	铜球阀 DN20		个	12
8	自动排气阀 DN20		个	2
9	地暖管 20×2.0 PE-RT	S5	m	397.2
10	PP-R 管 DN32	S5	m	5
11	PP-R 管 DN25	S5	m	8.4

图 名	给排水、采暖工程主要材料明细表	预算	2
审核 姚桂芬 *姚桂芬* 校对 尹景春 *尹景春* 编制 徐佳韬 *徐佳韬*		页次	304

电气工程主要材料明细表

序号	名 称	规格型号	单位	数量	序号	名 称	规格型号	单位	数量
1	照明配电箱		台	1	23	数据插座		个	3
2	餐厅花灯 客厅花灯		套	2	24	家居配线箱		台	1
3	带罩厨房灯		套	1	25	预留车库门接线盒		个	1
4	带罩厕灯		套	2	26	PC20		m	98.6
5	普通灯		套	9	27	PC25		m	193.2
6	带罩门厅灯		套	2	28	RC32		m	6
7	楼梯壁灯		套	1	29	BV2.5mm^2		m	295.6
8	露台壁灯		套	1	30	BV4mm^2		m	579.95
9	排风扇		套	2	31	YJY22-3×16		m	6
10	声控感应开关		个	1	32	PC20		m	77
11	单联单控开关		个	10	33	RC25		m	10
12	双联单控开关		个	4	34	CATE5 UTP		m	77
13	单联双控开关		个	4					
14	安全型二三孔插座		个	19					
15	带开关安全型空调三极插座		个	4					
16	带开关安全型空调三极插座		个	2					
17	安全型二三极厨房插座		个	6					
18	安全型智能马桶盖插座		个	2					
19	安全型热水器插座		个	2					
20	等电位联结端子盒		个	2					
21	语音插座		个	3					
22	电视插座		个	4					

图 名	电气工程主要材料明细表	预算	3
审核 姚桂芬 *姚桂芬* 校对 尹景春 *尹景春* 编制 徐佳韬 *徐佳韬*		页次	305

民居施工图三　剪力墙体

建 筑 设 计 说 明

一、项目概况

1. 该建筑为二层民居，由四室、两厅、厨房、两卫、车库、露台组成，（餐厅与厨房综合使用）；层高 3m，室内外高差 0.45 米；建筑面积 158m²。

2. 剪力墙结构；建筑物耐火等级：二级；建筑物设计使用年限：50 年；抗震设防烈度：7 度；屋面防水等级：Ⅱ 级。

二、设计依据

1. 现行国家有关标准

1.1	《民用建筑设计统一标准》	GB 50352
1.2	《住宅建筑规范》	GB 50368
1.3	《住宅设计规范》	GB 50096
1.4	《农村防火规范》	GB 50039
1.5	《农村居住建筑节能设计标准》	GB/T 50824
1.6	《外墙外保温工程技术规程》	JGJ 144
1.7	《屋面工程技术规范》	GB 50345
1.8	《建筑玻璃应用技术规程》	JGJ 113
1.9	《建筑地面设计规范》	GB 50037

2. 国家其他现行规范

三、设计标高

1. 本工程±0.000 由建设方确定。

2. 各层标高为完成面标高（建筑面标高），屋面标高为结构面标高。

3. 本工程标高以 m 为单位，其他尺寸以 mm 为单位。

四、外装修工程

1. 外墙保温采用膨胀聚苯板。

2. 本工程外装材料及颜色详见立面标注。

3. 剪力墙、梁等外露面应先作除油处理后，再作相应的外墙装修。

4. 外墙线角、窗头、雨篷、挑檐均作滴水。

五、内装修工程

1. 楼地面执行现行国家标准《建筑地面设计规范》GB 50037 的相关规定，工程做法见施工图。

2. 除注明者外，卫生间及有地漏房间楼地面应向地漏处找 0.5%～1% 坡，卫生间入口处较本层临近房间楼、地面低 20mm，具体做法见建筑工程做法表。卫生间四周墙体除门洞口、剪力墙及混凝土柱外，浇 C15 素混凝土至楼面以上 200mm，宽同墙厚。

3. 所有户内门洞口阳角处做 1:2 水泥砂浆包角，同门高，各边宽 50mm。

4. 高窗窗台为 1:2.5 水泥砂浆窗台，外涂白色乳胶漆，住宅内窗台板由用户自理。

六、门窗工程

1. 门窗采用塑钢中空玻璃门窗，所有外窗开启扇均带纱扇（门窗的具体尺寸、数量等见施工图）；型材规格、物理性能根据当地情况选用。

2. 门窗玻璃选用应遵照现行行业标准《建筑玻璃应用技术规程》JGJ 113 和《建筑安全玻璃管理规定》（发改运行〔2003〕2116 号）的有关规定。

3. 外门窗框与门窗洞口之间的缝隙应用高效保温材料填实，并用密封膏嵌缝，不得采用普通水泥砂浆补缝。

4. 门窗立面均表示洞口尺寸，门窗安装前须校核洞口尺寸，加工尺寸要按照装修面厚度由承包商予以调整。

5. 门窗立樘：外门窗立樘详见节点详图，无特殊注明者均居中立樘。

图 名	建筑设计说明		建施	1
审核	张乐 *张乐*	校对 耿慧聪 *耿慧聪*	设计 魏浩然 *魏浩然*	
			页次	307

七、其他部分

1. 墙体材料：墙体采用混凝土，填充墙、后砌隔墙采用轻质砌块，后砌隔墙100mm厚。

2. 楼梯栏杆

2.1 露台栏杆采用成品铸铁栏杆。

2.2 住宅楼梯间采用不锈钢栏杆扶手，楼梯踏步做防滑条。

2.3 梯段部位栏杆高900mm，直段≥500mm时栏杆高1050mm，栏杆间净距≤110mm。

3. 油漆涂料工程

3.1 室内木门窗油漆选用中灰色，底油一道，调和漆二遍。

3.2 室内外各项露明金属件的油漆为刷防锈漆2道后再作调和漆两遍。

3.3 涂料：抹面胶浆、复合一层耐碱网布，满刮腻子、磨平。

4. 防水 防潮

4.1 水平防潮层采用20厚1：2.5水泥砂浆（掺3％防水剂），标高－0.060。

4.2 楼地面防水：凡需防水防潮的房间均做1.5厚聚氨酯防水层，具体做法见相关施工图纸及材料做法表。

4.3 屋面防水：本工程的屋面防水等级为Ⅱ级，防水层合理使用年限为10年。屋面排水组织见屋顶平面图中标注，雨水斗、雨水管采用UPVC，雨水管的公称直径均为DN100。

八、防火设计

1. 本工程耐火等级二级。

2. 外墙保温材料膨胀聚苯板燃烧性能为B1级。

九、建筑节能

1. 本工程采用剪力墙结构，外墙采用聚苯板保温层厚130mm，屋面采用聚苯板保温层厚100mm。

2. 保温采用的膨胀聚苯板表观密度20kg/m²，其他性能指标需满足有关规范要求。

3. 外窗采用塑钢中空玻璃窗（4＋6A＋4）。

4. 采暖方式：低温热水地板辐射采暖。

5. 生活热水：太阳能。

十、本工程为参考图纸，当设防烈度、气候区属、材料使用、装修标准、建筑风格等与当地不符合时可根据实际情况进行调整。

图 名		建筑设计说明				建施	2
审核	张乐	张乐	校对	耿慧聪 耿慧聪	设计	魏浩然	页次 308

建 筑 工 程 做 法

一、室外工程

台阶：
20～25厚防滑石质板材踏步；
30厚1：3干硬性水泥砂浆；
素水泥浆一道；
60厚C15混凝土台阶；
300厚3：7灰土；
素土夯实。

坡道：
60厚C20混凝土，随捣随抹麻面；
300厚3：7灰土；
素土夯实。

散水：
60厚C20混凝土；
上撒1：1水泥砂子压实赶光；
150厚3：7灰土，宽出面层100；
素土夯实，向外坡4％。

二、围护工程

外墙面（保温板）：
面浆（或涂料）饰面；
5厚聚合物抗裂砂浆复合耐碱玻纤网格布。

勒脚：
20厚1：2.5水泥砂浆分二次抹面压实赶光。

三、屋面工程

坡屋面：
60厚屋顶面砖留缝顺砌；
60厚砖砌块留浆横砌；
改性沥青防水卷材；
30厚C20细石混凝土找平层；
聚苯板保温层100厚；
钢筋混凝土板。

平屋面：
60厚屋顶面砖留缝顺砌；
60厚砖砌块留浆横砌；
改性沥青防水卷材；
20厚1：3水泥砂浆找平层；
100厚挤塑聚苯板保温层；
轻集料混凝土找坡（最薄30）；
钢筋混凝土屋面板。

上人屋面：
50厚铺块材，干水泥擦缝；
10厚低标号砂浆隔离层；
改性沥青防水卷材；
以下部分同上。

四、楼、地面

地面1（用于工具库）：
40厚C20细石混凝土内配φ3@50钢丝网片表面撒1：1水泥砂子随打随抹光；

60厚C15混凝土垫层；
素土夯实。

地面2（用于一般房间）：
10厚地砖，干水泥擦缝；
20厚干硬性水泥砂浆结合层；
50厚C15豆石混凝土填充层；
φ3@50低碳钢丝网（埋地暖管）；
20厚聚苯乙烯泡沫塑料板材。

地面3（用于卫生间）：
10厚地砖，干水泥擦缝；
30厚干硬性水泥砂浆；
1.5厚聚氨酯防水层，四周沿墙上翻100高；
C15豆石混凝土填充层（埋地暖管）找坡不小于0.5％，最薄处50。

注：楼面做法同地面做法，基层为现浇板。

五、内墙面、踢脚、顶棚

内墙面1（砖墙）：

面浆（或涂料）饰面；
6厚1：0.5：3水泥石灰砂浆抹平；
9厚1：1：6水泥石灰砂浆打底。

墙面2（卫生间）：
白水泥擦缝；
5厚墙面砖，贴前墙砖充分湿润；
5厚1：2建筑胶水泥砂浆粘接层；
9厚1：2.5水泥砂浆打底。

踢脚：
5～7厚面砖；
5厚1：2建筑胶水泥砂浆粘接层；
9厚1：2.5水泥砂浆打底。

顶棚：
面浆（或涂料）饰面；
2～3厚柔韧型腻子分遍刮平；
混凝土底板面清理干净。

图 名	建 筑 工 程 做 法				建施	3
审核	张乐	张乐	校对	耿慧聪 耿慧聪	设计	魏浩然 魏浩然	页次	309

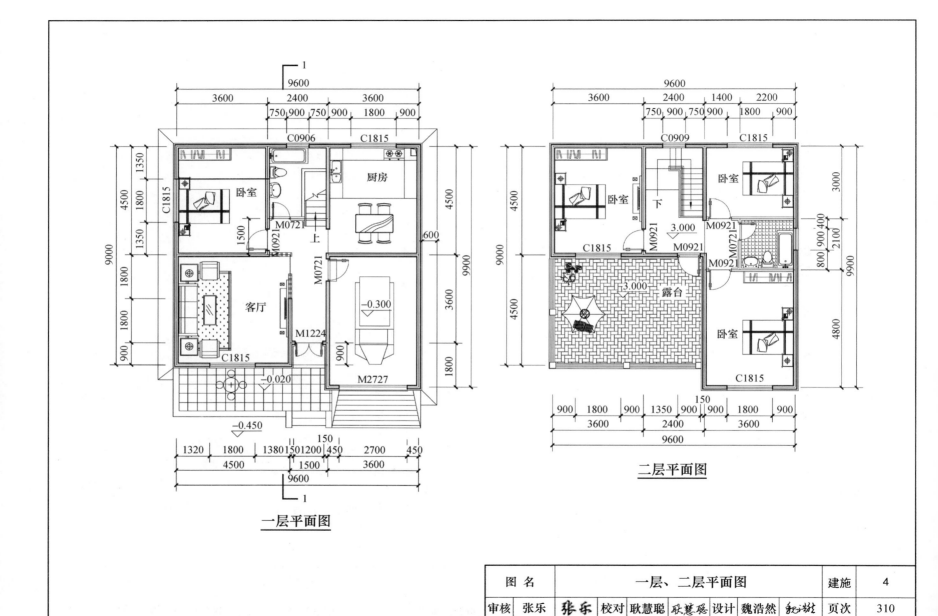

一层平面图

二层平面图

图 名	一层、二层平面图		建施	4
审核	张乐 张乐	校对 耿慧聪 耿慧聪	设计 魏浩然 魏浩然	页次 310

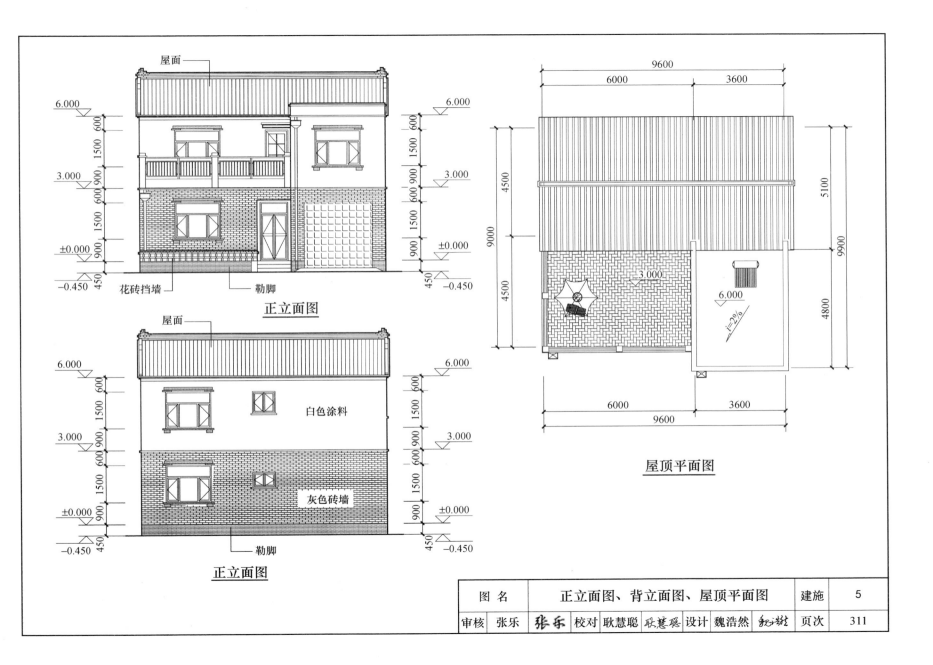

屋面

6.000

600

1500

3.000

900

600

1500

±0.000

900

−0.450

450

花砖挡墙   勒脚

正立面图

6.000

600

1500

3.000

900

600

1500

±0.000

900

−0.450

450

屋面

白色涂料

灰色砖墙

勒脚

正立面图

6.000

600

1500

3.000

900

600

1500

±0.000

900

−0.450

450

9600

6000   3600

4500

9000

4500

3.000

6.000

i=2%

6000   3600

9600

5100

9900

4800

屋顶平面图

图 名	**正立面图、背立面图、屋顶平面图**	建施	5
审核 张乐 张乐	校对 耿慧聪 耿慧聪 设计 魏浩然 魏浩然	页次	311

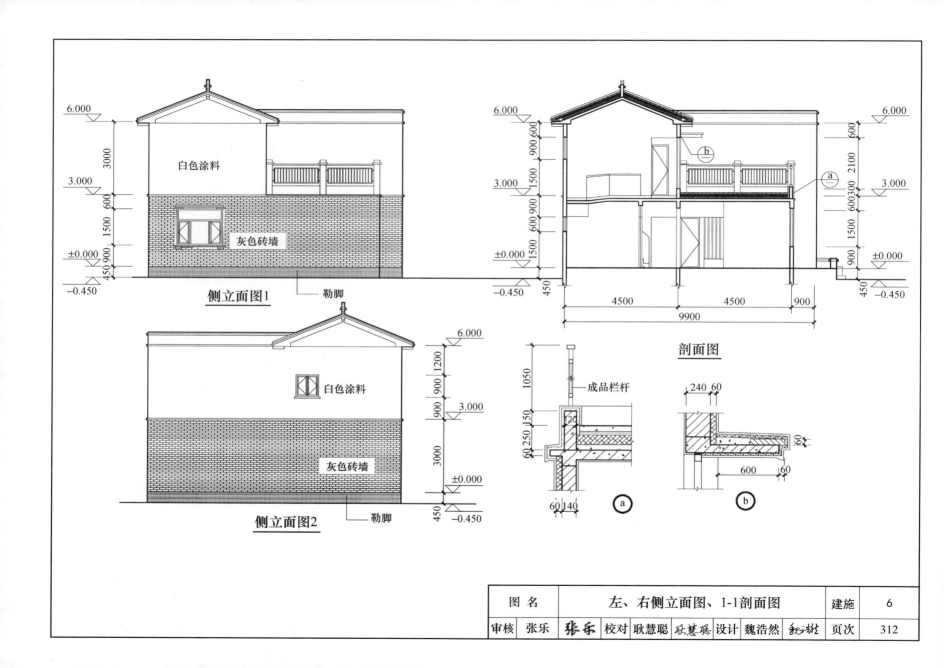

侧立面图1

6.000

白色涂料

3000

3.000

600

1500

灰色砖墙

±0.000

450 900

−0.450

勒脚

侧立面图2

6.000

1200

白色涂料

900

3.000

900

3000

灰色砖墙

±0.000

450

−0.450

勒脚

剖面图

6.000

900 600

3.000

1500 900 600

±0.000

1500

−0.450

450

600

2100

3.000

600 300

1500

±0.000

900

450

−0.450

4500

4500

900

9900

a

b

1050

成品栏杆

120

60 250 150

60 140

a

240 60

60

600 60

b

图 名	左、右侧立面图、1-1剖面图	建施	6
审核	张乐 张乐 校对 耿慧聪 耿慧聪 设计 魏浩然 魏浩然	页次	312

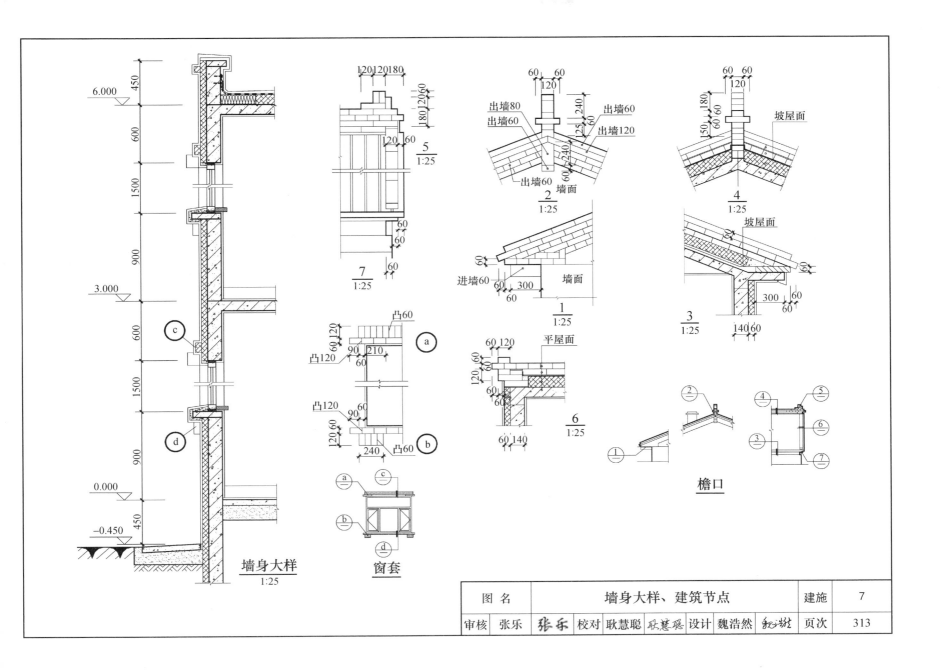

墙身大样
1:25

窗套

檐口

图 名	墙身大样、建筑节点	建施	7
审核	张乐 *张乐* 校对 耿慧聪 *耿慧聪* 设计 魏浩然 *魏浩然*	页次	313

结 构 设 计 说 明

一、工程概况

1. 本工程为村镇民居工程，主体二层，剪力墙结构。

2. 本工程的全部尺寸（除注明者外）均以 mm 为单位，标高以 m 为单位。

3. 相对标高：本工程±0.000 与当地规划部门协商确定。

4. 设计荷载：一般房间/露台/不上人屋面 2.0/2.5/0.5（kN/m²）。

5. 设防烈度：本工程按 7 度设防设计（0.15g）。

6. 基础形式：条形基础 地基承载力：$F_{spk}=110kPa$（冰冻线为 0.6m）。

7. 结构使用年限：50 年。

二、设计依据

1.《建筑结构可靠性设计统一标准》 GB 50068

2.《建筑工程抗震设防分类标准》 GB 50223

3.《建筑结构荷载规范》 GB 50009

4.《建筑地基基础设计规范》 GB 50007

5.《混凝土结构设计规范》 GB 50010

6.《建筑抗震设计规范》 GB 50011

7.《砌体结构设计规范》 GB 50003

8.《其他国家相关规范

三、结构采用材料

1、混凝土强度等级：

0.000 以下 C30、基础垫层 C15；

0.000 以上雨篷、挑檐 C30，其他 C25；

2. 墙身：混凝土墙均为140mm 厚，单排钢筋 Φ 8@200 双向；

3. 填充墙：砌体 MU10，混合砂浆 M5.0，后砌墙与剪力墙采用通长拉结筋连接，间距 2Φ6@500。

4. 钢筋：

HPB300 钢筋强度设计值 270N/mm²，以（Φ）表示；

HRB400 钢筋强度设计值 360N/mm²，以（Φ）表示。

钢筋必须具有出厂合格证且要求复检。钢筋强度标准值应具有不小于 95％的保证率，受力预埋件的锚筋应采用 HRB400 或 HPB300 钢筋，不得采用冷加工钢筋。

5. 焊条：HPB300 采用 43××型焊条，HRB400 采用 E50××型焊条。

6. 油漆：凡外露钢铁件必须在除锈后涂防腐漆，面漆两道。

四、结构构造与施工

1. 最外层钢筋的混凝土保护层厚度（mm）。基础 40，梁柱、雨篷、挑檐 25，板 15，卫生间板为 20。

2. 梁、板按跨度的 0.2％起拱，悬臂梁按悬臂长度的 0.4％。

3. 基础应设置在老土层上，基础埋深不宜小于 0.5m，宜将基础埋深置于冰冻线以下。

4. 现浇混凝土框架、剪力墙、梁、板参照《混凝土结构施工图平面整体表示方法制图规则和构造详图》16G101-1 施工。

5. 现浇混凝土板式楼梯《混凝土结构施工图平面整体表示方法制图规则和构造详图》16G101-2 施工。

6. 混凝土施工原材料、配合比、施工温度、养护要求等应严格按照现行国家标准《混凝土结构工程施工规范》GB 50666 的相关规定执行。

图 名	结构设计说明		结施	1
审核 孙建芳 *孙建芳*	校对 赵环宇 *赵环宇*	设计 黄瑞芳 *黄瑞芳*	页次	314

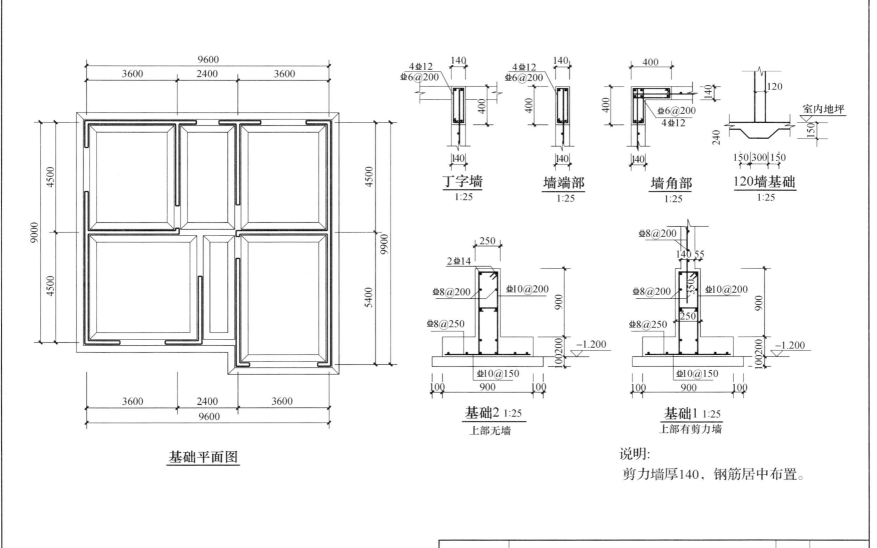

基础平面图

丁字墙
1:25

墙端部
1:25

墙角部
1:25

120墙基础
1:25

基础2 1:25
上部无墙

基础1 1:25
上部有剪力墙

说明:
剪力墙厚140,钢筋居中布置。

图 名	基础平面、节点大样图	结施	2
审核 孙建芳　孙建芳	校对 赵环宇　赵环宇	设计 黄瑞芳　黄瑞芳	页次 315

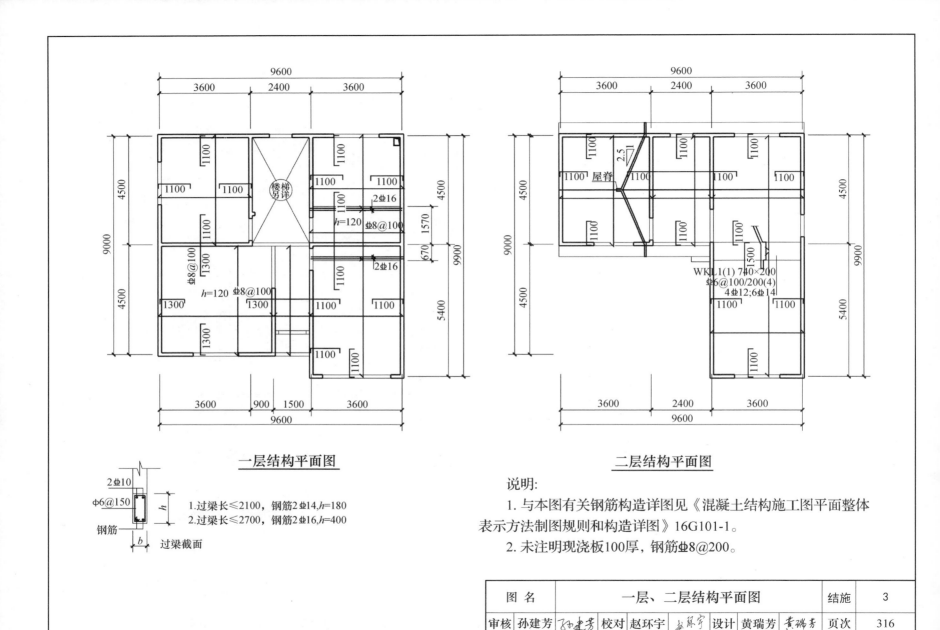

一层结构平面图

二层结构平面图

1.过梁长≤2100，钢筋2Φ14,h=180
2.过梁长≤2700，钢筋2Φ16,h=400

过梁截面

2Φ10
Φ6@150
钢筋

说明:
1. 与本图有关钢筋构造详图见《混凝土结构施工图平面整体表示方法制图规则和构造详图》16G101-1。
2. 未注明现浇板100厚，钢筋Φ8@200。

WKL1(1) 740×200
Φ6@100/200(4)
4Φ12;6Φ14

图 名	一层、二层结构平面图	结施	3
审核 孙建芳 校对 赵环宇 设计 黄瑞芳		页次	316

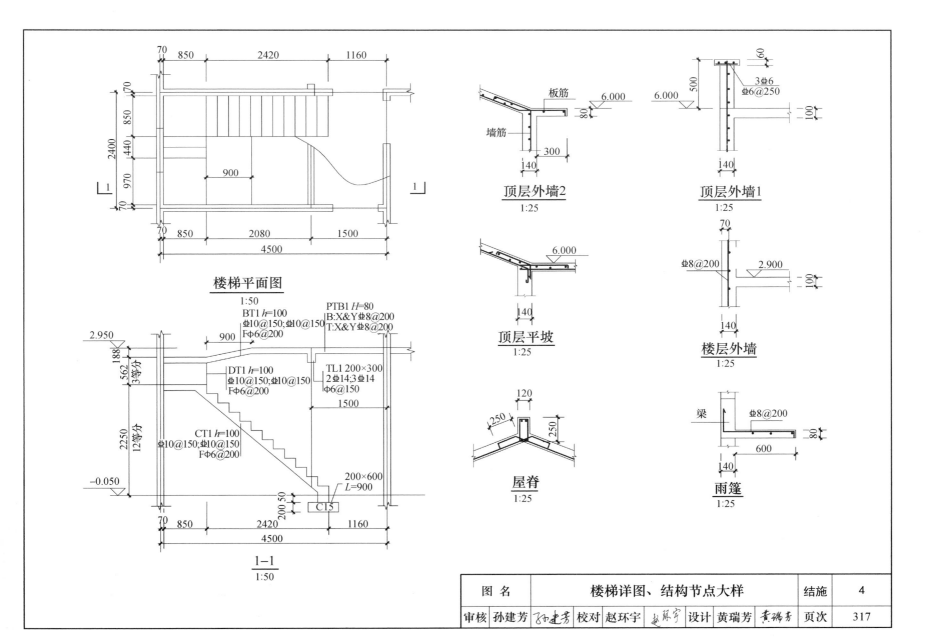

楼梯平面图
1:50

1—1
1:50

顶层外墙2
1:25

顶层外墙1
1:25

顶层平坡
1:25

楼层外墙
1:25

屋脊
1:25

雨篷
1:25

图 名	楼梯详图、结构节点大样	结施	**4**
审核 孙建芳 校对 赵环宇 设计 黄瑞芳		页次	317

给排水设计说明

一、项目概况

该建筑为二层民居，由四室、两厅、厨房、两卫、车库露台组成，层高 3m，室内外高差 0.45m；建筑面积 158m²。

二、设计依据

1. 现行的国家有关标准

1.1 《建筑给水排水设计标准》　　　　　GB 50015

1.2 《住宅建筑规范》　　　　　　　　　GB 50368

1.3 《住宅设计规范》　　　　　　　　　GB 50096

1.4 《民用建筑太阳能系统应用技术标准》GB 50364

1.5 《生活饮用水卫生标准》　　　　　　GB 5749

三、设计内容

本工程给排水设计包括生活给水、生活排水、生活热水系统。

四、生活给水系统

1. 本工程户内生活给水设计为下行上给式给水系统。水源为自来水，水压 0.16MPa，一户一表，水表选用 DN20 远传水表；日用水量：最高日生活用水定额按 130L/（人·d）选取，每户按 6 人计。

2. 管材：生活给水管道采用改性聚丙烯给水管（PP-R），管材为级别 1，S5 系列，设计压力 0.60MPa，热熔连接。

五、生活热水系统

1. 本工程太阳能采用每户分散式热水系统。集热板面积不小于 3.00m²，水箱设计为 200L 水箱，并设有电辅加热措施，电辅加热功率为 1.5kW，加热系统必须带有保证使用安全的装置。

2. 管材：户内生活热水管采用 PP-R 管，设计压力 0.6MPa，热熔连接。

3. 注意事项：安装在建筑上或直接构成建筑围护结构的太阳能集热器，应与防止热水渗漏及蒸汽外泄的安全保障措施；太阳能热水系统应安全可靠，内置加热必须带有保证使用安全的装置，并根据不同应地区采取防冻、防结露、防过热、防雷、抗雹、抗风、抗震等技术措施；太阳能热水系统的基座应与建筑主体结构连接牢固；支撑太阳能热水系统的钢结构支架应与建筑物接地系统可靠连接。

六、排水系统

1. 排水系统：生活排水采用污废合流，重力自流，经排水管道收集后排至室外；空调冷凝水，空调主机板附近设空调冷凝水收集管，排至地面散水处。

2. 管材：实壁 UPVC 管，承插粘接。

七、安装

1. 厨房洗池、洗脸盆、淋浴器、连体式下排水坐便器安装见《卫生设备安装》09S304。

2. 水封装置的水封深度不得小于 50mm，严禁采用活动机械活瓣替代水封，严禁采用钟式结构地漏。

八、管道设备保温及试压

1. 管道保温、防结露：位于不采暖房间的给排水管道做 50mm 厚橡塑管（B1 级难燃型）保温。

2. 管道试压：参见现行国家标准《建筑给水排水及采暖工程施工质量验收规范》GB 50242 的规定。

图 名	给排水设计说明		水施	1
审核 代志远	校对 张浩	设计 刘广金	页次	318

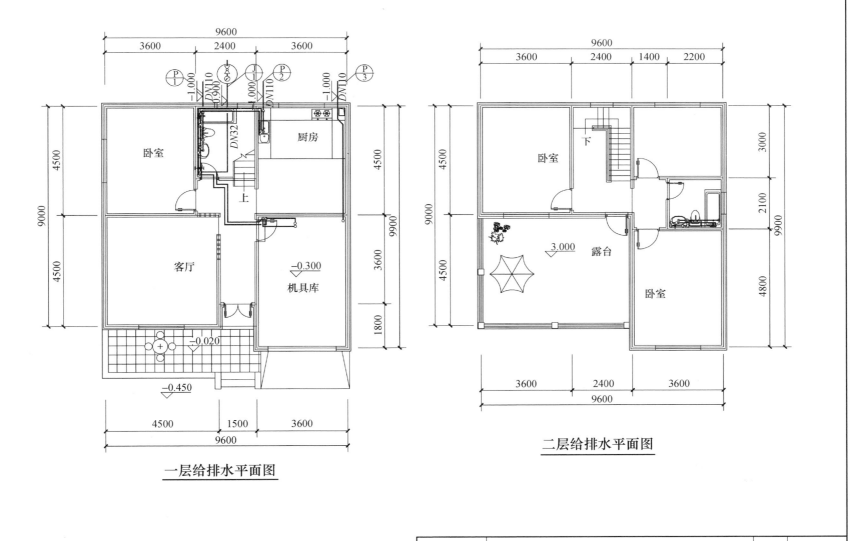

一层给排水平面图

二层给排水平面图

图 名	一层、二层给排水平面图	水施	2
审核 代志远 代志远 校对 张浩 张浩	设计 刘广金 刘广金	页次	319

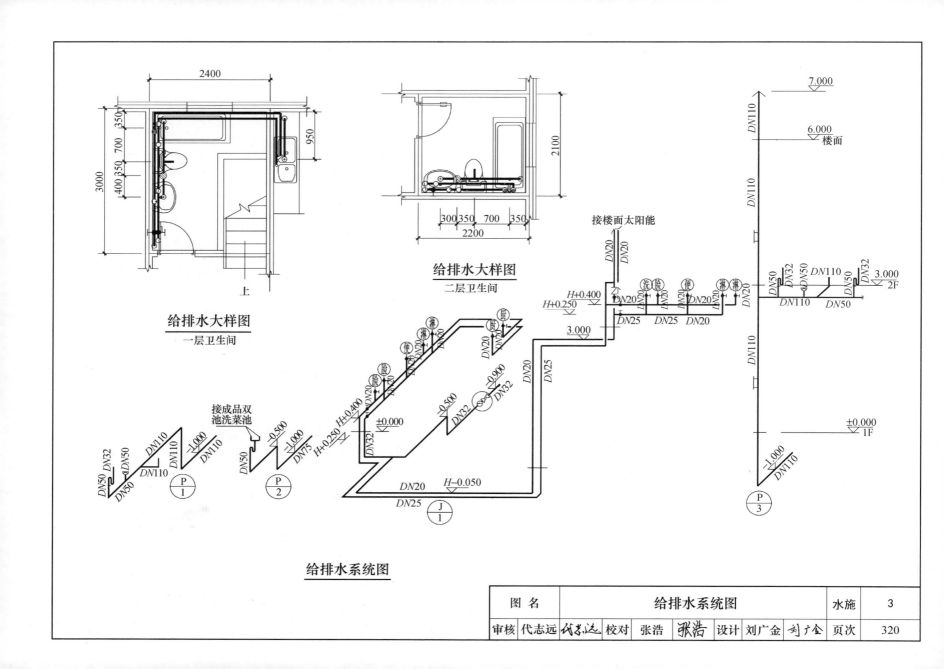

给排水大样图
一层卫生间

给排水大样图
二层卫生间

接楼面太阳能

给排水系统图

图 名	给排水系统图	水施	3
审核	代志远 校对 张浩 设计 刘广金	页次	320

供 暖 设 计 说 明

一、项目概况

该建筑为二层民居，由四室、两厅、厨房、两卫、车库露台组成，（餐厅与厨房综合使用）；层高 3m，室内外高差 0.45m；建筑面积 158m²。

二、设计依据

1. 现行国家有关标准

1.1 《民用建筑供暖通风与空气调节设计规范》GB 50736

1.2 《住宅建筑规范》　　　　　　　　　GB 50368

1.3 《住宅设计规范》　　　　　　　　　GB 50096

1.4 《辐射供暖供冷技术规程》　　　　　JGJ 142

1.5 《严寒和寒冷地区居住建筑节能设计标准》JGJ 26

三、设计内容

本工程暖通设计包括各房间供暖设计、厨房、卫生间通风设计。

设计参数：室外供暖设计温度：－7.6℃；室内供暖设计温度：卧室、客厅、餐厅、卫生间 20℃；厨房 15℃。

四、供暖设计

1. 热源：燃气壁挂炉。

2. 管材、管件：地暖加热盘管采用 PE-RT 管，管径均为 $DN20×2.0$，使用条件等级为 4 级，S5 系列，$P=0.6MPa$。分集水器前供暖供回水干管采用 PP-R 管，级别 4，S5 系列，$P=0.6MPa$，热熔连接。

五、通风系统

1. 住宅部分各卫生间设置通风器，风量为 $80\sim100m^3/h$，用户自理。

2. 住宅厨房在变压式风道处需设置抽油烟机进行排风，风量为 $350m^3/h$，用户自理。由可开启的外窗自然进风。

3. 住宅户内采用自然通风满足室内新风要求。

六、系统安装

1. 地板辐射供暖设计及安装说明、分集水器安装、地暖盘管地面及管道铺设做法详见《地面辐射供暖系统施工安装》12K404。

2. 在加热管的铺设区内，严禁穿凿，钻孔或进行射钉作业。

3. 埋地管道不应有接头。

4. 户式燃气炉应采用全封闭式燃烧、平衡式强制排烟型。

七、水压试验及冲洗

1. 加热盘管在浇捣混凝土填充层之前和混凝土填充层养护期满之后，应分别进行系统水压试验。水压试验应以每组分水器，集水器为单位，逐回路进行。加热盘管试验压力为 0.60MPa，试验压力稳压 1h，压力降不大于 0.05MPa，且不渗不漏。

2. 系统试压合格后，应对系统进行冲洗并清扫过滤器及除污器，直至排出水不含泥沙、铁屑等杂质，且水色不浑浊为合格。

图 名	暖通设计说明		暖施	1
审核 代志远 *代志远*	校对 张浩 *张浩*	设计 刘广金 *刘广金*	页次	321

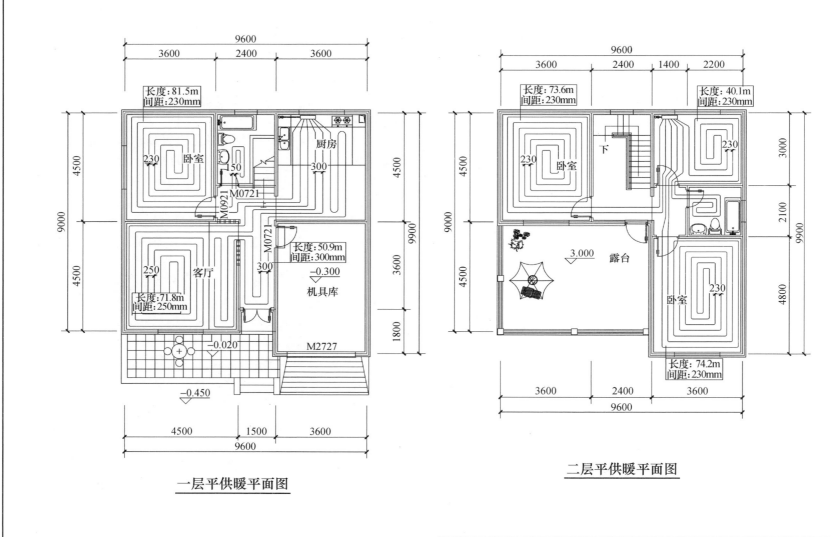

一层平供暖平面图

二层平供暖平面图

图 名	一层、二层供暖平面图	暖施	2
审核	代志远 代志远 校对 张浩 张浩 设计 刘广金 刘广金	页次	322

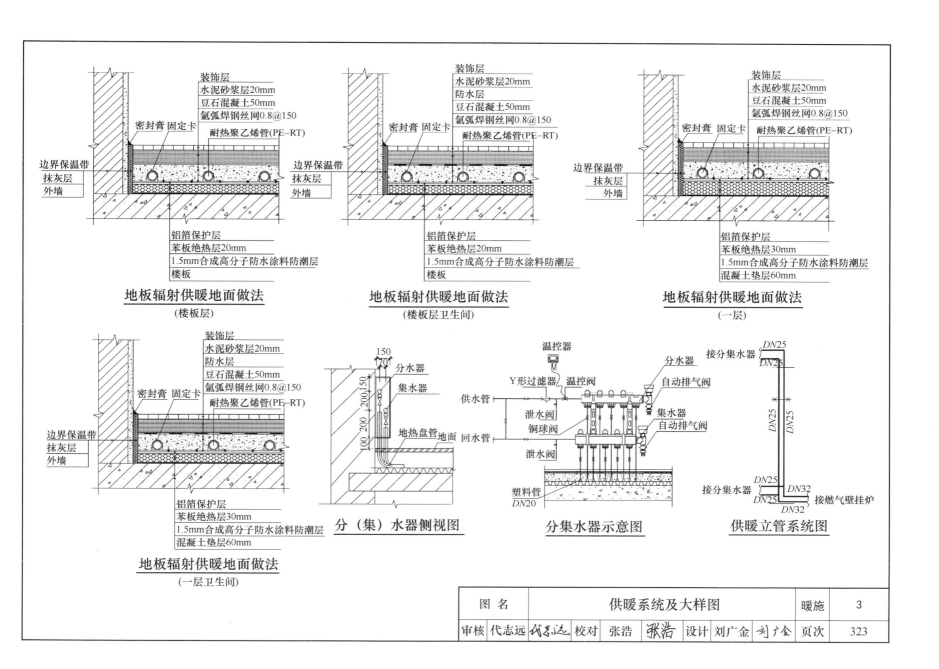

地板辐射供暖地面做法
（楼板层）

装饰层
水泥砂浆层20mm
豆石混凝土50mm
氩弧焊钢丝网0.8@150
耐热聚乙烯管(PE-RT)

密封膏 固定卡

边界保温带
抹灰层
外墙

铝箔保护层
苯板绝热层20mm
1.5mm合成高分子防水涂料防潮层
楼板

地板辐射供暖地面做法
（楼板层卫生间）

装饰层
水泥砂浆层20mm
防水层
豆石混凝土50mm
氩弧焊钢丝网0.8@150
耐热聚乙烯管(PE-RT)

密封膏 固定卡

边界保温带
抹灰层
外墙

铝箔保护层
苯板绝热层20mm
1.5mm合成高分子防水涂料防潮层
楼板

地板辐射供暖地面做法
（一层）

装饰层
水泥砂浆层20mm
豆石混凝土50mm
氩弧焊钢丝网0.8@150
耐热聚乙烯管(PE-RT)

密封膏 固定卡

边界保温带
抹灰层
外墙

铝箔保护层
苯板绝热层30mm
1.5mm合成高分子防水涂料防潮层
混凝土垫层60mm

地板辐射供暖地面做法
（一层卫生间）

装饰层
水泥砂浆层20mm
防水层
豆石混凝土50mm
氩弧焊钢丝网0.8@150
耐热聚乙烯管(PE-RT)

密封膏 固定卡

边界保温带
抹灰层
外墙

铝箔保护层
苯板绝热层30mm
1.5mm合成高分子防水涂料防潮层
混凝土垫层60mm

分水器
集水器
地热盘管
地面
塑料管
DN20

分（集）水器侧视图

温控器
Y形过滤器 温控阀
分水器
自动排气阀
供水管
集水器
回水管
泄水阀
铜球阀
自动排气阀
泄水阀

分集水器示意图

DN25
接分集水器
DN25
DN25
DN25
接分集水器
DN25
DN25
DN32
接燃气壁挂炉
DN32

供暖立管系统图

图 名	供暖系统及大样图	暖施	3
审核 代志远 代志远	校对 张浩 张浩	设计 刘广金 刘广金	页次 323

电 气 设 计 说 明

一、项目概况

1. 该建筑为二层民居，由四室、两厅、厨房、两卫、车库露台组成，层高 3m，室内外高差 0.45m；建筑面积 158m²。

2. 剪力墙结构；建筑物耐火等级：二级；建筑物合理使用年限：50 年；抗震设防烈度：7 度；屋面防水等级：Ⅱ 级。

二、设计依据

1. 现行国家有关标准

1.1 《民用建筑设计统一标准》　　　　　GB 50352

1.2 《住宅建筑规范》　　　　　　　　　GB 50368

1.3 《住宅设计规范》　　　　　　　　　GB 50096

1.4 《农村防火规范》　　　　　　　　　GB 50039

1.5 《农村居住建筑节能设计标准》　　　GB/T 50824

1.6 《农村民居雷电防护工程技术规范》 GB 50952

1.7 《建筑照明设计标准》　　　　　　　GB 50034

1.8 《低压配电设计规范》　　　　　　　GB 50054

2. 其他国家相关规范

三、低压配电系统

1. 负荷等级：工程照明、插座按三级负荷供电。电缆埋地引入。

2. 计量：室外电表箱设置计量表。每户按 8kW 设计。

四、照明及节能

1. 灯具、光源均选用高效节能 LED 光源和高效灯具。

2. 按现行国家标准《建筑照明设计标准》GB 50034 的有关规定，房间照明功率密度<5W/m²。

3. 楼梯间采用节能自熄开关控制。庭院及露台采用壁装太阳能 LED 灯。

五、线路敷设

1. 从配电箱引出的配电线路均采用 BV-0.45/0.75kV 型铜芯导线，2 根导线穿 JDG16 管，3 根穿 JDG20 管，4～7 根穿 JDG25 管。

2. 电缆进户穿焊接钢管保护。进户电力电缆采用铠装电缆。

3. 要求：PE 接地线采用绿/黄双色线，以便日后检修与零线区别。

六、防火要求

1. 无自然通风的厨房应设可燃气体探测器，并联动排风机。

2. 导线与导线，导线与设备的连接应牢固可靠。

3. 当配线敷设在吊顶内时，应穿金属管、阻燃管保护。

4. 开关插座和照明灯具靠近可燃物时，应采取隔热散热等防火措施。

七、防雷接地

1. 本工程建筑高度小于 10m，达不到现行国家标准《农村居民雷电防护工程技术规范》GB 50952 要求，不需防雷。

2. 本建筑采用总等电位联结，所有进户金属管道应在进户处与接地系统作可靠电气连接，实施总等电位连接。

3. 卫生间内设局部等电位联结箱。LEB 盒与卫生间楼板主筋可靠焊接。等电位接地盒分别与浴盆，金属管道及金属件等连接。

八、弱电系统

1. 弱电电缆由室外埋地引入各户 RDD 户用弱电信息箱。

2. 弱电线路均予埋管线，暗敷。

3. 弱电线路进户处均设信号浪涌保护器，由专业队完成。

图 名		电气设计说明				电施	1
审核		校对	周建敏	设计	詹新	页次	324

序号	图例	名 称	型号及规格	备 注
1	▬▬▬	照明配电箱		安装方式详见系统图
2	⊛	餐厅花灯 客厅花灯	LED光源	吸顶安装
3	◎	带罩厨房灯	LED光源	吸顶安装 IP54
4	⊗	带罩厕灯	LED光源	吸顶安装 IP54
5	⊗	普通灯	LED光源	吸顶安装
6	▬	带罩门厅灯	LED光源	吸顶安装 IP54
7	⊗	楼梯壁灯	LED光源	壁装 H=2.5m
8	◑	露台壁灯	LED光源	壁装 H=2.5m IP67
9	⊟	排风扇	预留接线盒	吸顶安装
10	σ⁄	声控感应开关	250V 6A	下皮距地1.3m, 暗装
11	✎ ✎	单联、双联单控开关	250V 6A	下皮距地1.3m, 暗装
12	✎	单联双控开关	250V 6A	下皮距地1.3m, 暗装
13	⊻	安全型二三孔插座	250V 10A	下皮距地0.5m, 暗装
14	⊻K	带开关安全型空调三极插座	250V 16A	下皮距地2.2m, 暗装
15	⊻H,L_K	带开关安全型空调三极插座	250V 16A(H,L上下各一)	下皮距地2.2m, 暗装 下皮距地0.5m, 暗装
16	⊻YJ	安全型抽油烟机插座	防护等级IP54 250V 10A	下皮距地2.2m, 暗装
19	⊻	安全型二三极厨房插座	防护等级IP54 250V 10A	下皮距地1.2m, 暗装
18	⊻BX	带开关安全型冰箱插座	防护等级IP54 250V 10A	下皮距地0.5m, 暗装
20	⊻ZT	安全型智能马桶盖插座	防护等级IP54 250V 10A	下皮距地0.5m, 暗装
21	⊻DY	安全型热水器插座	防护等级IP54 250V 16A	下皮距地2.3m, 暗装
22	⊻XY	安全型洗衣机插座	防护等级IP54 250V 16A	下皮距地1.2m, 暗装
23	▦	等电位联结端子盒	BXHXC:160×80×80	下皮距地0.3m, 暗装
24	─TP	语音插座	供应商提供	下皮距地0.3m, 暗装
25	─TV	电视插座	供应商提供	下皮距地0.3m, 暗装
26	─TO	数据插座	供应商提供	下皮距地0.3m, 暗装
27	▭	家居配线箱	参考尺寸：300×200×110	下皮距地0.5m, 暗装
28	⊙	预留车库门接线盒		下皮距地2.2m, 暗装

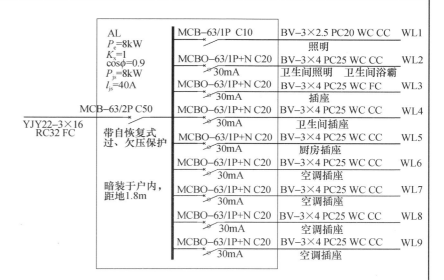

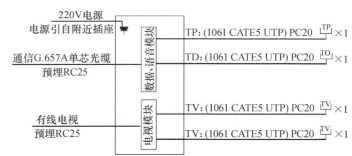

家居弱电箱RDD系统图

注：每户RDD箱具体出线以平面图为准。

图 名	电气系统图	电施	2
审核	校对 周建敏 [周建敏签名] 设计 詹新 [詹新签名]	页次	325

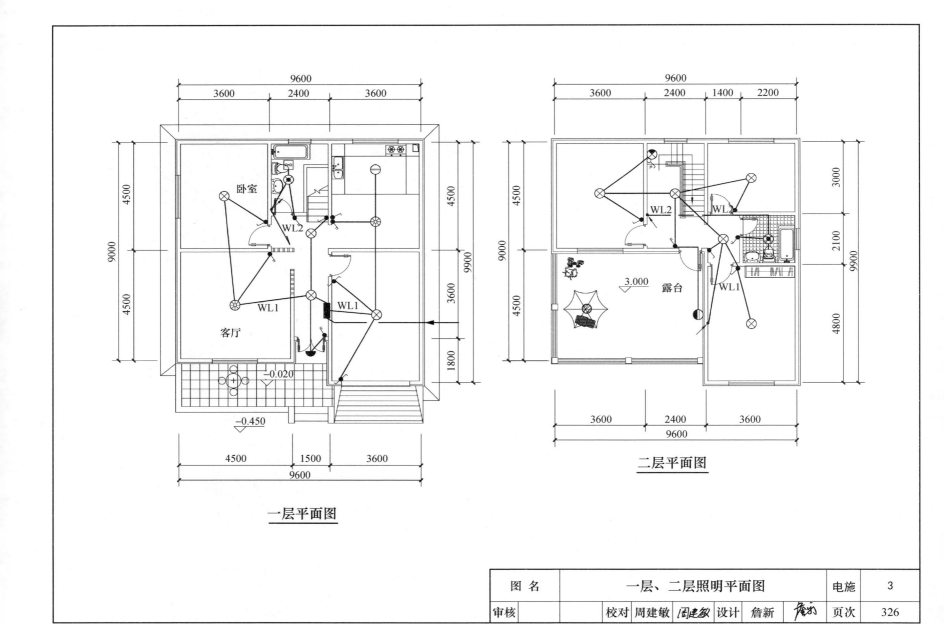

一层平面图

二层平面图

图 名	一层、二层照明平面图	电施	3
审核	校对 周建敏 周建敏 设计 詹新 詹新	页次	326

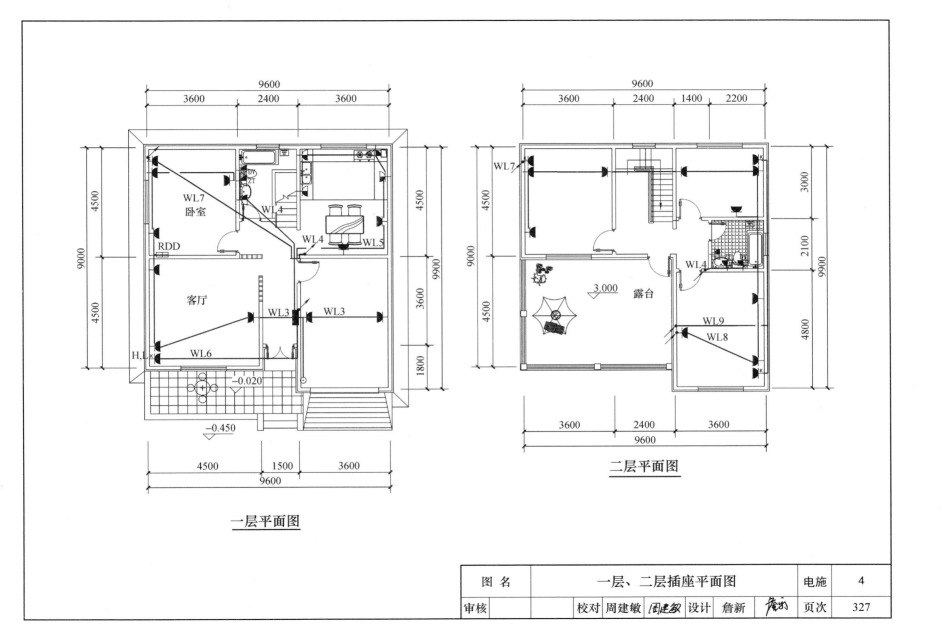

一层平面图

二层平面图

图 名		一层、二层插座平面图			电施	4
审核		校对	周建敏	设计	詹新	页次	327

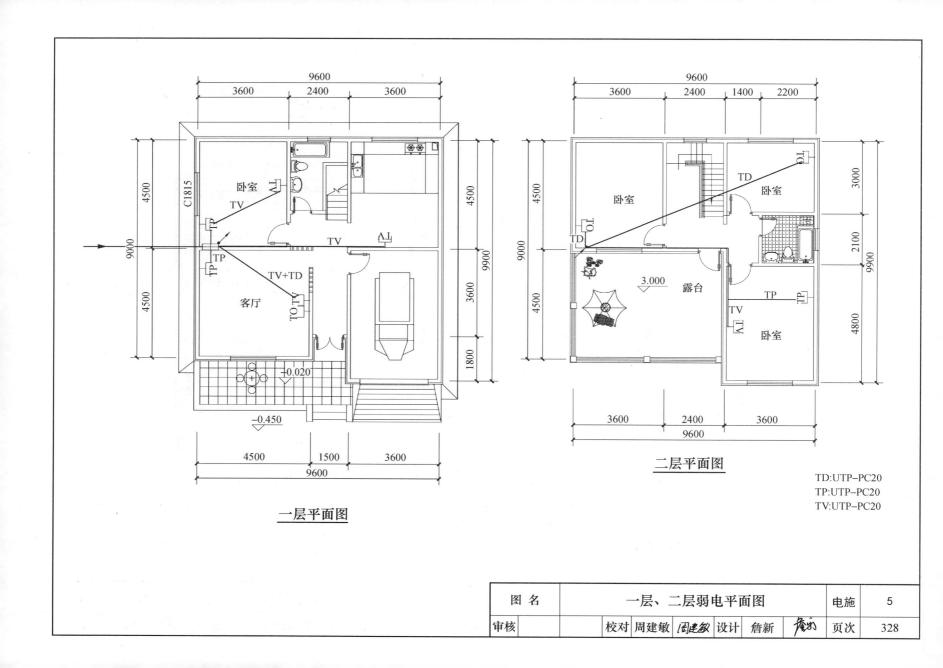

一层平面图

二层平面图

TD:UTP–PC20
TP:UTP–PC20
TV:UTP–PC20

图 名		一层、二层弱电平面图	电施	5
审核		校对 周建敏 周建敏 设计 詹新 詹新	页次	328

土建工程主要材料明细表

序号	名　　称	规格型号	单位	数量	序号	名　　称	规格型号	单位	数量
1	钢筋 φ10 以内	一级	t	0.2234	23	聚苯板 厚100		m²	51.533
2	钢筋 φ10 以内	三级	t	4.6206	24	聚苯板 厚60		m²	246.9002
3	钢筋 φ20 以内	三级	t	1.7254	25	挤塑板 厚100		m²	46.6336
4	水泥 32.5		t	1.6114	26	不锈钢管栏杆		m	15.57
5	白水泥		kg	50.5258	27	瓷砖 300×600		m²	56.6276
6	60 厚砖砌块		m³	3.2998	28	花岗岩板（综合）		m²	1.751
7	生石灰		t	1.2629	29	预拌混凝土 C15		m³	20.8772
8	中砂		t	1.871	30	预拌混凝土 C20		m³	3.4021
9	标准砖 240×115×53		千块	0.1951	31	预拌混凝土 C25		m³	56.8949
10	加气混凝土砌块		m³	6.7382	32	预拌混凝土 C30		m³	27.9759
11	水泥瓦 385×235×14		千块	0.8681	33	干混砌筑砂浆 DMM10		t	1.0816
12	水泥脊瓦		千块	0.0151	34	干混抹灰砂浆 DPM15		t	18.0931
13	面砖 200×200		m²	123.629	35	干混抹灰砂浆 DPM20		t	2.2372
14	陶瓷地砖		m²	31.9837	36	干混地面砂浆 DSM15		t	10.0898
15	陶瓷地面砖 300×300		m²	8.9513	37	干混地面砂浆 DSM25		t	0.1014
16	陶瓷地面砖 800×800		m²	131.7276	38	聚苯乙烯板（阻燃型）20 厚		m²	133.7033
17	聚合物粘结砂浆		kg	1293.2865					
18	聚合物抗裂砂浆		kg	1481.4009					
19	外墙涂料		kg	75.1542					
20	石油沥青 30#		t	0.0268					
21	SBS 改性沥青防水卷材 4mm		m²	129.4494					
22	炉渣		m³	1.7259					

图　名	土建工程主要材料明细表	预算	1
审核 徐佳韬 *徐佳韬*	校对 姚桂芬 *姚桂芬*	编制 尹景春 *尹景春*	页次 329

给排水工程主要材料明细表

序号	名　　　称	规格型号	单位	数量
1	洗脸盆		组	2
2	坐便器		组	2
3	淋浴器		组	2
4	洗涤盆		组	1
5	水表 DN32		组	1
6	截止阀 DN32		个	1
7	止回阀 DN20		个	1
8	截止阀 DN25		个	2
9	截止阀 DN20		个	1
10	给水 PPR 管 DN32		m	9.3
11	给水 PPR 管 DN25		m	9.53
12	给水 PPR 管 DN20		m	33.9
13	排水管 DN50		m	1.45
14	排水管 DN75		m	3.2
15	排水管 DN100		m	19.1
16	地漏 DN50		个	2

采暖工程主要材料明细表

序号	名　　　称	规格型号	单位	数量
1	燃气壁挂炉		台	1
2	分集水器（3 路）		台	2
3	Y 形过滤器 DN32		个	2
4	温控阀 DN32		个	2
5	泄水阀 DN32		个	4
6	截止阀 DN32		个	6
7	铜球阀 DN20		个	12
8	自动排气阀 DN20		个	2
9	地暖管 DN20×2.0 PE-RT	S5	m	392.1
10	PP-R 管 DN32	S5	m	5
11	PP-R 管 DN25	S5	m	8.4

图　名	给排水、采暖工程主要材料明细表	预算	2
审核 徐佳韬 *徐佳韬*	校对 姚桂芬 *姚桂芬* 编制 尹景春 *尹景春*	页次	330

电气工程主要材料明细表

序号	名　称	规格型号	单位	数量	序号	名　称	规格型号	单位	数量
1	照明配电箱		台	1	23	数据插座		个	3
2	餐厅花灯 客厅花灯		套	2	24	家居配线箱		台	1
3	带罩厨房灯		套	1	25	PC20		m	93.67
4	带罩厕灯		套	2	26	PC25		m	193.2
5	普通灯		套	9	27	RC32		m	8.8
6	带罩门厅灯		套	1	28	BV2.5mm^2		m	280.82
7	楼梯壁灯		套	1	29	BV4mm^2		m	579.95
8	露台壁灯		套	1	30	YJY22-3×16		m	8.8
9	排风扇		套	2	31	PC20		m	77
10	声控感应开关		个	1	32	RC25		m	8
11	单联单控开关		个	7	33	CATE5 UTP		m	77
12	双联单控开关		个	6					
13	单联双控开关		个	2					
14	安全型二三孔插座		个	19					
15	带开关安全型空调三极插座		个	4					
16	带开关安全型空调三极插座		个	2					
17	安全型二三极厨房插座		个	6					
18	安全型智能马桶盖插座		个	2					
19	安全型热水器插座		个	2					
20	等电位联结端子盒		个	2					
21	语音插座		个	3					
22	电视插座		个	4					

主要参考文献

[1] 中华人民共和国国家标准.民用建筑设计统一标准 GB 50352—2019[S].北京:中国建筑工业出版社,2019.

[2] 中华人民共和国国家标准.住宅设计规范 GB 50096—2011[S].北京:中国建筑工业出版社,2011.

[3] 中华人民共和国国家标准.住宅建筑规范 GB 50368—2005[S].北京:中国建筑工业出版社,2005.

[4] 中华人民共和国国家标准.农村防火规范 GB 50039—2010[S].北京:中国计划出版社,2010.

[5] 中华人民共和国国家标准.绿色建筑评价标准 GB/T 50378—2019[S].北京:中国建筑工业出版社,2019.

[6] 中华人民共和国行业标准.外墙外保温工程技术标准 JGJ144—2019[S].北京:中国建筑工业出版社,2019.

[7] 中华人民共和国国家标准.农村居住建筑节能设计标准 GB\T 50824—2013[S].北京:中国建筑工业出版社,2013.

[8] 中华人民共和国国家标准.屋面工程技术规范 GB 50345—2012[S].北京:中国建筑工业出版社,2012.

[9] 中华人民共和国行业标准.建筑玻璃应用技术规程 JGJ113—2015[S].北京:中国建筑工业出版社,2015.

[10] 中华人民共和国国家标准.建筑地面设计规范 GB 50037—2013[S].北京:中国建筑工业出版社,2013.

[11] 中华人民共和国国家标准.坡屋面工程技术规范 GB 50693—2011[S].北京:中国建筑工业出版社,2011.

[12] 中华人民共和国国家标准.建筑结构可靠性设计统一标准 GB 50068—2018[S].北京:中国建筑工业出版社,2018.

[13] 中华人民共和国国家标准.建筑工程抗震设防分类标准 GB 50223—2008[S].北京:中国建筑工业出版社,2008.

[14] 中华人民共和国国家标准.建筑结构荷载规范 GB 50009—2012[S].北京:中国建筑工业出版社,2012.

[15] 中华人民共和国国家标准.建筑抗震设计规范(2016年版)GB 50011—2010[S].北京:中国建筑工业出版社,2016.

[16] 中华人民共和国国家标准.砌体结构设计规范 GB 5003—2011[S].北京:中国建筑工业出版社,2011.

[17] 中华人民共和国国家标准.建筑给水排水设计标准 GB 50015—2019[S].北京:中国建筑工业出版社,2019.

[18] 中华人民共和国国家标准.民用建筑太阳能系统应用技术标准 GB 50364—2018[S].北京:中国建筑工业出版社,2018.

[19] 中华人民共和国国家标准.生活饮用水卫生标准 GB 5749—2006[S].北京:中国标准出版社,2006.

[20] 中华人民共和国行业标准.辐射供暖供冷技术规程 JGJ 142—2012[S].北京:中国建筑工业出版社,2012.

[21] 中华人民共和国国家标准.民用建筑供暖通风与空气调节设计规范 GB 50736—2012[S].北京:中国建筑工业出版社,2012.

[22] 中华人民共和国行业标准.严寒和寒冷地区居住建筑节能设计标准 JGJ26—2018[S].北京:中国建筑工业出版社,2018.

[23] 中华人民共和国国家标准.农村民居雷电防护工程技术规范 GB 50952—2013[S].北京:中国计划出版社,2013.

[24] 中华人民共和国国家标准.建筑照明设计标准 GB 50034—2013[S].北京:中国建筑工业出版社,2013.

[25] 中华人民共和国国家标准.低压配电设计规范 GB 50054—2011[S].中国计划出版社,2011.

[26] 赵连江.新农村民居方案通用图集[M].北京:中国建筑工业出版社,2016.

[27] 中国建筑标准设计研究院.不同地域特色村镇住宅设计资料集 14CJ38[S].北京:中国计划出版社,2014.

[28] 中国建筑标准设计研究院.不同地域特色传统村镇住宅图集(上) 11SJ937—1(1)[S].北京:中国计划出版社,2014.

[29] 中国建筑标准设计研究院.不同地域特色传统村镇住宅图集(中) 11SJ937—1(2)[S].北京:中国计划出版社,2014.

[30] 梁思成.清工部《工程做法则例》图解[M].北京:清华大学出版社,2006.

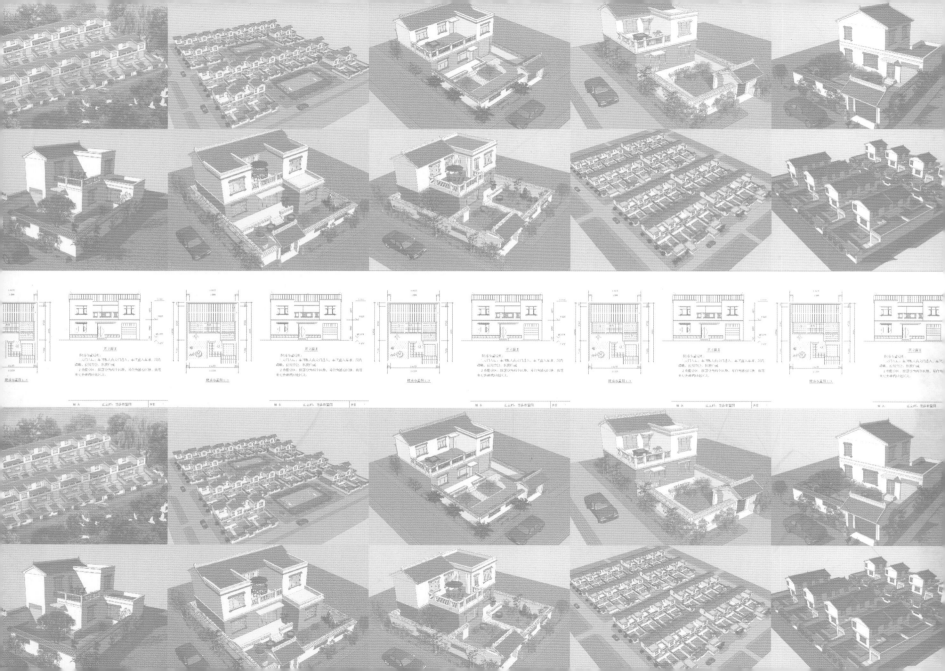